狗狗行為調整訓練全書 2.0版

Behavior Adjustment Training 2.0

New Practical Techniques for Fear, Frustration, and Aggression in Dogs

不亂吠、不亂咬、不暴衝，教出聽話又快樂的毛小孩

葛蕾莎·史都華 Grisha Stewart ◎著　龐元媛、黎湛平◎譯

獻給我的母親
她告訴我「人不是唯一有感情的動物」。

獻給花生，
第一隻「行為調整訓練犬」，
我的靈魂伴犬、老師和謬思。
我仍在學習，我想更加地重視你的選擇；
接下來，你和小豆豆想教我我什麼？

序言

我最在意並且熱衷的就是維護狗狗情緒幸福，本書會教你如何運用最新版的「行為調整訓練」(Behavior Adjustment Training 2.0)——這是我為了幫助狗狗和人更融洽相處、幸福生活而研發的一套方法。讀過上一版的讀者或許還記得，我曾說「行為調整訓練」是一門持續修正的技巧，這些年來我也不斷盡力微調我設計的每一道練習方法。由於改寫的部分實在太多，害我一想到飼主還在讀舊版書就覺得渾身不對勁，所以這表示我該交出一本新作了！現在我講授和使用行為調整訓練的方式已簡化許多，對狗狗來說也更沒有壓力、感覺更開心。

各位可以運用行為調整訓練導正狗狗**激動反應**的問題，如恐懼、攻擊、挫折等，同時傳授防範幼犬有激動反應的方法。行為調整訓練並不是我百寶箱裡唯一的法寶，卻是我和所有狗狗互動、協助飼主訓練幼犬社會化和調整激動反應犬的主要方法。我發現接受新版行為調整訓練的狗狗，進步速度非常快，甚至比用1.0版的方法還要快。世界各地的訓練師也都見證了行為調整訓練的奇效。

如果你有訓練狗狗的經驗，那麼說不定你已經有幾套用起來非常順手的訓練法寶了。目前最先進、非強迫式的訓練法大多都能和我這套行為調整訓練互通相容，雖然如此，行為調整訓練可能比各位習慣的方法還要偏離訓練者導向——也就是說，這套方法讓狗狗在經歷減敏時擁有最大的主控權：如果你以前學到的是要扮演「狗班長」，透過牽繩或電子項圈糾正狗狗行為或強勢把狗狗壓在地上，讓牠四腳朝天、臣服於你，那麼閱讀這本「行為調整訓練2.0」會有點像從掀蓋式手機進步到智慧手機的過程，剛開始你會覺得差別極大或甚至不太喜歡。「**行為分析**」這門研究行為改變的科學比電視上演的要超前數十年，所以各位並不孤單。即使現在我們已經有了其他更好的替代方案，以導正為基礎的訓練技術仍十分普遍。你或許還沒準備好要換掉掀蓋式手機，那也沒關係；不過就像智慧手機迥異於掀蓋式手機，行為調整訓練可能比以前的方法更強大、更有機會改變狗狗的行為，但你也得學習更多知識和技巧。剛切換的時候可能會有點挫折，不過我還是鼓勵各位把舊手機收進櫃子，花幾個月試試新玩具。

在日曆上做個記號吧：接下來的三個月，請務必緊緊抱讀本書、謹守行為調整訓練的核心概念。改變很難，你一路上肯定會遇到挫折，讓你很想回頭擁抱慣用的老方法；萬一你卡住了或者不知道你慣用的某種訓練法與本書宗旨是否相容，盡管寫信來我的線上學校「砌牆磚動物學院」（Animal Building Blocks Academy）詢問。等三個月後，用現在和以前的方法比較一下，評估看看你比較喜歡哪一套訓練法。

有一件事我非常確定：既然你已經拿起這本書，就表示你可能已經準備好要改變了。你可能越讀越寬慰，發現行為調整訓練跟其他處理攻擊、挫折和恐懼的方法非常不同。行為調整訓練不猛扯牽繩，也不會要你一直餵狗狗吃東西；我們會在必要的時候給牠們一點零食，因為零食比猛拉牽繩更有效、更能維護狗狗和我們的關係。不過，根據我的經驗，社交互動最好還是透過實際社交情境來學習，飼主也不是非得在積極強化或處罰狗狗之間擇一不可。狗狗有自己的心思和想法，我們可以利用這一點來創造行為改變。行為調整訓練會教你怎麼做好準備，然後靜靜退開，讓狗狗在安全的環境裡透過互動交流主動學習。

我寫這本書是想幫助有意自己訓練狗狗的飼主，也想給指導客戶訓練的專業訓練師一些參考。本書內容對經驗豐富的訓練師及狗狗收容所員工來說，應該很容易理解及運用。我強烈建議訓練師先拿朋友或鄰居的狗演練行為調整訓練，畢竟面對付錢的客戶時比較綁手綁腳，自由嘗試的空間有限。訓練過程如果需要更多資訊，歡迎加入Grishastewart.com線上論壇，我在本書最後一部分也放了一些有用的額外資訊。

如果你訓練狗的經驗不多，但想幫助有恐懼與攻擊行為的幼犬或成犬，閱讀本書的內容、附錄及重要名詞解釋應該很有幫助；不過，找個有經驗的人從旁協助比自己獨立奮戰要好多了。如果你有安全顧慮，不太了解你的狗狗，也無法預測你家狗狗的行為，我建議你先讀完本書，再聘請一位認證行為調整訓練師，你可以上網至Grishastewart.com參考行為調整訓練師名冊。假如你家附近沒有行為調整訓練師，也不代表沒戲唱了，因為這群合格訓練師有不少人同時提供影像顧問服務。如果你完全沒辦法跟行為調整訓練師合作，那麼熟悉行為調整訓練的專業訓練師或行為諮商師也能幫助你學習如何應用這些技術訓練狗狗。我自己也開線上課程，使用行為調整訓練的飼主、學員討論都非常熱烈，不管你需要哪方面的支持，Grishastewart.com都有！

如果你家附近找不到這樣的專家，也可以找一位處理過狗狗有激動反應的問題、不會強迫狗狗的正向訓練師，請他先讀讀看這本書，不管是這本書或我的線上課程都能提供你和你的訓練師更多學習資源。與你合作的訓練師也可以聘請合格的行為調整訓練師，進一步指導並改善特定行為調整訓練技巧。只要訓練師願意學習新方法，你們就成功一半了；和有求知慾、想學習更多解決技巧和尋求專業的訓練師配合，訓練成果也更好。

持續進化的行為調整訓練法

本書涵蓋行為調整訓練的所有基本技巧，從肢體語言到行為調整訓練的奧妙全部一網打盡。讀過前一版、也非常熟悉行為調整訓練的讀者可能會發現，本書少數章節的內容跟先前一樣，但大多皆已大幅更動；我會在必要的地方比較新舊兩版的差異，讓各位了解我的思考脈絡如何演進改變。沒有任何行為調整訓練基礎的讀者也不用太擔心，這本書非常淺顯易懂。

如果你用過行為調整訓練法或許會猶豫是否需要再學一套新方法。我向你保證，如果你真的學會行為調整訓練2.0，你會更愛它；你在前一版學到的是基本功，新版就當作是進階課「第四階段」吧。我一直很想寫一本新的行為調整訓練教材，理由是這幾年我改良了好多訓練法，行為調整訓練是一套與時俱進、不斷改良的訓練法，所以我也會持續做一些調整和改變。這一版主要改良的是減少壓力、節省時間、簡化指示以及讓訓練過程更自然，我所謂的「更自然」是指我們會設計環境，讓狗狗在學習時更有可能控制自己的學習成果。當我比較新舊版的方法差異的時候，這一版新增的我會叫它2.0，沿用原本方式就是1.0；如果我沒有特別指出版本，我指的就是2.0版。

我會在各主要章節帶到一些從1.0進化至2.0的過程和啟發，不過這一版仍承襲上一版的三項主要重點，所有訓練技術與練習方法都以這三項概念為基礎：

1、給予狗狗機會能自在走動，學習認識**刺激**。

2、持續評估並致力於減輕狗狗承受的壓力。

3、運用**管理**工具減輕訓練時間以外的壓力，減少使狗狗退步的因素。

在這一版，我會以不同的角度重新思考和解讀這三項重點。過去幾年來，行為調整訓練大幅朝「讓動物自主決定」的方向靠攏，強調更自然的學習與訓練方式，我會在書裡詳細說明整套訓練法的演進過程。

2.0版新觀念

- 訓練技巧更易理解及說明。

- 只要情況夠安全（低於反應**臨界點**）即由狗狗主導何時接近刺激或遠離。1.0版的接近與遠離退開多由訓練者主導，有時會預先設定接近至多近。
- 學習特定的牽繩技巧。
- 在大部分的**設定情境**中，飼主不需要特別強化狗狗的行為；但部分特定情況仍有其必要。
- 所有的練習方法都比前一版更能減輕狗狗壓力。
- 以受訓犬的情緒安全感為目標做好前置準備，規劃訓練環境，讓狗狗自然而然做出並強化我們期望的行為反應。

新版行為調整訓練比以往更簡單易懂，**秉持授權**（**交由動物自主決定**）**和前置準備的核心概念繼續進化**。改變不容易，這我明白，有些人可能會因為很喜歡上一版的訓練方式而不願接受2.0。

沒事的，我向各位保證。

你們學習的1.0版技巧依然存在，我只是把原本的第一、二、三階段重整為更方便理解的**標記再走開**。我們會更謹慎規劃行為調整訓練的情境設定，用自然發生的後果來強化狗狗行為，不再需要人為標記或干預；然而若狗狗需要某種程度的人為協助，我們仍會使用「標記再走開」技巧。還記得我在1.0版的標準建議嗎——務必採用狗狗能接受的最高階段——所以這本書有點像第四階段，和你正在使用的行為調整訓練宗旨並不相違悖。2.0強調「跟隨狗狗的決定」，若環境條件不適用這項建議（你讀到的時候就會明白了），就得使用標記再走開這項技巧了。請熟讀第七章，務必留意一些關鍵的細微差異，這些都跟降低動物壓力有關，包括最重要的「不要狗走向刺激來源這一項。

廣泛或專業運用行為調整訓練

雖然我把本書的焦點擺在狗狗對其他狗狗或對人的激動反應，不過書裡傳授的每一套方法也適用於其他會誘發反應的事物或環境；也就是說，行為調整訓練的概念與技術也能用來處理狗狗對環境物的激動反應或者應用在其他動物身上。如果我給的例子是狗狗對人的反應，而你家狗狗只會對狗起反應，請務必明白整套概念都是相通的。要懂得舉一反三，千萬別認為某個章節跟你的問題無關就跳過不看！譬如說，如果我寫的是「去嗅聞那個人」，你也可以把情境換成「去嗅聞助訓犬」。

本書專為有激動反應問題的狗狗或需要訓練幼犬社會化的飼主所寫，另外也有對專業訓練師和行為諮商師特別有用的一些特色設計。例如全書不時出現「專家密技」，提供指導客戶進行行為調整訓練的補充資訊。本書第十四章特別寫給指導客戶進行行為調整訓練的專業人士。附錄二記載了歷來使用功能性增強的其他訓練方法（例如利用維持反應的後果去強化「較好的行為」），當然也包括1.0版的訓練法；附錄三則探討原理層面，例如行為調整訓練應用了哪一種學習原理。附錄二和三都是專為處理狗狗激動反應問題的專業人士所寫，撰寫目的是希望讀者可以比較行為調整訓練與其他訓練法的差異，同時也將行為調整訓練納入讀者偏好的訓練方法中。

我要再次強調，行為調整訓練是一個持續成長的領域，本書內容在付梓時是當時最新的行為調整訓練資訊。讀者可從中學習，運用書裡建議的訓練方法，也多多與他人交流心得，參加研討會或參與線上討論、分享影片紀錄。更可以根據你家狗狗的需求，把行為調整訓練與其他訓練法結合起來。最重要的是，建立能讓動物安心的環境，讓牠們在沒有恐懼、沒有痛苦、不受脅迫地學習做出正確選擇。

貼心提醒

針對讀者可能不太熟悉的名詞，首次出現時都會以粗明體字標明，也會在最後面的〈重要名詞小辭典〉詳細說明，並以黑體字強調某些觀念。

補充資訊

為了讓你在閱讀新版行為調整訓練時能得到更多協助，我特別為本書讀者提供線上課程優惠碼BATCOOK。請登入https://grishastewart.com/coupon-trial/使用。

1

行為調整訓練：關鍵概念

協助狗狗依牠們的意志、擁有自己的聲音，是我賦予自己的使命。**行為調整訓練**給予狗狗更多自主權、照顧自己的安全，並藉此降低激動反應。我知道這聽起來蠻瘋狂的，因為這似乎是讓狗狗反過來操控我們。你在電視上看到的訓練節目無所不用其極地創造各種取得主導權的方式，認定唯一能讓動物受控的方式就是拿走牠們的自主權。數十年來，科學告訴我們你根本不需要操縱、支配你家的狗狗，說真的，讓牠們多多少少負責照管自己的安全，其實更有用也更健康。狗狗需要更有效的方式來符合牠們的需求。

如果你正在讀這本書，那麼一定有你的理由：說不定是因為你的狗狗會狂吠、猛衝或突然跑掉；又或許你是專業訓練師，你想更有策略地協助客戶解決激動反應問題；再不然就是你想學會如何使用行為調整訓練幫助家中幼犬社會化或救援流浪犬，因為你知道隔離和恐懼極可能讓狗狗出現激動反應。

不管你為了什麼理由拿起這本書，至少都有一個和狗狗激動反應有關的理由或連結——我一開始也是如此。我走上專業行為訓練的契機是我想用更好的方式幫助我的學員，更重要的是，我需要一套方法來幫助我的狗。未來你會讀到更多「花生」的事蹟，但我想先快速地讓各位對行為調整訓練有個概括了解，往後你才會更明白花生的故事所為何來。

透過行為調整訓練，你可以為狗狗創造機會，讓牠在情緒、身體都處於安全的情況下與環境互動。這套方法對「生物個體」（例如其他狗和人）所引發的挫折、攻擊、恐懼等刺激特別有用。不論狗狗遇到哪種**刺激**，行為調整訓練可以：

- 給予狗狗最大的自主權控制自己的安全以及生活中對牠們別具意義的事件。
- 安排安全的情境場域，讓狗狗能以社會普遍能接受的方式，自然地與刺激互動。

行為調整訓練裡還有一些你需要了解的其他重要概念，本章將簡要介紹這些重要概念，其他章節則會繼續深入討論並以實例說明，例如第二章會介紹我如何運用這些概念訓練我的花生。

控制與授權

看到你家狗狗做出你不喜歡的舉動，你也許會納悶「牠怎麼會這樣呢？」牠不愛你嗎？牠想騎在你頭上嗎？牠明知道你不喜歡，為什麼就是

花生，我的謬思。

不肯改呢？難道牠不是你最好的朋友嗎？

行為是動物在面對特定情境時，為了製造某些效果而做出的反應。應用行為分析稱這類情境為**背景事件**：根據內在生理環境和外在物理環境提供的情境線索預測可能的行為後果。你的狗狗只是想透過這種舉動滿足牠的某個目標，而不是牠不愛你了，行為就是這麼回事。在大部分的激動犬個案裡，狗狗甚至並不覺得這樣做特別好玩；**但如果你家狗狗學習到特定行為能滿足牠的需求，那麼牠即可能會重複這個行為。**你會覺得這是**問題行為**，但狗狗只是認為「這麼做有用」；好啦，牠不一定會想這麼多，但就某種程度上來說，牠理解行為和結果之間存在某種關係。

狗狗的行為會對結果產生多大影響——尤其是以行為控制壓力因素的能力——這就是**主控性**。所有生物都有「以自身行為影響外在事件」的基本需求，這也是行為的重點所在。

以**授權**為基礎的訓練能為狗狗創造達成目的的機會，強化主控性。當然，控制與授權是一種平衡，我們可不能放任狗狗到處亂跑、做任何牠想做的事，我們必須確保狗狗和家人都是安全的。然而，只要情況許可，我們必須授權動物，讓牠們控制自己的行為後果。

遺憾的是，大部分訓練方式——即使不涉及疼痛——都強調照護者必須控制狗狗的行為。不論透過威脅或零食，施予太多控制會導致授權不足。人類也是動物，「控制」是我們的基本需求，所以不難理解我們為何這麼做；只是我們必須留意，絕對不能犧牲狗狗的福祉來達到控制的目的。若我不得不制止狗狗的某項行為，我傾向不著痕跡地安排、調整環境，而不是直接干預，這也管、那也管，如此可讓牠們學會在沒有人為干預的情況下做出好選擇。比方說，一開始你可以在房裡擺幾樣可以啃咬的玩具，然後逐漸增加不適合啃咬的玩具數量，設法降低幼犬啃咬的慾望（譬如很難咬起來，嚐起來有苦味等等的）；當然你也可以選擇緊跟在小狗狗後面，不斷從牠嘴裡拔出你珍惜的物品。若採取第一種做法，狗狗會獲得授權，也能培養出較高的控制力（仍在你建立的控制範圍內），逐漸養成「只咬能咬的玩具」的習慣，從自己的行為所產生的後果來學習，於是啃咬「可以咬」的玩具就變成牠的**預設行為**了。

若選擇第二種做法，那麼每一次你跟著牠、從牠嘴裡拿走不適合啃咬的東西，就會在牠心裡增加一次挫折經驗。你的東西還是很安全，但給予狗狗的主控性較低。在這種情境下，就算使用正增強仍會剝奪狗狗的控制權：比方說你不斷重複「放下」、「走開」並給牠零食鼓勵、強化行為，狗狗的確會建立某種程度的控制力，但牠只會把這種行為跟「得到零食」連在一起，並未真正解決問題（幼犬牙齦酸痛不適）。牠可能覺得很好玩，但牠依然找不到能達成需求的解決辦法；而且你可能因此造成風險，建立起「先咬玩具再放下玩具就能得到零食」的連鎖行為。

行為強化會讓動物在未來更傾向表現這個行為。增強物包括零食、玩具或是任何能緩解不適或不愉快（如社交壓力）的物品或情境。

透過行為調整訓練改變動物行為

你想透過行為調整來改變發生頻率的行為稱為**目標行為**。特定來說，目標行為是你能衡量評估、你想培養建立使其更頻繁發生的行為，用來取代目前你在狗狗身上觀察到的行為——譬如你希望狗狗改掉吠叫或低吼，以聞一聞或轉身等行為來代替，後者就是目標行為，它們就是我們想達成的目標。

動腦想一想，你家狗狗現在的行為能得到什麼後果？也就是說，誘使牠做出這種基線反應（編注：baseline response，指調整訓練前的行為）的**功能性增強物**是什麼？可以把功能性增強物是視為狗狗行為從現實生活裡獲得的後果，亦即讓狗狗出現激動反應的目的。你家狗狗是不是發現，對著陌生人吠叫，那個人就會走開？也許牠認為陌生人是威脅，拉開距離多了安全緩衝區，這就是吠叫的功能性增強物（1.0版大多稱為功能性獎勵）。當你提出「我的狗狗為什麼會這樣？」的問題，最有幫助的做法是找出功能性增強物，而不是要找狗狗哪裡不對。狗狗沒生病，牠這麼做是有理由的：**功能性增強物為什麼這麼重要？因為它是改變行為的關鍵**。

得知狗狗目前行為獲得什麼功能性增強物之後，下一步是找出狗狗做得到、而且可以合理帶

狗狗吠叫有什麼功能？牠想達到什麼目的？

來相同增強物的目標行為，它也稱為**替代行為**。換句話說，就是狗狗要如何透過你能接受的行為換取相同的增強物。你希望看到狗狗多表現哪些行為來取代激動反應？例如，你可以設法強化狗狗看到陌生人接近就轉過頭去的行為，而不是對著人吠叫。你用來強化牠轉頭的增強物應該就是牠吠叫後獲得的相同增強物。這是雙贏：因為狗狗得到牠需要的，你也是。

嗅嗅地面、打哈欠、坐下或注視著你都是

用來取代激動反應的可能合宜行為。我們在1.0版會以問題行為帶來的同一功能性增強物強化狗狗的替代行為。例如當牠看到陌生人就轉過頭去（替代行為），你可以開開心心牽著牠離開陌生人，於是拉開狗狗與陌生人的距離（功能性增強物）。凡是狗狗願意努力、設法得到的任何結果都能強化替代行為，但我還是比較喜歡用功能性增強物來訓練。若狗狗做出替代行為，與其給牠零食，不如提供給牠維持不良行為出現的同一功能性增強物，使不良行為減少發生。功能性增強的概念屬於應用行為分析的基本技術，可廣泛應用於多種不同的不良行為問題。若想多了解何謂應用行為分析，請參考我針對一般訓練所寫的著作《無傷害訓犬手冊》。

但我在2.0版做了一項重大改變：我們不必主動提供增強物來強化狗狗的行為。事實上，增強物不來自訓練者／人為的效果更好。我們在2.0仍繼續使用上一版提過的功能性評估概念，但這一版的功能性增強物多半是自然發生的情境。**自然增強物**來自環境，不是訓練者依狗狗行為後果所給予的獎勵。我在2.0版幾乎不會採取讓訓練者主導或催促狗狗走開的方式來訓練牠們守規矩，而是讓狗狗自主行為的後果成為增強物。這種不再完全由「人」發號施令或給予增強物的做法，大多數讀者剛開始可能會覺得困難；畢竟我們總覺得自己應該多幫狗狗一點、多做些什麼，其實這樣反而會讓狗狗分心，達不到你想要的效果。所以我們還是把情境設定好，讓狗狗可以舒服自在地自然表現「正確」的行為。

2.0版只會在一些特定情境使用增強物，這部分我會在第七章的「標記再走開」詳細敘述。新版的行為調整訓練改走「幕後」路線，把重點放在自然發生的強化情境和**系統減敏**。我知道這聽起來好像有點技術難度，但它其實相當簡單，就是讓狗狗隔著一段安全距離嗅聞探索，授權牠自主選擇要做出哪種合宜行為並觀察後果，幫助狗狗慢慢適應原本會引發激動反應的情境。行為調整訓練2.0讓狗狗學得更快、更徹底，效果更甚1.0

或其他訓練法；而且2.0還能讓訓練者對行為有更好的觀察，更能讓環境維持在低壓力狀態。

現在我帶各位想像一下行為調整訓練的練習大概是怎麼進行的。若從旁人的角度來看，他們只會看見一隻狗到處走來走去，東嗅嗅西聞聞；而狗狗的主人或訓練者很有技巧地拉著一條長長的牽繩，確保牠能安全地自由活動。如果這隻狗有對陌生人吠叫的紀錄，我們會找幫手（即**助訓者**）來扮演陌生人。助訓員是「誘餌」；但助訓者也可能是隻狗（助訓犬）。總之，我們會先跟助訓者保持一段距離，讓狗狗在區域四處嗅聞，對助訓者表現一些興趣，但是接著就去看看下一個讓牠感興趣的東西，自己提供自己的功能性增強物。一段時間以後，牠會以自己的步調接近助訓者，但是你不可引導帶領著牠過去、也不需要像平時那樣叫牠走開。2.0版訓練法會給狗狗自由學習的機會，而你只需要在緊急時上場救援，譬如在訓練幼犬規矩的時候，飼主的任務是建立能讓狗狗養成新習慣的環境。永遠要盡可能讓狗狗以這種方式學習認識陌生人，並且建立信心，不需要被人救援。

如果放任狗狗不管，狗狗就會選擇牠們眼中有效的行為，例如吠叫。我們大可等狗狗叫了再糾正牠們，事實上這也是大家一直以來的訓練方式；然而近半個世紀以來，行為學家一直在分析並研究增強／強化效應，所以現在我們可以用更聰明的方法訓練狗狗了。好的滑雪教練不會一開始就讓孩子從山頂滑下去，然後用「滑不好就處罰」的方式訓練孩子；相反的，好教練會設定一個讓初學者最容易成功的情境，利用強化效應鞏固行為模式。所以我們也要為狗狗設立成功情境，透過大量練習讓牠們使用我們喜歡的行為滿足牠們自己的需求，這是雙贏的情況。

不超出臨界點

為了順利進行行為調整訓練，你會有一陣子

若狗狗感覺選擇受限，即有可能出現攻擊行為。

必須密切管控狗狗的日常生活，妥善安排牠的作息，避免讓狗狗接觸到會讓牠吠叫、低吼、猛衝的情況，這就是訓練師口中的「不超出臨界點」或者「維持在**未達臨界點**」。

「臨界點」乃是從「門檻」的意義延伸而來——想進門，你得先跨過門檻。臨界點通常也代表事物的上限。由於「臨界點」有許多不同的意義和解讀方式，端視說話對象而定，故請容我說明書中使用的定義。在本書裡，除非另外說明，否則「臨界點」一律指狗狗放鬆與緊張失控的界線。狗狗若未超出臨界點，表示承受的壓力不大，你可以輕易喚起牠的注意。如果牠開始關注刺激，代表牠承受的壓力逐漸增加、但還不到暴走的程度，此時牠還能主動運用一些策略（譬如轉頭、聞聞地面或回應招呼等不具威脅性的**阻絕信號**），讓自己保持在低警敏／興奮狀態。對於未達臨界點的狗狗，若某刺激（例如走近的陌生人）才剛在狗狗眼前出現，意思是這個刺激才剛開始在牠所感知的環境裡突顯出來。如果你處理不當讓狗狗超出臨界點，狗狗就會出現攻擊、恐慌、爆出一串挫折吠叫或其他形式的激動反應或者全部一起來。

激動反應：恐懼、攻擊或挫折的表現，超出熟悉狗狗的人所認為的「正常」反應。

下一頁的激動反應示意圖提供視覺說明。

你家狗狗在門檻（臨界點）內，覺得很安全，牠要是踏出門檻，就會進入一個可怕的世界，導致牠吠叫、踱步、流口水、低吼或其他「抓狂」舉動，這些通常都是我們想要避免的行為。你家狗狗只要留在「門檻」內的範圍，牠可以自己「關上門」，恢復平靜；只要一跨出門檻，就會被吸進激動反應的大門裡。我們沒有心律監測儀，也沒有其他方法測量狗狗的壓力，只能根據肉眼看見的行為判斷。

現在，有了行為調整訓練，你可以創造類似狗狗舒適圈的環境，讓牠持續處於低警敏狀態——放鬆的肢體姿勢，肌肉放鬆（耳朵、嘴巴、臉和四腳等等），會回應人，也能主動發出阻絕信號。每隻狗超越臨界點的表現不盡相同，因為每隻狗能承受的情緒激昂程度也有差異，即使如此，瞳孔放大、全神貫注於某人或另一隻狗、呼吸稍微加快等等徵兆可能都在告訴你狗狗已經或快要超出臨界點了。我會在第四章多列舉一些需要注意的其他狗狗肢體語言。

情境訓練

多數飼主最希望自家狗狗遇到刺激時表現比較平淡無奇的樣子，目前，你家狗狗的吠叫猛衝可能太吸睛，導致路人甚至瞪著牠瞧或指指點點。進行行為調整訓練時，我們會利用**情境訓練**，也就是為狗狗進行不超過臨界點的「彩排」，讓牠練習遇到刺激時表現平淡無奇的行為。

請注意，我說的是「表現平淡無奇」而不是「感到無趣」；人看練習過程會覺得無聊，但對狗狗而言並不無聊。訓練區域應該很有趣，讓狗狗喜歡待在裡頭、做一些狗狗「正常」會做的事。經過行為調整訓練，狗狗對刺激的反應強度一般都會大幅下降；不僅如此，牠們可能會從恐懼轉為好奇，甚至主動「招惹」不再是刺激的刺

狗狗遇到刺激的反應

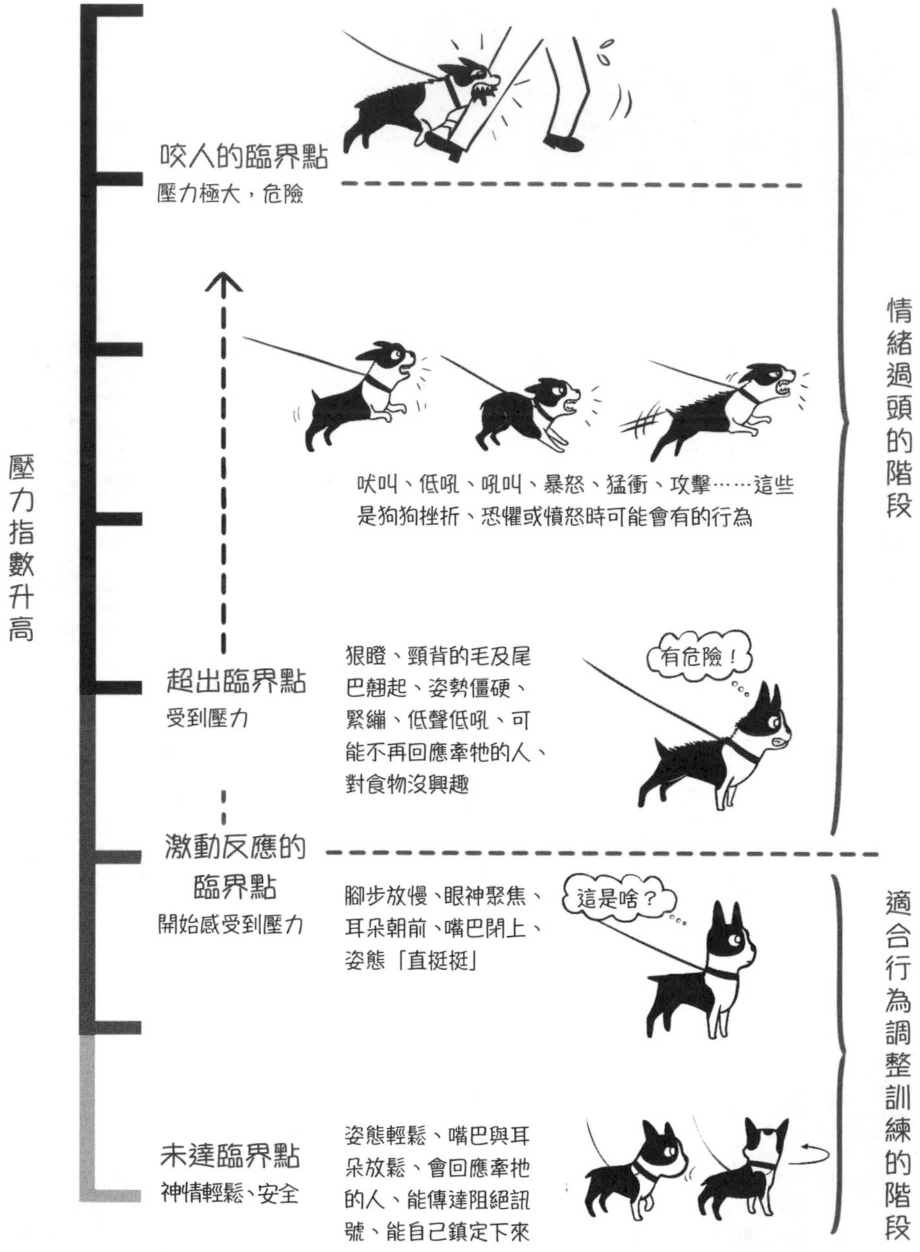
壓力指數升高
咬人的臨界點
壓力極大，危險
吠叫、低吼、吼叫、暴怒、猛衝、攻擊……這些是狗狗挫折、恐懼或憤怒時可能會有的行為
超出臨界點
受到壓力
狠瞪、頸背的毛及尾巴翹起、姿勢僵硬、緊繃、低聲低吼、可能不再回應牽牠的人、對食物沒興趣
有危險！
激動反應的臨界點
開始感受到壓力
腳步放慢、眼神聚焦、耳朵朝前、嘴巴閉上、姿態「直挺挺」
這是啥？
未達臨界點
神情輕鬆、安全
姿態輕鬆、嘴巴與耳朵放鬆、會回應牽牠的人、能傳達阻絕訊號、能自己鎮定下來
情緒過頭的階段
適合行為調整訓練的階段

激，與刺激互動。我訓練過的許多狗狗原本動不動就朝陌生人吠叫，現在卻會主動蹭人家的手或靠上去，希望對方摸摸牠。行為調整訓練透過正向經驗以及讓狗狗自由控制牠們與壓力源的接觸程度，協助狗狗建立自信，所以當受過行為調整訓練的狗狗突然感到害怕或受到驚嚇時，牠們大多會掉頭走開；如果過去的激動反應源於挫折，受過行為調整訓練的狗狗也會懂得自我控制，不盲動躁進，這兩種反應都比低吼狂吠好太多了。

請各位務必**多多進行情境訓練**。一次預演成功固然會有幫助，可是一再重複才能在狗狗的大腦建立一條新的神經路徑，而且也能讓狗狗能熟練流暢地做出我們想要的行為，降低舊有激動反應的復發機率。

劇場排練講究精準，演員必須如實唸出劇本上的台詞，即使需要從頭到尾拿著劇本照唸或者請人提詞。要讓狗狗重複演練你喜歡的行為，同時讓牠保持在低壓力狀態——無論引發狗狗問題行為的情境，把情境大幅簡化後再讓狗狗預演。行為調整訓練的所有情境訓練都是為了狗狗未來在現實生活中的表現而進行反覆彩排。

我會在第六章詳細介紹情境訓練，現在先簡單說明。要營造情境，通常需要找助訓員扮演刺激。如果你家狗狗通常會在十五公尺左右注意到人並且可以輕易離開，那麼為了確保不會有問題，在情境訓練一開始時，讓狗狗看到二十公尺或更遠處有位男性助訓者（**編注：因為狗狗最常可能對男性出現激動反應**），站在一個有趣的地點，然後讓狗狗在附近嗅聞，由牠決定要不要再走近助訓者一點。你可能會想往前推進，因為你家狗狗很可能會跟著你走；但你得讓牠做主。若狗狗同時擁有「接近」與「後撤」的主控權，牠會明白自己其實可以掌控自身的安全，不需要咬人：行為調整訓練授權牠做出讓自己安全的決定。因為狗狗知道牠能全身而退、遠離刺激（助訓者），結果通常會展現自信、好奇及信任的態度。

響片／標記訓練

在一些緊急或近身接近的情境下，我們會使用「標記再走開」的技巧（這部分會在第七章詳細介紹）。「標記再走開」是行為調整訓練的一個技巧，訓練時使用「事件標記物」（譬如一個「喀」聲），明確告訴狗狗牠的哪一項行為已為牠贏得增強物。事件標記物即時指出狗狗的行為，不過它是雙面刃，因為標記物會**把狗狗的注意力帶回你身上，無視刺激**。在進行行為調整訓練時，我們多半會退居幕後，以儘可能提昇狗狗的學習效果。給狗狗機會、讓牠決定去注視或不看刺激，如此能幫助牠建立自信與自主能力；但有些時候，當我們和刺激的距離縮短到某種程度時，狗狗會需要一點額外動機促使牠轉頭走開，這時就是「標記再走開」技巧上場的時候。

如果你很熟悉響片訓練，無疑是個好的開始，因為在行為調整訓練中會常常接觸到響片訓練的概念，尤其是「標記再走開」的技巧。進行情境訓練時，你得克制自己，從頭到尾盡可能讓狗狗主導；即使獎勵不是你給的，學習的定律依舊有效。好好看著狗狗，別擋牠的路，授權給牠自己選擇。

如果你不熟悉響片訓練，請先閱讀附錄一認識這套能對付低吼等激動行為、迴避或過度熱情的有效訓練法，響片訓練也特別適合用於散步時的行為調整訓練。

行為調整訓練的內容遠遠不止這些，後面的章節將有更多詳細介紹。本書會介紹各式各樣的行為調整訓練例子，特別是對付狗狗吠叫、猛衝或其他過度反應的例子。行為調整訓練的宗旨是建立安全的情境，讓狗狗能探索及蒐集關於刺激的資訊，從全新的角度感受刺激有助於狗狗建立自信，改變牠們與環境互動的慣常模式。

2

行為調整訓練小子回來囉：花生教我的事

花生還沒接受行為調整訓練以前，每當我牽著牠去散步並巧遇學生時，我根本聽不見他們跟我說「嗨」，因為花生吠個不停。真是糗斃了，我可是專業的訓練師耶！花生如果沒有經過行為調整訓練，現在不可能懂得社交技巧。花生是我開發行為調整訓練1.0及2.0的繆思兼白老鼠，如果沒有牠，我可能根本無法設計出行為調整訓練。

花生：十二歲，混種牧羊犬
正待克服的問題：因為害怕而對人叫個不停

花生的童年很坎坷，牠八週大時，就跟五個兄弟姊妹和媽媽一起進了收容所，那時才剛過聖誕節。牠的媽媽恐懼時會出現攻擊行為，收容所員工把牠與六個寶寶分開，認定牠的激動反應太嚴重無法收容，先將牠安樂死，再讓六隻小狗做了絕育手術，注射疫苗，等小狗十週大時開放外界領養。

花生有個棘手的問題，小狗在八週至十週大時會發展出對恐懼的反應，花生跟兄弟姊妹被送進收容所想必承受了不小的心理壓力，偏偏這段日子對牠們而言又是敏感的發展期，這可以解釋牠對於驚嚇的基本反應都是先驚跳再質疑。某天，我不小心把一隻鞋掉在廚房地板上，現在已是老犬的花生瞬間衝出房外，活像屁股著火似的。

幸好現在牠很快就能恢復了。訓練幾年下來，牠的生理防禦系統已經改變，從驚嚇狀態恢復的時間越來越短。花生還沒接受行為調整訓練以前，牠受到驚嚇之後大概幾個小時都無法恢復，而且可能還會一直避開廚房；但現在牠會馬上掉頭走回來，接受我的道歉與安撫。請注意：假如我有經常掉鞋子的習慣，我其實可以幫助牠不再把掉鞋子視為一種威脅。我可以運用聲音減敏技巧（第十三章的幼犬訓練）讓花生習慣這類刺激。

花生，2009年秋。

花生大概就是在這個神經發展的兩週關鍵期體會到「世界充滿威脅」，在這段時間，牠與母親分離，被帶到新家，歷經絕育手術，身邊又被驚怕狗狗的費洛蒙包圍，正當牠的大腦開始處於學習哪種環境刺激應該引發防禦系統的時候。花生與兄弟姊妹可能形成了三重對危險的敏感反應，第一種是從母親遺傳而來，第二種是化學性（出生前在母親的子宮內感受到壓力），第三種是環境性（在發展敏感期面臨搬遷、住在收容所的壓力，以及缺早期社會化）。

但當時的花生是個十週大、一公斤重的可愛小毛球，我抗拒不了牠。那時我在那間收容所擔任志工，正想找隻狗狗當寵物，對花生和牠的兄弟姊妹一見鍾情。我最後選擇了花生，因為牠不是最外向也不是最害羞的，只是我沒有真的考量到這群孩子可能心靈受創。

我一心一意想讓花生透過社會化擺脫恐懼，安排牠上了兩次六個禮拜的幼犬課程，兩次六個禮拜的青少年狗狗課程。起初我用系統減敏法與**古典反制約法**幫助花生克服恐懼（我用的是零食吧打開／關閉訓練法），我維持牠處於低度壓力，每當牠看到一個人、一隻狗或某個可能可怕的東西，我馬上送上好吃的零食或和牠玩玩具；在可怕的人事物遠離後，好吃好玩的也隨之停止供應，過程中我也教會牠自動轉頭來看我，意思是很多東西對牠來說都是刺激，牠學習只要看到其一刺激，就自動看向我換取零食。這幾種方法都很管用，如果你不熟悉這些方法，可以參考麥克唐諾博士的《激動狗》、麥克黛維特的《無牽繩控制》、王爾德的《搶救恐懼狗狗》，還有布朗的《專注就好，不要恐懼》（詳見延伸閱讀）。我的線上課程也教授基礎與進階的主動反制約訓練法，本書第十四章也會帶到一些。

花生在幼犬班跟一個同學起過幾次衝突。那個同學以不該在幼犬社會化課程上出現的行為霸凌花生：牠會不斷對著同學直衝，把同學壓倒在地，認真地發出低吼，直到老師過來把牠拉開。花生被壓倒在地，喉嚨還被咬住，這只發生了幾次，但花生從此認定天底下的狗狗都很危險。

花生在幼犬班從不玩耍，還會對教室裡的小朋友吠叫。我記得很清楚，花生三個月大時，有個小朋友從椅子上朝牠丟了一顆網球，牠就對著人家小聲吠叫，可惜我當時不明白這個幼犬班的課程並不適合牠，牠在課堂上做訓練活動雖然游刃有餘，卻完全沒獲得社會化的好處。如果當時我知道有行為調整訓練這套辦法就好了，送花生去上學簡直比不去還差，牠壓力太大，所以跟狗狗同學及人類的互動並不是愉快的經驗。

更糟的還在後面，牠四個月大時在公園單挑兩隻狗，結果敗下陣來。要是能回到從前，我在幼犬班一定會更小心（花更多時間做社會化，給牠更多空間），我也絕對會避開狗狗公園，尤其是那種飼主站在一旁喝咖啡、看狗狗「玩耍」的地方。為了讓花生在鬧哄哄的幼犬班之外能有較冷靜的經驗，我也會和同班的飼主及有小孩的家長交朋友。

由於花生的先天遺傳，以及早期正向社會經驗的缺乏使牠的杏仁核活化，所以發展出多項恐懼症。牠怕人（不論胖瘦老幼）、怕有輪子的東西、怕狗、怕籃球，以及一大堆有的沒有的玩意兒。有一次，一個揹著滑雪板的傢伙走近我們，花生把牽繩從我手裡扯掉，像被鬼追一樣跑得不見蹤影。牠對快速的動作跟巨響都很敏感。

我帶牠散步時使用古典反制約法，讓牠完全克服了對許多東西的恐懼，例如單車、飛盤、籃球等等。牠能參加敏捷比賽並獲得優勝，在賽場上從不吠叫，整個比賽期間頂多只叫個一兩聲而已。現在牠可以跟我一起走在人來人往的健行步道或街上，只要我在牠看見人或狗時給予訓練訊號、零食、玩具或甚至只是關注即可。即使經過五年持續在散步時運用古典反制約法，若沒有我不斷處理狀況，牠的臨界距離還是大約二十五公尺（對成人）和三十公尺（對兒童）。若他們在臨界距離內出現，我沒有專心注意牠，牠就會陷入困境。在極少數幾次我不夠注意牠而沒有密切處理的情形，牠的尾巴和毛髮豎直起來，彎下背，放低頭，發出警戒吠叫，汪汪汪，移動跑開，汪汪汪，移動遠開。

花生似乎不記得見過的人，只有我們家人摸得到牠。雖然牠和陌生人相處時我們會餵牠大量零食，但牠信任的人只有牠在幼犬時長時間接觸的七個人，我想這是因為牠很少留意別人，唯一的注意是他們的出現提示牠來找我討東西吃。我前面說過，花生自動注視我的行為做得極棒。

花生的行為調整訓練

我苦於無法減少花生和成人與兒童的臨界距離，只好尋找更有效的其他技巧。行為調整訓練就是從這裡開始的：花生八歲的時候，我開始請成年人協助進行我和花生的第一次行為調整訓練練習，目標是把距離拉得夠遠，花生不會出現不好的反應，而且助訓員和助訓犬在我的操控之下對於牠很有幫助。

專家密技：在進行行為調整訓練時，助訓員和助訓犬的角色非常重要。他們以安全的方式扮演原本會使客戶狗狗產生激動反應的「刺激」。由於他們的行動由你進行協調，客戶狗狗便能夠演練放鬆的表現。

花生跟其他因害怕而吠叫的狗狗一樣，別人距離遠一點，牠會比較有安全感。牠知道吠叫這招能奏效，因為陌生人聽見吠叫就會走遠，要不就是我會帶牠走開——這就是牠想要的結果。我安排牠進行1.0版訓練時，是把「走遠」當作獎勵，鼓勵牠以其他行為取代吠叫，例如別過頭不看走近的陌生人，甩甩身體（像是身體弄濕時把水甩掉），嗅嗅地面之類的舉動。以下容我介紹我使用的方法。在我的情境訓練裡，我找來一群助訓員扮演在街頭晃蕩的「恐怖陌生人」，我和花生漸漸靠近，但剛好在花生的舒適圈邊緣打住，這樣牠應該就不會吠叫。如果牠沒有吠叫，而是別過頭去、嗅嗅地面或依照我的指示（比方說我叫牠「坐下」牠就坐下），我就會說「對」（我的**事件標記訊號**），帶著牠遠離那群人（功能性增強物）。我會帶花生在不同的地點一再演練。

萬一我跟花生不小心距離陌生人太近，花生開始吠叫，我會喚牠走開或發出細微的訊號，例如發出「滋滋」聲，甚至改變身體重心，協助牠冷靜下來。我帶牠離陌生人遠一點，再給牠一次機會做出替代行為，獎勵即再次遠離對方。我沒有使用食物進行花生的情境訓練，所以牠比我們使用古典反制約法和響片訓練時更留意助訓者。我推薦儘可能避免在進行行為調整訓練時使用食物或玩具，尤其做情境訓練時。沒有食物玩具分心，花生較能專注於社交情境，也較能蒐集到有關助訓員或助訓犬的資訊。

我很快就發現，花生會記住在這種情境認識的人。我的助訓員只做過幾次情境訓練就被納入花生的「可信任人類」名單，這個名單迅速擴增，花生跟十個人做了二十次1.0版情境訓練後，現在出門散步時似乎真的想讓陌生成年人摸摸牠！別人要是沒理會牠，牠還會上前去靠在對方腿上，留著讓人摸摸，摸夠了就離開。花生進步極大，我們開始到安養院當治療犬志工，那時牠見到小朋友還是會害怕，幸好安養院附近沒有太多小朋友。我聽到安養院的老人家稱讚花生是最完美的狗狗，笑得嘴角都咧到耳際了。牠成了傑出的治療犬，關注老人家，也喜歡受到老人家關注，有禮而不會過度強求，這跟牠在接受行為調整訓練以前的生活品質實在有如天壤之別，對牠、對我、甚至對所有安養院的老人家來說都是很正面的經驗。

花生克服對成人的恐懼後，我放了一年半的假，才回過頭來訓練牠克服對小朋友的恐懼。我們出門散步時偶爾碰到小朋友時就會做一次1.0版的接近／遠離的練習，我發覺花生的舒適緩衝區（臨界距離）好像縮減了，在人來人往的區域，牠現在能夠接受小朋友近至七公尺處。可是如果身旁沒有別人，只有我、花生和一個小朋友，除非我一直想辦法讓牠分心，否則牠還是無法接受三十三公尺內的距離。如果你有我的舊版DVD，你就能看到花生第一次進行針對小朋友的行為調整訓練時，牠跟小朋友的間隔距離有多遠。

我不曉得花生能不能把之前跟成人的訓練經驗概化到小朋友身上。狗狗通常很擅長分辨，知道刺激甲跟刺激乙的差異。在這種情況下，**概化**就是了解刺激甲與刺激乙很類似，類似到會引發狗狗產生相同的反應。顯然花生當時認為小朋友跟成人是不同的，因為牠看到小朋友會吠叫然後退開，看到成人則是要人家注意牠。牠是不是要再做二十次的情境訓練，才會了解牠之前所學也能用於小朋友身上呢？答案是很響亮的「不用」。這次牠才做了不到十次的情境訓練，就學會信任小朋友了。

我心裡的科學家提醒我，不能從這個好結果得出太多結論。理由很多，第一，花生在跟成人練習之後，以及在與小朋友正式練習之前，曾經做過一些行為調整訓練的練習，也就是在散步途中碰巧遇到小朋友時做的訓練。第二，那時花生進行的並不是正規的情境訓練，沒有一再重複。第三，我在花生的成人訓練及小朋友訓練之間的一年空檔裡，改良了行為調整訓練的方法。不過若當成軼事來談，花生的進步是很棒的徵兆！

花生跟我花了五個月，與九位小朋友一起做了八次1.0版的情境訓練（有時候一次訓練是跟兩位小朋友合作）。第一次情境訓練的小女生起初距離花生三十三公尺，最後小女生坐在媽媽腿上，媽媽摸著花生，花生嗅了嗅小女生。我在第一次進行訓練時太貪心，經常不小心讓牠太靠近助訓者，但在我中斷牠的吠叫後，牠每次都能恢復得很好。要是我對待花生像對待學生一樣小心謹慎，牠應該會進步更快。我看過幾位訓練師訓練自己的狗，看來要掌握自家狗狗的臨界點還真不容易呢！幸好這次訓練有錄影存檔，可以反省自己的錯誤，在下次訓練改進。

一個月後我們展開第二次情境訓練，這次是跟另外一個小女生。訓練開始時，小女生坐著，花生能從僅距離六公尺遠的地方開始做或者在小女生四處走動時，花生可容忍的距離是十六公尺外，到訓練最終，小女生可以坐在媽媽旁邊，摸摸花生。第三次訓練的情境是兩個小朋友在戶外餐廳用餐，所以他們一直都是坐著，這次花生進步很快，最後還能跟小朋友相處愉快，甚至吃他們給的東西。我為花生設計行為調整訓練時，原本沒打算以食物獎勵，不過訓練能以獎勵收尾也不錯。第四次訓練安排了一個小朋友站在距離花生五公尺的地方，最後花生能跟小朋友一起走來走去。我們在第五次訓練增加了一些小朋友的動作，也在離家較近的地方練習。

最後三次1.0版情境訓練（第六到第八次）是非正式的，比較像社交聚會，不像之前那種比較正式的前進、後退訓練模式。花生跟小朋友自然互動，我則一直留意花生的行為，適時給予獎勵。第六次和第七次跟小朋友的訓練，我沒用牽繩拴住花生，讓牠跟兩個小男生（一個牠以前見過，一個牠不認識）在安全的戶外環境走動。牠看到許多小男生自然的舉動，像是跑來跑去，幾次生氣哭泣，還有好幾次開心大笑。第八次訓練是在兩個小女生的家中，我不必用牽繩拴住花生，牠也能心平氣和跟她們互動，不需要我給零食或時時留意，而且從頭到尾都沒有吠叫，一次也沒有。牠只見過兩個小女生當中的一位，以前他們曾一起做過1.0版行為調整訓練。

專家密技：跟我配合並接受行為調整訓練的狗狗大多都有咬人或空咬的紀錄；花生不一樣，牠從不咬人、發怒，而且牠的預警系統也不錯，所以我沒讓牠戴嘴套。如果你訓練的狗狗會咬人或者你無法掌握訓練情況，不妨訓練狗狗習慣戴嘴套，進行行為調整訓練時也讓牠全程戴嘴套。第三章還有更多提升安全保護的小技巧。

花生最後一次跟小朋友進行剛剛提到的1.0版行為調整訓練時，已經會主動靠近小女生要求摸摸了，但有時小女生走向牠，牠還是會有些不自在。幸好牠沒有像過去那樣對著人吠叫，只是逕自走到較安全的地方。小朋友沒有繼續糾纏，因為我就在旁邊看著，請她們不要一直跟著花生。

想想花生本來會對著三十公尺遠的小朋友吠叫，才經過短短時間就進步到能跟小朋友互動的程度，我真是欣喜若狂，一次又一次地感到驚喜。我偶爾還是得在牠遇到小朋友時出手相助，強化牠建立安全感的能力。也就是說，假如我發現花生嘗試避開小朋友，我會尊重牠保持距離的需求，帶孩子稍稍遠離牠。花生一天比一天進步，需要我介入的情況越來越少，但我認為，當旁人不理解狗狗的肢體語言、沒有意識到牠們需要保持距離時，飼主應該幫狗狗翻譯。這也是一種負責的照顧態度。我在幾年前搬到阿拉斯加，好一陣子沒讓牠跟小孩子相處；不用說，後來我們反複做了不知多少次情境訓練，才讓牠能再一次自在地接受有小孩子的空間，情境訓練真的很有效。

新版再進化

我在上一版說過，行為調整訓練的技巧持續進化著，每年我都會利用寒暑假期間，挑幾個部分和學員反覆檢討。二〇一三年底，我把焦點放在怎麼「教」行為調整訓練。其實在這次休假以前，我早已著手開始修改上一版關於長牽繩的部分，也就是序言提到的特定牽繩技巧，這項技巧一方面能保障狗狗安全，也能讓狗狗感受到相當程度的自由。我把牽繩技巧修改得更順暢好用，也會在第五章帶各位重新認識它。

我設計牽繩技巧的目的是減輕狗狗壓力的同時讓訓練更有效，即使背後的目的相同，2.0版的行為調整訓練跟前版還是稍有不同。累積幾年的授課經驗後，我發現「避免讓狗狗太靠近刺激」對飼主或學員來說依然是不小的挑戰；即便是上過行為調整訓練課程的專業訓練師，還是有可能不經意地讓狗狗處在情境壓力下。我是老師，所

行為調整訓練2.0讓狗狗有充分的機會去探索與學習。

以我知道學生如果反覆出現同樣的錯誤，一則是我得改變教學內容，再不然就是改變教法。我開始研究學術期刊、仔細重看我的教學綠影帶，帶花生出門散步時也會試著以不同角度觀察牠的行為。這麼多年來，除了帶花生做情境訓練，我鮮少專注於花生的行為問題，所以對我來說，找來助訓者並觀察牠會是改良行為調整訓練程序的好機會。

這段時間的積極反省與深入研究讓我明白，訓練情境控制得越好，狗狗受惠越多。說真的，我越來越看清楚一件事：**行為調整訓練能讓狗狗更了解真實世界可能會發生的事，也因此更有安全感**；因為如此，我們可以試著調整1.0版的情境訓練設定。1.0版的設定是讓狗狗反覆接觸刺激，我們不誘哄也不強迫，就只是走過去；若牠不願意跟上，我們也不逼牠，但這個設定對狗狗的影響力仍超出我想要的程度：狗狗通常都會跟著主人，所以這不算是牠們的自主決定，而且也會提高超出臨界點的風險。所以我把2.0版改成「跟著狗狗在訓練區內走動，試著巧妙避開刺激，如此能賦予狗狗更多選擇空間，不會讓牠們不得不跟著主人走向危險。但「跟著狗狗」原則有一項例外：如果牠們直直走向刺激並出現警戒徵兆，我們必須立刻介入阻止，除此之外，各位別擋路就對啦。

另外我也發現，訓練時若距離適當，就連標記也可以省去不用，標記可能會阻礙狗狗掌握情境資訊。行為調整訓練1.0的好處之一是狗狗終於有機會能認識刺激，不需要飼主引開注意力；2.0更進一步，讓受訓犬隔著一段安全距離自由探索訓練場地（包括刺激）。這項改變也讓我得以簡化指示：不用設定階段，只要守住「運用牽繩技巧、跟著狗狗」和「近距離訓練時使用標記再走開」兩大原則就行了。我會陸續介紹更多好用的提示工具，並且在第七章詳加討論。

花生仍是我的謬思。我開始修訂行為調整訓練2.0時，牠十一歲了，卻還是有一道跨不過去的檻：狗。於是我不再使用1.0版的前進／後退法，開始像前面提到的「跟著牠」，讓牠「用腳投票」，明確告訴我牠的自在程度：牠比我原以為的還要不想接近牠們，把距離拉得更遠。花生這輩子不是沒辦法接近同類，牠在做敏捷訓練、服從訓練或聽到指令訊號的時候都沒問題，但牠其實寧可離其他狗遠遠的。我在做訓練或測試時發現，狗狗遇到攻擊或好玩事物等突發狀況時，如果能用這種方式給牠們機會表明自己的臨界距離，對狗狗其實有很大的好處。

花生快樂地在樹林裡自由活動。

這兩年來，全世界的飼主、訓練師都開始採用2.0版行為調整訓練，也告訴我他們更喜歡改良後的方法：雖然開始會辛苦一點，但狗狗進步更快也更放鬆，對飼主也更簡單好說明，整體效益優於1.0。後來我又養了一隻狗「豆豆」，初見豆豆時牠才五個月大，一見菲歐娜（我們帶去的測試犬）就汪汪叫、齜牙咧嘴的，2.0版的行為訓練有效降低牠對其他狗狗的激動反應，也讓牠更適應與人類相處。

跟我合作的飼主常常迫不及待要改正愛犬的問題，我想你也是。我想確保各位能得到你們需要的行為調整訓練資訊，可是技巧高超的訓練者就像創傷醫師，必須先救病人的命，才能顧及治療的細節。我希望各位都能成為技巧高超的訓練者，成功幫助狗狗，所以我在下一章會先介紹為狗狗塑造安全環境的方法，然後再說明行為調整訓練的細節。

花生完成行為調整訓練後，開始敏捷訓練，做了騰空跳躍及繞杆運動。

專家密技：如果你是專業訓練師，很熟悉狗狗的激動反應，下一章介紹的解決方案你也許都跟飼主推薦過了，不妨當作複習再讀一讀吧，很值得的。

3

快速治標：安全與環境管理的必要做法

環境管理是訓練師的行話，意思是改變你家狗狗的生活環境，使狗狗不會或不容易受到刺激，不會做出你想遏止的行為。行為調整訓練與環境管理是一體兩面，在進行行為調整訓練糾正行為的同時，也要管理狗狗的環境，以免狗狗惹禍。務必要管理環境帶來的刺激，避免狗狗跨越臨界點。也就是說，應該妥善安排狗狗的生活環境，協助狗狗保持冷靜、輕鬆及安全。心理行為學派大師史金納博士把環境管理稱為「環境工程」（見附錄二），弗里德曼博士的「人道分級表」則稱為**安排前置刺激**（見附錄三），我將在本章介紹對激動反應的狗狗特別有幫助的管理方法。

管理得當可以立刻營造安全的情況，因為不需積極訓練，只要改變一下環境，就能幫助狗狗成功出現適當行為。改變環境通常是指配戴某些工具或改變狗狗接觸環境的方式，例如關上房門或通往院子的柵門。圍籬是很簡單的裝置，一旦裝了圍籬，不用刻意訓練狗狗也不用擔心牠會跑出院子。另外像是在客人來訪前裝設安全門欄，再拿寵物玩具給狗狗玩，都是管理，用牽繩牽著狗狗出去散步也是。世界上大部分城市對於牽繩都有規範，所以你家狗狗的生活總會受到一些管理。

如果你家狗狗常常一受刺激就吠叫、跳衝、大低吼或者畏縮退卻，建議你仔細閱讀本章。要成功調整**激動反應的問題，一定要先營造安全的環境**。設置幼兒柵欄或屋門上鎖或許是限制性較高的管理做法，但是管理得當不僅會立即奏效，也不見得需要永久實施，隨時都可撤銷。我認為應該先以妥善管理避免問題，再用行為調整訓練之類的方法改變狗狗對刺激的反應，日後可將管理減到最低或不再需要管理。

也許你認為，行為調整訓練就足以拯救你家狗狗，何必了解如何管理？因為狗狗隨時都需要安全感，才能成長茁壯。打個比方好了，HBO賣座影集《黑道家族》的主角，黑道老大東尼經常跟一位治療師碰面，治療他的恐慌症。他的生活一團混亂，黑道對手要他的命，他把仇家活活勒死，他的婚姻搖搖欲墜，孩子也不順遂，就連他跟情婦也有問題。就算他的治療師是天才，復原也是龜速，因為東尼心裡很清楚，他所處的環境太危險，而他無力招架，也不是真心想改變環境。可惜很多飼主給狗狗的生活環境跟東尼不相上下。我們指望狗狗改變行為，自己卻不肯改變行為，也不願意改善狗狗的生活環境。在狗狗周遭，不但有沒拴牽繩的狗在街上亂竄，小孩子闖進電梯，還有摩托車呼嘯而過，而我們竟指望狗狗有安全感！狗狗心裡想必覺得外頭有黑道虎視眈眈，而自己絕對不是對手。

運用強化策略的訓練計畫要想奏效，就要盡

力排除會讓訓練失敗的環境刺激，比如巨響或能看到景觀的窗戶。就像架設圍籬以避免學步中的小寶寶跌進水池，架設實體柵欄也可避免狗狗接觸到牠們還不知如何處理的情境。行為調整訓練與管理策略只要運用得法，狗狗將有很多改正行為的機會，不容易產生恐懼或演練不良行為。

為什麼一定要為狗狗改善環境？因為不管有意無意，行為帶來的結果都會改變行為。如果你家狗狗的激動行為已經嚴重到讓你求助本書的地步，你家狗狗很可能發現這種行為是有用的。你家狗狗如果有撲人、拉扯牽繩等基本問題行為，千萬別讓牠因為這些行為得到獎勵，更重要的是，要**給狗狗一個能做出合宜行為、避免激動行為的環境，因為激動行為是由情緒引起，也可能會造成危險的後果。**

我會在這一章介紹一些讓狗狗的生活環境更安全，並可緩解狗狗整體壓力的管理方法：

如果你家狗狗看得見窗外刺激，牠的警敏基準會持續維持在較高程度，容易導致訓練失敗。

- 減少視覺刺激
- 避免正面接觸
- 避散步途中遇到麻煩
- 轉移注意力
- 使用嘴套等安全輔具

眼不見，耳不聽，心不煩——

減少視覺刺激

排除狗狗的視覺刺激要先從居家環境做起，最簡單的解決方法就是消除狗狗在家裡可以觀看路人跟狗狗的地方。為有激動反應的狗狗設置「瞭望台」，等於給牠機會整天練習吠叫，牠一天在家站崗九小時，吊嗓子九小時，短短的訓練時間當然起不了作用！狗狗需要消遣，整天負責「國土安全」不是消遣，是壓力很大的苦差事。若是牠們的皮質醇（壓力荷爾蒙）濃度長期升

整天看門會削減情境訓練的成果。

高，不僅會使健康出問題，更有可能縮短壽命。

讓我們站在狗狗的角度看看訓練是怎麼回事吧。狗狗一旦吠叫，路過的小男生或狗就會消失，你家狗狗自然會覺得吠叫是保衛家園的妙招，而且屢試不爽！一天一天過去，吠叫的惡習愈來愈根深柢固。

專家密技：有「狗狗瞭望台」的家就像一個超大的史金納箱（又稱操作制約箱），會「自動訓練」狗狗吠叫。如果來找你的飼主不願以改變環境的方式避免狗狗的問題行為獲得強化或反覆演練，他大概懶得聽你說明，直接付了鐘點費就說聲謝謝再聯絡。你當然不能撒手不管，但是如果要有改善，一定要說服他們改變居家環境和生活習慣才能防止狗狗累積壓力，也避免反覆演練問題行為。你可以建議客戶錄下狗狗單獨在家時的行為，以此說服他。

要消除家中的「瞭望台」，可以移動家具，裝設矮柵欄、圍欄隔離某些區域，也可以架設羅馬捲簾，讓屋主可從窗戶上層往外看，但下層仍保持關閉。在阿拉斯加陰鬱的冬季，家裡有上層透光的羅馬捲簾是種享受，比起半點不透光的窗簾，心情暢快多了！五金行還可買到一種貼在窗戶上的塑膠膜，可營造出彩色玻璃、霧玻璃、蓬鬆的雲朵之類的效果。把人造雪噴霧噴在窗戶玻

貼上不透明蠟紙是對付「狗吠松鼠」的好辦法。

璃上同樣能讓狗狗看不見窗外的景象，未來要擦掉也很容易。可以分幾次清除噴霧，每次擦掉一點點，景象就會愈來愈清晰。若想省錢也可以用膠帶把蠟紙貼在窗戶上，我在我家活動玻璃門的下層貼上蠟紙後，我家狗狗從此不再對著松鼠吠叫。我只能偶爾抽空訓練我的狗，把關掉「後院電視」當成迅速解決在家吠叫問題的好辦法。

如果你住公寓或大樓，而你家狗狗一受刺激就會汪汪叫，那你應該想辦法讓狗狗聽不見走廊跟隔壁住戶的聲響，狗狗就不會叫了。想避免狗狗聽見外面的聲音，可以把電視打開或播放一些音效給狗狗聽，音效要在單調中偶爾有點變化，比方說持續的海浪聲中偶爾出現尖銳的鳥叫。突如其來的變化特別容易打斷狗狗的注意力，因而引發吠叫，所以播放的音效一定要有點變化，讓狗狗習慣環境的變化。連續播放幾週或幾個月之後，調小音量，讓狗狗多聽一些「真實」環境的聲音。

屋外環境可能也需要改變。舉例而言，我很

圍籬一定要有阻隔效果，讓圍籬裡面的狗狗出不去也看不見外面的刺激。

喜歡狗門，可是除非有人盯著，要不然最好把狗門關上。狗門跟「瞭望台」一樣，都可能會讓狗狗養成汪汪叫的壞習慣。圍籬一定要堅固，最好無法讓狗狗看到外面。我最喜歡在庭院架設能把狗狗活動區域完全圍住的圍籬。**挑選圍籬的主要標準就是不能讓狗狗跑出去，也不能讓別的東西闖進來。**這話聽起來像是廢話，其實很有道理。有位學員跟我訴苦，說他家狗狗一天到晚溜出去，在街上追著別的狗跑。你大概好奇狗狗是怎麼跑出去的，原來他家有個很漂亮的圍籬，問題是沒有柵門！另外一位學員也有相同的煩惱，他家圍籬只有一公尺高，難怪狗狗輕輕鬆鬆就跳出去了，牠是隻運動細胞發達的牧牛犬，就算是一點五公尺高的圍籬應該也難不倒牠。

我看過好多飼主因為攻擊行為及恐懼問題來找我，但他們家裡的圍籬都有問題，他們的圍籬下方有洞，板條壞掉，四周只用狗狗能穿越的灌木叢圍起來或甚至電擊圍籬，無奇不有。大家只是期盼狗狗會明白圍籬的概念並尊重它的存在，即使這些圍籬不見得百分之百牢靠。我總是建議飼主用真正的實體圍籬。隱形電擊圍籬不僅有道德上的顧慮，它看不見、摸不著，難保外面的人或狗狗或小朋友不會進來逗弄、攻擊你家狗狗，也難保他們不會被你家狗狗咬傷，它也無法讓路人安心。

就算圍籬很牢固，沒人在家時也別讓狗狗獨自在院子裡警戒吠叫。狗狗雖然看不到圍籬外

一公尺高的圍籬根本關不住運動健犬。

的動靜，還是聽得見聲響。狗狗應該要表現良好才能在院子裡待久一點，而不是想玩多久就玩多久；狗狗要是一直吠叫，你應該不准牠待在院子裡，等牠冷靜下來再說。狗狗有機會踏出戶外運動當然很好，可是如果到外面會養成壞習慣就不該出去。若狗狗獨自在院裡吠叫，家裡沒人在，聽不見狗叫，也沒處理狗吠的問題，就等於是在「訓練」狗狗吠叫。如同狗狗在屋裡瞭望台會對路人狂吠，院子就像是一台自動訓練狗狗吠叫的超大機器。提供路人或狗狗聽到叫聲就繼續走掉的功能性增強物。如果你家狗狗有這個問題，一定要參考第十一章關於隔籬叫囂的處理。

專家密技：如果你會要求飼主先填寫問卷，記得詢問他們家裡有沒有裝設圍籬，如果有，也要確認是不是實體圍籬、是否年久失修，以及狗狗在院子時有沒有人在旁留意。

你要是不相信狗狗獨自待在院子裡會吠叫，不妨在平日選一天到郊區散散步。有次我帶花生到一個初次造訪的社區散步，經過七家院子裡全是無人監督的狗，每一隻都對著我們狂叫，我們走開了，但這等於是鼓勵那些狗亂吠。同樣的，你出門上班，把狗孤孤單單留在院子裡就會變成這樣（就算有圍籬也一樣）。我們路過一個院子，沒想到竟然掀起一場衝突。院子裡的杜賓犬跟柯基犬先對著我們吠叫，後來杜賓犬閉上嘴巴，柯基犬也安靜下來，接著柯基犬又開始吠叫，這回杜賓犬轉移攻擊，把柯基犬壓倒在地，還咬住牠的脖子！柯基犬開始尖叫，我對著杜賓犬大吼，拿小石頭扔牠，幸好我還不需要拿出「勸架噴霧」（分開纏鬥的狗狗專用的香茅油噴霧），兩隻狗狗就分開了，可是這種事情想必不是第一次，這兩隻狗需要訓練才能改正行為，但要是牠們的主人繼續放任牠們整天都待在院子裡，就算訓練也沒用。

避免狗狗接觸刺激，狗狗的心情會較輕鬆，你家也會比較清靜，生活品質將大為改善。但是

門牌警語：「內有惡犬」這類寫法可能會給路人留下錯誤印象；「我家有狗」是比較中性溫和的表達方式。

不讓狗狗在「瞭望台」或庭院站崗捍衛家園，並不只是讓問題消失而已，因為**安排避免狗狗吠叫的環境，是訓練成功的必要措施。**

避免意料之外的近距離接觸

除了移除不良圍籬跟「瞭望台」使狗狗不斷演練壓力跟遠遠就吠叫的情形以外，也要避免你家狗狗意外接觸到刺激。當然，人生總有意外，但還是要**盡可能把你家狗狗咬人咬狗的機率降到最低**。你家大門一年可能開關上千次，所以就算狗狗只有百分之一的機會溜出去，換算下來等於牠一年會溜出去十幾次，怎麼看都非常危險。

最有效的解決方法就是在通往開放區域的所有出口加裝**閘門**，既能避免狗狗跑出去，也能減少攻擊行為。閘門是一種實體緩衝，就算門半開著，狗狗也不能跑到外面去。就算大門開著，也還有一道閘門擋住狗狗的去路。閘門可以是固定式欄杆，也可以選擇寵物用品店販售的移動式圍欄。帶狗狗出門旅行時，這種活動柵欄可以放在旅館房間內，也可以圍在帳篷出口附近。。

寵物日間照顧中心、狗狗公園和訓練中心多半會在每個出口加裝閘門，防止狗狗溜出去。在你家通往屋外的幾道門安裝閘門，接待客人就不用擔心狗狗偷溜出門或跟客人直接面對面了。你可以把你家的門打開，先把狗狗關在屋裡，再打開閘門讓客人進來。披薩外送人員也不會與你家狗狗有所接觸。只要狗狗發現不是衝出大門就能獲得自由，就不會一天到晚往外衝。有什麼好衝的，衝來衝去還不是在屋裡？

如果你真的很重視安全，也希望你家狗狗能鎮靜一些，可以考慮在閘門上裝個鎖，外人就不會走上前來。一旦閘門上鎖，郵差跟客人都進不去，閘門就必須裝無線門鈴跟信箱。就算閘門沒有上鎖，還是把信箱架設在圍籬外面較好，才不會每天上演狗狗大戰郵差的戲碼。

↑把門鈴換成錄音可以強化暗示行為。

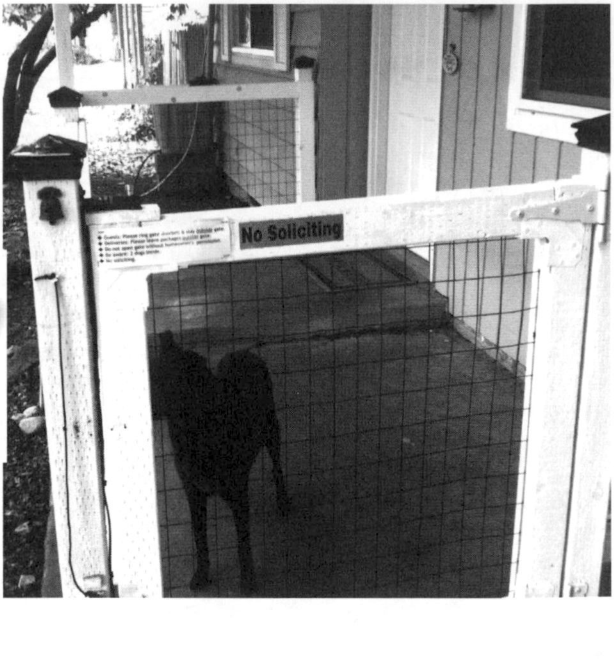

→有了閘門，狗狗插翅也難飛。

專家密技：裝新門鈴還有一個好處，就是「聲音不一樣」。狗狗不會有負面聯想，你也可以藉此加入轉移訊號，輕輕鬆鬆訓練狗狗聽到門鈴就「回窩裡」。如果想更省事，不妨買那種可以錄音的門鈴，直接把門鈴聲換成「回窩裡」的口令。

在閘門加註說明，解釋用途。

小朋友只要經過訓練，也能了解閘門之類安全設施的作用。我有位飼主的狗羅西有次咬傷了鄰居的兒子。當時鄰居的兒子到他們家作客，他女兒開門迎接，羅西吠叫著衝出去，咬了鄰居兒子的大腿上方，即使隔著幾層衣服都留下深深的傷痕。於是他們找我幫忙。他們裝了一道閘門和另外幾道柵門，從此羅西得穿越一道裡面的柵門，一道門和門廊的閘門，才會碰到客人。

家裡如果有小孩，應該多設置一些安全設施（加裝兒童防護設備或者多幾道安全措施），因為小朋友不一定能記得跟狗狗相處的規矩。比如在前面的例子中，羅西只能在客廳與廚房活動。牠在屋裡有個地方待，距離門口又遠，對牠來說真是太好了。羅西家使用幼兒柵欄隔出羅西的專屬區域，你也可以用寵物用品店就能買到的圍欄。我們發現羅西跟家人相處時心情最愉快，牠待在幼兒柵欄裡還是能和家人有所接觸，而且離前門又很遠。

要是有人按門鈴，小妹妹應該請爸媽幫忙開

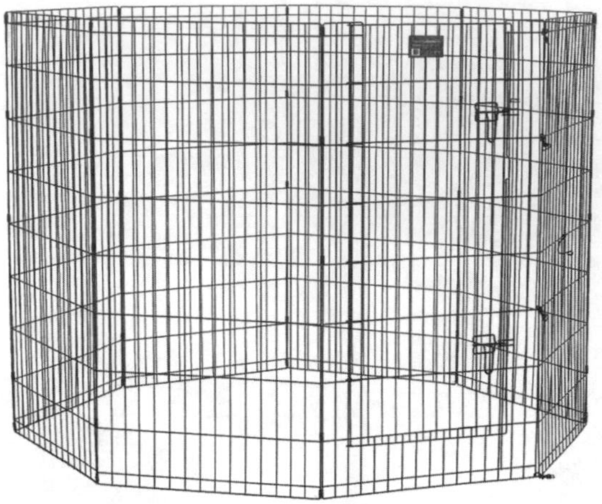

如果不想用幼兒柵欄，移動式圍欄也是不錯的選擇。

門。這時客人還在閘門外，不是在門口，因為羅西家的門鈴在閘門外。媽媽可以先確認羅西待在柵欄裡，再打開家門，到外面去打開閘門，請客人進來。就算小妹妹忘了問爸媽就把家門打開，客人還是很安全，因為還有閘門這一道防線。如果小妹妹打開羅西的柵門，媽媽跟客人在閘門裡，那媽媽會聽見羅西汪汪叫，知道不能打開家門。就算客人不管閘門上的警示，逕自走了進去也沒關係，因為羅西還是在屋內的柵欄裡。要三道防線同時失靈，羅西才會再次上演咬人記，而這是不可能的。請注意：如果羅西家使用我剛提到的錄音電鈴，他們就可以把門鈴設定成「把羅西帶開」或「羅西在圍欄裡嗎？」讓門外訪客按下電鈴時，順帶達到提醒效果。

儘管這樣的安排有點麻煩，但總比出了大事，小朋友進急診室，狗狗不得不安樂死的可怕後果來得好。狗狗咬人其實可能性很低，只是萬一出事，後果不堪設想，所以一定要防患未然。羅西他們家採用的方法比較極端，我認為有小孩的家庭不太可能持續這樣下去。很多有小孩的家庭根本不可能為了安全就大幅改變生活，所以家裡的狗狗只能尋找新主人，不然就是安樂死。你或許以為有很多人仍願意認養有咬人紀錄的狗狗，其實不然，而這些安排能讓你為狗狗進行行為調整訓練時不會留下不良記錄，也更容易幫牠找到新家。有了安全防線，狗狗的心情也比較輕鬆，直到訓練生效、改變狗狗的情緒反應為止。

家裡招待客人的時候，如果狗狗的激動反應較輕微，那麼你可以把狗狗放進狗籠，隔在高而堅固的幼兒圍欄後面，關在臥房裡或是用拴繩（短短的繩子，另一頭連接牆壁或沉重的物品）拴住，並提供美味的骨頭或塞滿食物的益智玩具，讓狗狗不緊張。客人來訪對狗狗來說是壓力，如果放任牠在家裡到處走動，你們的客人難免也會緊張不已，深怕狗狗失控。最好把狗狗拴在或把狗籠放在一個牠能適應客人的地方，當然也要注意狗狗在那裡不會受到太多刺激。也許你招待客人時會把狗關起來，但光關起來是不夠的，狗狗沒有適當的（可以吃的）東西分散注意力，家裡又有客人來訪，牠的壓力只會愈來愈緊迫，你的訓練效果也會打折扣。我家冰箱隨時都有塞滿食物的玩具，需要時立刻拿出來應急。

萬一你家狗狗對食物、玩具沒反應，還是叫個不停，建議你先帶牠離開屋裡，讓牠待在有空

叮囑訪客以及／或把狗狗帶開，避免不安全。

調的車裡或車庫、帶去找牠的朋友或屋外其他地方。離開訪客所在的現場能防止牠加深對客人的負面觀感。除非狗狗經過行為調整訓練，已能適應家中有訪客，否則客人來訪時還是帶開牠比較好。此外也要考量到「分離焦慮」的問題，別把狗狗關在會讓牠更焦慮或讓牠更容易造成破壞的地方。

切記，凡是吸引力大到足以讓狗狗撇下「可怕的客人」不管的零食或玩具，對狗狗來說皆無比珍貴，家裡如果有好幾隻狗狗，可能會為了爭奪這個東西上演全武行。如果你家不只一隻狗，你最好把要給狗狗的骨頭拿到狗籠或不同的房間裡，不然就隔離牠們，保持距離以策安全。狗狗拿了骨頭後，記得把狗籠關上，以免狗狗護籠。狗狗吃東西時，不要讓客人跟狗狗打招呼或逗弄狗狗。有客人在的時候，狗狗就算表面不吭聲，心裡還是受到刺激，所以最好請家裡的客人別理會狗狗，除非狗狗主動尋求關注。第十二章有更多關於客人來訪的注意事項。

平安散步的保障：一條好用的牽繩

你想必了解，不管在家或在外面訓練狗狗，狗狗都有可能受到太多刺激而影響訓練效果。對有激動反應的狗狗來說，出門散步是一大挑戰。想要一路平安，最重要的是能在關鍵時刻拉住狗狗。其實，帶有行為問題的狗狗散步也好，帶任何一隻狗狗散步也罷，都應該使用你可以抓住牢但又可舒適從手中滑出的牽繩，所以不要用伸縮式細線，不要用鏈式牽繩，也不要用可能使你破皮的牽繩。

牽繩應該要夠長，約五公尺，一端連著胸背帶，這樣狗狗才不會覺得受到拘束、你又能適時調整長短。過轉角之前請收短牽繩，你才能確認是否安全。請選擇傳統牽繩，不要用伸縮牽繩。如果用伸縮牽繩，想不出狀況都難（想想狗狗有五公尺助跑距離，能產生多大的衝擊力道？）我通常建議飼主使用軟韌、複股PP纖維的實芯牽繩。有些人為求舒適，喜歡用皮革或人造皮；然而當你以手抓著牽繩滑動，皮繩或人造皮繩傳遞震動的方式不同於合成纖維牽繩，而震動在與狗狗溝通時可能很有用。我覺得五公尺左右的牽繩長度最好抓，每個人都能輕鬆操作；在你能順暢掌控五公尺的牽繩之前，使用標準長度的牽繩應該是比較安全的選擇。

市面上可以買到很多好用的胸背帶。我現在最愛的品牌是PerfectFit（英國）、XraDog（加拿大）、Balabce Harness（美國）和Haqihana（義大利），另外就是幾個德國品牌（譬如Camiro、StakeOut、Anny*x等）。請不要選擇會讓狗狗窒息、不易呼吸、使腋下疼痛或妨礙狗狗正常跑動的胸背帶。每隻狗都是獨一無二的，所以朋友的狗狗覺得舒服的品牌，不見得適用於你家的狗。胸背帶有點像牛仔褲，每個人適合的牛仔褲各不相同，適合的剪裁也隨著年紀不一樣！

我喜歡前後都有扣環的胸背帶（唯有PerfectFit後端已扣上繩時才可以使用前端扣環）。胸背帶不能妨礙狗狗的自然動作，必須讓腿和肩部的動作能完全伸展。Balance Harness質輕好扣，位置不會卡到腋下。PerfectFit和XraDog也是遠離腋下，而且還有絨毛墊，所以胸背帶不會移動位置而磨蹭皮毛。PerfectFit由三個獨立部件組成，每個部件都有不同尺寸，可依不同體型的狗狗配出最適用的背帶組合；不過這種組合設計也會增加複雜度，第一次使用時得研究一下。德國品牌的胸背帶讓狗狗能夠自由活動身體，也不會勒住喉嚨；織帶的位置在腋下往後一點的地方，而且可以客製，量身訂做。

狀況允許的話，我個人比較喜歡後扣式胸背帶。前扣式胸背帶不像頭頸圈（有一圈套住鼻吻的設計），它讓狗狗能夠自由選擇如何動頭；不過前扣式胸背帶對狗狗行進方向的控制程度不及後扣式好用，所以在使用前扣式胸背帶時要多加注意。但前扣式也有個附加好處：假如你不慎讓狗狗陷入有壓力的情境，害牠慌亂地拔腿就跑或狂吠暴衝，前扣式胸背帶多少能起一些槓桿作

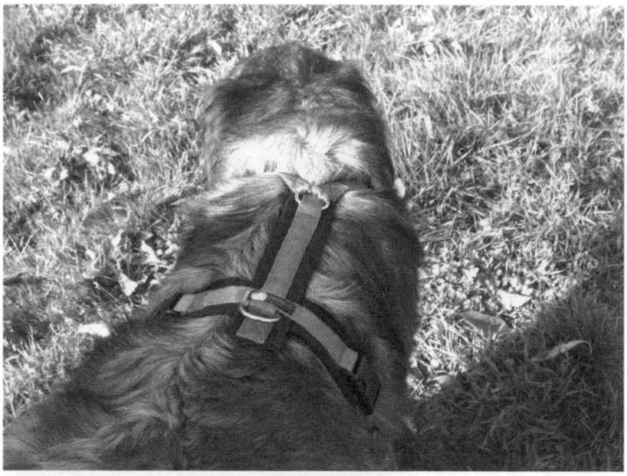

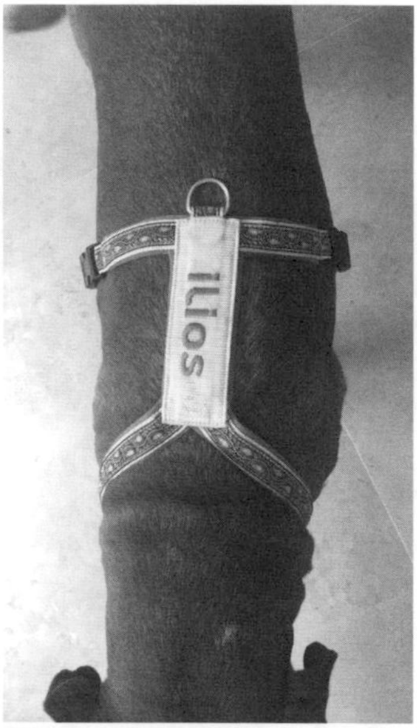

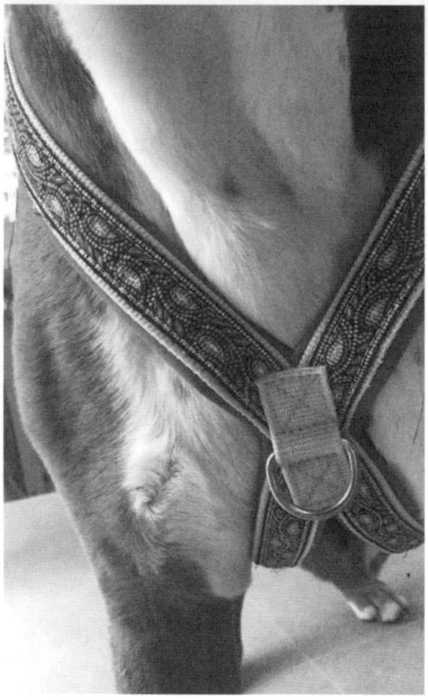

好的胸背帶能讓狗狗活動更自在。

用，讓你更好拉著牠離開。行為調整訓練的牽繩控制技巧會教你很多與狗狗溝通的方式，所以通常只需要有一個胸背帶。

不管狗狗使用哪一種胸背帶，你要盡可能讓牠能自由活動身體，並且保障現場所有人犬的安全。關於頭頸圈，只在狗狗體型、力氣都比飼主大的時候我才會推薦使用，而且務必跟胸背帶搭配，使用方式：利用扣兩點的方式，意思是你以一條牽繩同時連接胸背帶和頭頸圈，譬如把歐式牽繩的一端連接頭頸圈，另一端連接胸背帶。你主要是用胸背帶牽領狗狗，非常需要多點控制時有頭頸圈。我設計的多扣頭長牽繩是一條附有多個扣頭的長牽繩，讓你可以用一個固定式扣頭扣在胸背帶後端扣環上，再用離它最近的滑動式扣頭扣住頭頸圈。給狗狗一點時間適應頭頸圈，訓練的步驟跟戴嘴套相同（見79頁）。

請注意，猛扯牽繩糾正狗狗時，狗狗常轉向去咬牽繩者；這類對待方式與我們在行為調整訓練使用的方式背道而馳。如果你使用的是環刺頸圈、電擊頸圈或其他矯正輔具，請依前面的輔具挑選建議給牠換個新裝備。矯正輔具會引發狗狗的負面聯想，施加更多壓力，造成頸部與脊椎長期疼痛。使用胸背帶配合**行為調整訓練的牽繩技巧**，我們一樣可以有效控制狗狗，同時避免這些不良後果。

帶狗狗在市區散步時，踏出家門的第一步就可能危機四伏，如果你住在有走廊或電梯的大樓，更得多多注意。你住的大樓愈高，狗狗愈可能跟各種刺激狹路相逢，無處可逃。避免你家狗狗跟各種刺激狹路相逢的方法有好幾種，都能兼顧安全和便利性。如果你希望狗狗能自由活動，又怕狗狗搭電梯會遇到太多意外的刺激，不妨帶狗狗走樓梯。如果你家狗狗體型不大，你可以抱起牠，讓牠背對刺激。如果你家狗狗只是對其他人或狗感到微微不自在，你可以讓牠坐下來，然後站在牠與刺激之間。你也可以在搭電梯這段時間持續給牠零食，一邊轉移注意力、一邊把搭電梯變成愉快的經驗。若想降低視覺刺激，可以選

以多扣頭的長牽繩扣住PerfectFit胸背帶的前、後扣環。

倘若發生前扣環斷開胸背帶的情況，扣上第二個扣頭可保障安全。

用市面販售的「安心眼罩」。這是一種半透明頭套，能遮住狗狗的眼睛，使狗狗看不清電梯裡的人跟其他狗。有些狗狗戴「安心眼罩」搭電梯時，比較不會出現攻擊行為。你還有一種選擇——這種方法特別適合小型犬——就是狗狗推車。推車不僅可以保障個體距離，也能讓牠們處於較高的位置，不容易接觸到其他狗狗。拉上推車蓋，放點平和的音樂，如此還能減輕外來刺激。推車跟狗籠一樣，都是狗狗的安全領域，所以不要讓任何人把手伸進推車逗弄狗狗。

在家裡鋪一塊草皮或用其他辦法讓狗狗在室內上廁所，這樣狗狗就沒必要常常出門散步，飼主也可以把散步專門用在訓練上。家裡如果有一隻有激動反應的狗，最上乘的「環境管理」就是搬到一個有安全圍籬的房子，不然至少也搬到大樓的一樓。要是不可能搬家，別的辦法效果也有限，藥物或其他減輕壓力的做法可能暫時有其必要，住在大樓裡的狗狗才不會每次出門散步都抓狂發作。

住在郊區的狗出門散步比較平靜，因為不必像市區狗狗一樣，跟一群陌生人與陌生狗在電梯、走廊及吵鬧的人行道上狹路相逢。不過我先前也講過，郊區狗狗常得面臨別家的狗從庭院對牠們狂吼濫吠的狀況。將心比心想像一下，如果你每次出門散步經過鄰居的屋子，都會聽見鄰居對你口出穢言，想必要不了多久你就會失控了吧？

如果你的狗鄰居只要一看見你家狗狗經過就抓狂，可以記住是哪幾戶人家，下次經過就走到對街，避開這幾戶人家。你家狗狗的吊牌如果會叮噹作響，最好想辦法消音，別人家屋裡的狗就不會察覺你家狗狗路過，也就不會吠叫了。你可以在吊牌上再鑽個洞，把兩端縫在項圈上，讓項圈跟吊牌合而為一，再不然也可以設法給吊牌「消音」，綁橡皮筋或市售消音圈效果都不錯。

經過我的訓練，我新家附近鄰居庭院裡的狗狗現在看到我牽著狗狗路過時，多半不會吠叫了。少數幾隻還是會汪汪叫，我們只能避開。我純粹是用古典反制約法訓練這些狗，就是用吸引牠們的語氣，興高采烈大喊「我請客」或者以邀請的語氣叫那隻狗的名字，好像要請牠過來加入我們，然後再把幾塊氣味濃烈的零食丟進院子裡，通常還會打中牠們的耳朵，目的是要讓牠們注意到有零食飛過來。這時我會扔一把零食給我家狗狗，讓牠們去找，然後再說一次「我請客」同時把更多零食扔進鄰居院子，接著再多賞一些給花生和豆豆，謝謝牠們默默忍受，沒有抓狂。

如果你家的狗不肯靠近別人家院子裡汪汪叫的狗，使你餵不到那家的狗，你可以另外挑個你家狗狗不在的時候訓練別家狗狗或者先專注訓練你家狗狗，別家狗狗愛叫就隨牠們叫吧！以平常說話的語氣跟花生和豆豆提起那些吠叫的狗狗，這似乎有助讓牠們安心。我會隨便給狗狗取個名字，「別怕，牠是金潔，牠在圍籬裡面呢」。

我跟牠們說話的語氣就像是把有趣的東西指給朋友看，比方說「莎莉家的游泳池清潔工好像換了」、「麥克斯真是園藝大師！看看那些花苞！」。

我把零食丟給別家院子裡的狗後，有時候那些狗狗會馬上住口，開始大嚼零食，連我叫牠們「坐下」也乖乖照做。有些狗狗無視零食，繼續狂吠，等到我們離開才開始吃。不過大部分的狗後來看到我出現，聽見我說「我請客」，都愈來愈不會吠叫了。到最後牠們一聽見「我請客」，原本很興奮的狗就會馬上安靜下來等著吃餅乾。等狗狗學會安靜，我在接下來的幾個禮拜到一個月之間，就漸漸減少給牠們的零食份量。

如果你也想在散步途中訓練別人家的狗，幾個重點我想先說清楚。第一，最好先徵求鄰居同意，未經同意就擅自訓練別人的狗狗可能會違法或惹毛你的鄰居。若你不想徵求別人同意，那是你的自由，只是為了你的愛犬著想，萬一人家跑出來大吼大叫，還是趕快牽著狗狗走人或者事先想好如何解釋。我訓練別人家院子裡的狗，碰到的人都很和氣，不過畢竟我過去待在西雅圖，現在住在阿拉斯加，兩地的居民本來就友善。第二，鄰居的狗說不定會對你給的零食過敏，所以最好選用不含穀類、堅果與雞肉，成分較單純的零食。第三，鄰居的狗狗可能在節食，所以最好請牠們吃低脂零食，不過還是要挑選又香又好吃的零食。第四，如果鄰居家的院子裡不只有一隻狗狗，你扔進去的零食可能會掀起一場爭奪戰，所以我只有在院子裡只有一隻狗時才會用這一招（前面提到的柯基犬跟杜賓犬的故事並沒有使用零食）。最後，如果你要把手伸進圍籬空隙，把零食拿給狗狗吃，請千萬小心，狗狗可能不吃零食，卻啃你的手！除非我很了解那隻狗，不然我都是把零食從圍籬上方（或空隙）扔進院裡。我散步途中遇到的少數幾隻狗還會靠著圍籬讓我摸摸，這可是經營一陣子才有的結果，一開始可不是這樣！

就算圍籬裡的狗狗沒有對著你的愛犬汪汪叫，你的愛犬在散步途中近距離接觸或遇上強烈的刺激也會很難受。舉例來說，沒上牽繩的狗狗朝著你家狗狗全速衝來，這種情境就跟蜘蛛掉在怕蜘蛛的人頭上一樣恐怖，即使聽到有人開心地向你保證，他們那隻沒牽繩的狗（蜘蛛）「很友善」也沒用。每次有狗朝著我家狗狗衝過來，都有人對著我大喊這句話；要是我每次聽到這話都能拿到一塊錢，累積下來的錢都夠我買一大堆狗狗訓練書了！

在散步途中遇到身上沒有牽繩的狗狗，等於遇到重量級危機。如果你散步途中常常碰到沒上牽繩的狗，應該考慮換條路線，不然就是說服那些狗的主人使用牽繩。以前，我有幾位飼主住在西雅圖一處美麗的森林公園旁邊，他們很喜歡帶狗狗到公園散步，只是每個禮拜總有幾次會遇到沒上牽繩的狗。這幾位飼主訓練狗狗始終沒什麼進展，我們追查問題源頭，原來是他們的狗每次在公園遇到沒上牽繩的狗時，場面都很火爆。如果你每天到公園散步，每個禮拜總有幾次會碰上歹徒持刀搶劫，請問你還輕鬆得起來嗎？還好那些飼主後來明白，到森林公園散步對他們自己來說很「愜意」，對狗狗來說卻是危機四伏，就改成每天在家裡附近散步了。他們的狗狗不再遇到沒上牽繩的狗，顯得較有自信，加上經過行為調整訓練，現在在家裡附近散步遇到狗狗也沒問題。我的其他幾位客戶不希望愛犬遇到沒有牽繩的狗，會安排狗狗在室內做運動或開車載狗狗去繁忙馬路旁的散步步道。

各位不妨試試以下幾種室內運動：

- 躲貓貓遊戲：狗狗的任務是要找到你，找到玩具、零食或其他物品（這是我最喜歡的遊戲）。舉例來說，你可以把狗狗的晚餐分成一小碟一小碟，藏在屋內各處，讓牠必須去狩獵找食物。
- 散撒零食：基本上就是找零食，但你得把零食弄得非常小，像帕瑪森起司粉的大小，狗狗聞聞找找就累了。這是莎莉．霍普金斯設計的超讚技巧，細節可參考「參考資料」。
- 響片訓練：增添一些需要挑戰身心的小把戲，例如要狗狗從一段距離走過來做碰觸或來回碰觸兩個目標物或是讓牠樂於剪／磨趾甲，訓練狗狗隨行或鬆繩散步等（見附錄一）。
- 食物益智玩具。
- 跑步機：一般的人用跑步機或狗狗專用跑步機皆可（使用跑步機的狗狗身上不能有牽繩，放在適當位置的零食可強化待在跑步機上，並且以平衡方式行走的行為）。
- 幼犬伏地挺身：交替完成坐、趴下和站起來的動作。透過強化訓練讓牠在練習時保持前掌不動或踩在特定標記上，訓練狗狗的核心肌群。

如果你跟狗狗散步途中可能會遇到沒上牽繩的狗，最好隨身攜帶一罐勸架噴霧（水槍或市售罐裝噴彩也行）。我不推薦訓練時使用狗狗討厭的東西，不過如果是勸架，我會無所不用其極。我在前面提過，我目睹杜賓犬追殺柯基犬時，身上剛好帶著勸架噴霧。如果狗狗扭打成一團，就拿勸架噴霧直接對著比較兇惡的狗狗鼻子噴，狗狗通常會打噴嚏。我有個朋友是訓練師，有次不小心拿著勸架噴霧對著自己的臉噴，說是一陣刺痛，但不比辣椒噴霧恐怖；可是比起打架，刺痛實在微不足道。我已經用勸架噴霧解決五起衝突事件，每次都是真正的肉搏，都是一隻狗狗咬住另一隻狗狗不放。每個訓練師使用勸架噴霧的方法不同，我要在完全無法讓狗狗停戰的地步才會

↑↑食物益智玩具非常適合釋放多餘精力，還能鍛鍊狗狗腦力。你可以自己做，也可以買現成的，像照片上這個Nina Ottoson出品的益智玩具。
↑狗狗都是天生的搜查犬！

動用，有的訓練師是當成第一道防線在使用。

還有一種能逼狗狗放開彼此的有效辦法：誘發與撕咬不相容的反射行為。我曾經用「灌水」這招分開兩隻在街上扭打的狗狗，屢試不爽：把水灌進咬住另一方的那隻狗嘴裡，引發咳嗽反射。這種情況把水噴在身上通常沒什麼用，但如果你能讓其中一隻狗咳嗽，牠應該會暫時鬆開嘴巴；這時你就能馬上把兩隻狗架得遠遠的，安置在不同地方。

罐裝噴彩是年輕人常用的派對玩具，按一下就能噴出無毒的可溶性彩帶。雖然我無法保證這玩意兒一定有效，但至少值得一試；我自己用過一次，但那次並不是真的用於勸架，而是嚇退一隻沒上牽繩的狗，避免牠直直朝花生走來（不過牠還是跟了我們好一段路才放棄）。水槍或是會發出嘶嘶聲的寵物矯正器也可用於驅離狗狗、避免牠靠近。但我通常不會建議學員或客戶使用這兩種物品，因為我怕造成誤會，讓他們開始設法運用這兩種東西做訓練。壓抑行為會帶來各式各

勸架噴霧是阻止狗狗扭打的安全手段之一。

樣的其他問題，最好還是避免它們發生。

沒上牽繩的狗狗走上前來，其實十次有八次只是想嗅嗅你家的狗，並沒有惹是生非的意圖，可是你家狗狗若有激動反應的問題，當然就得當心。我碰到沒上牽繩的狗或身上的伸縮牽繩沒有固定長度的狗，都是採取以下步驟予以驅逐，一個步驟要是不管用，就改用下一個步驟。這些方法都管用，但不一定次次有效。無論如何我還是列出來，請各位見機行事：

1、萬一前方遠處有隻沒上牽繩的狗狗，緊急迴轉（附錄一），過馬路到對街或轉身往反方向走。

2、如果那隻狗狗已經距離很近，無法不動聲色地離開，就一邊緊急迴轉，一邊向對方大喊「叫住你家的狗」，同時模仿交通警察的姿勢伸出手掌朝著那隻狗。不管對方說什麼，一直重複那句話，談判只是浪費唇舌，不過加一句「我家狗狗有病。」也很有用！

3、如果那隻狗旁邊沒跟人或帶牠的人不出手幫忙，對著那隻狗狗丟一把零食。零食有用的話最好，因為狗狗會很開心地留在原地大快朵頤，你既沒給牠壓力、也不會讓雙方有危險。

4、如果零食沒效，旁邊也沒有人能幫忙帶開那隻狗，你可以扔幾顆小石頭或用噴彩噴牠。這個方法雖不理想，但總比兩隻狗打架來得好。

5、如果那隻狗一直跟著你們，趕快站在你家狗狗跟那隻狗狗之間，用身體把兩隻狗隔開，朝著沒上牽繩的狗走過去，逼牠後退。如果你家狗狗能夠在你身後聽令「坐下不動」，那就這麼做！然後拿出權威的口吻喝令另一隻狗狗坐下，並且使用誇張的手勢。牠也許不會坐下，但你的語氣或聲調可能促使牠後退。如果狗狗乖乖坐好，請務必要強化這個行為！

6、用牽繩把你家狗狗的臉轉開，不要看著逐漸走近的狗狗，一邊抬起你的腳，把那隻狗狗隔遠一些（這麼做對你也可能很危險，如果你願意冒險才這麼做）。

7、如果雙方打起來了，請拿出水槍、勸架噴霧等工具。如果怎麼噴都沒用，而且情況越演越烈，請直接從後方扣住狗狗腰部，盡可能將雙方往後拉開。要等兩隻狗沒有咬住對方的時候再出手拉開，像是牠們張嘴重新換位置咬時或鬆口喘息時，否則雙方只會咬得更狠或甚至造成撕裂傷。抓狗狗腰部可能有風險，但比直接拉扯頸圈要安全多了，設法離狗狗的牙齒遠一點。

我傾向把勸架噴霧當成殺手鐧，等別招都行不通了再派它上場，理由是勸架噴霧是相當強烈的厭惡刺激，不過這種噴霧確實比較安全；所以，萬一你知道狗狗會在你試圖干預時轉向攻擊你，那麼你可能會選擇早點把它拿出來用。話說回來，如果你的狗會轉向攻擊，那麼散步時你可能會想幫牠套上嘴套，以策所有人的安全。

你也可以抱起你的狗再轉身背對，但要注意，這麼做你可能會讓自己處於被自家狗狗或沒牽繩狗狗咬傷的風險。我聽說有位女士曾因此被咬斷一根手指，故請你也把我的警告放在心上，但無論如何，這麼做確實有助於確保你家狗狗的安全、防止牠受到傷害。避開沒上牽繩的狗狗比上述任何方法都來得安全，所以我再重複一次：**如果你在散步途中經常遇到沒上牽繩的狗，請防患未然，換一條散步路線吧！**

就算是跟上了牽繩的狗狗近距離接觸，也不能保證一定安全，不過這種情況要脫身就容易多了。如果你家狗狗有激動反應的問題，你該做的第一步就是在靠近轉角、死巷、路邊，以及上下車、進出門之前，先讓你的狗狗在一邊等待，等你確定沒有其他狗狗（或是其他人）後，再繼續往前走，避免正面衝突。先讓狗狗練習等待，等到可以走了，跟狗狗說聲「好了」之類的話，一開始不要讓狗狗等太久，以後再漸漸延長狗狗等待的時間。可以用零食、讚美當作狗狗聽話的獎勵，「可以繼續往前走」也可以當成一種獎勵。如果狗狗因為接觸到刺激而行為失控，先前提到的「緊急迴轉」很管用，可以教給狗狗。狗狗遇到沒上牽繩的狗、突然從車裡鑽出來的小孩，反正不管受到什麼驚嚇，「緊急迴轉」都能派上用場。受到驚嚇的狗狗就像在泳池深處苦苦掙扎、快要滅頂的小孩，「緊急迴轉」就像是扔給他的救生圈。有關「緊急迴轉」的詳細說明請見附錄一。

散步途中要隨時留意周遭環境的刺激，但不要東張西望，否則狗狗看了會心生憂懼。你一直東張西望，狗狗就知道你很緊張，所以千萬要放鬆心情，呼吸平穩，可以看看四周，但不要在狗狗面前表現出緊張的樣子。最簡單的辦法就是請一位朋友幫你留意周遭的環境，事先設計一套口令，朋友一發現沒上牽繩的狗、小孩或物品接近，可以馬上提醒你哪個刺激從哪個方向漸漸逼近。如果你一個人帶著狗狗出門散步，狗狗只要肯乖乖散步，就給點零食做為獎勵，並且在狗狗忙著吃零食的時候留意周遭環境。

不妨試試獨自一人沿著你們平常散步的路線走走，不帶狗狗同行，留意一下你的緊張指數有多高，再想想你的愛犬的問題跟你的緊張指數有何關聯。花點時間上瑜珈課、冥想課或者閱讀呼吸調息的書籍，研究一下放鬆心情的調息方法。我喜歡威爾的有聲書《調息：自我療癒的萬能鑰匙》（詳見延伸閱讀），書中提供很實用的建議，告訴你如何放鬆心情，保持健康。

還有一個在散步途中趨吉避凶的辦法，就是徹底了解你們散步的區域，像是哪幾個庭院有狗，哪一家小姐一天到晚把狗放出來等等。一開始先在你熟悉的路線散步，散步時間不要太久，再漸漸擴大範圍，每次都稍微變換一下路線，這樣比較有意思。如果你打算帶你的狗狗走一條從未走過的路線，不妨自己一個人先走一趟，留意沿途會遇到的刺激。務必特別注意散步路線可能會出現的各種刺激，許多有激動反應的狗狗都是對噪音敏感，所以如果你們是沿著熱鬧的街道散步，旁邊還有車子呼嘯而過，那你的愛犬在路上遇到其他刺激可能也會出現激動反應。

很多狗狗穿上安定背心或抗焦慮衣之類包裹身體的衣物後，較能忍受喧囂。這些衣物之於狗狗，就像襁褓之於嬰兒，可以鎮定情緒。有些狗狗可能需要藥物、補充劑才能適應城市生活或者乾脆搬到比較安靜的地方。我訓練過一隻混種牛頭犬，牠住在西雅圖市中心，碰到人類會有激動反應，我好同情這隻可憐的狗狗，我們一踏出牠居住的大樓，馬上就是一陣魔音穿腦：幾台加裝大聲公的鴨子造型遊覽車、三台消防車、幾百個行人嘰嘰喳喳、汽車喇叭聲，還有一隻狗狗汪汪叫。光是噪音就夠瞧了，還有伴隨噪音而來的各種可怕氣味。主人牽著牠出門，牠會走過半條街左右去上廁所，然後就拚命拉扯環刺項圈（很痛欸），鐵了心要回家。牠在日間安親中心跟其他狗狗相處都沒問題，也可以在安靜的街道上散步，就是受不了熙熙攘攘、車水馬龍的市中心，出門散步碰到其他狗狗也會開始發動攻擊。牠的調整方法結合了抗焦慮藥物、安定背心、行為調整訓練，把環刺項圈換成胸背帶等。後來牠和主人終於搬到比較安靜的地方，雙方都鬆了一口氣。

有些狗狗適合在家附近散步，有些狗狗要

安定背心。

到離家遠一點的地方，才不會出現保護地盤的問題，還有一些狗狗出門散步不管看到什麼都會有激動反應，所以只能在室內或家裡走動。如果要讓狗狗在室內的家裡散步，可以安排狗狗在行走沿途聞到一些有趣的氣味或做訓練，也可以把零食藏在屋內各處、讓牠找出來，活化牠的大腦搜尋迴路。許多狗狗在整趟散步途中如果看到接二連三出現的狗和人時反應良好，但如果出現的陌生人只是一個或兩個，反而比較容易出現有狀況。如果你家狗狗碰到環境突變會有激動反應，讓牠在繁忙的市區散步其實說不定會比在住家附近散步適合，特別如果你家附近很多沒上牽繩的狗會跑來打招呼，而且有很多在院子裡吠叫的狗會嚇到牠。

說到吠叫，你在散步途中與人說話，你的愛犬看了可能也會汪汪叫。為什麼會呢？我也不知道，可能是狗狗以為你在對那個人吠叫。試著從狗狗的角度想，你直接面對那人，盯著那人看，而你本來是安安靜靜散步卻突然停下腳步製造噪音，有時候還會跟對方扭打（人類的「擁抱」跟「握手」看在狗狗的眼裡就是扭打），狗狗還能怎麼想？所以出門散步時，不妨遇到每個人都輕輕說聲哈囉，偶爾也突然對著空氣連續說幾聲哈囉，狗狗就會知道在散步途中說話是很正常的。如果這麼做對你的愛犬是個問題，做情境訓練時，切記把「說話」當成是一個刺激。

帶狗狗出門散步要時時關注狗狗。如果你改變方向或喊牠的名字，牠卻不理你，那大概是因為你也一直沒理牠。給狗狗一個關注你的理由。

抗焦慮衣。

把手機留在口袋裡。如果你出門是為了跑步、走路健身，不能專心照料狗狗，那一開始就別帶狗狗出門！你可以把散步當作暖身，散完步你再痛快地出門跑步或回家使用跑步機。

我說狗狗應該注意你，並不是指狗狗應該全程盯著你看，也不是說狗狗全程只能走在你的腳邊。如果你希望牠至少偶爾能做到，也沒問題，只是我會希望讓狗狗保有狗狗本色。我帶豆豆和花生出門散步的一大樂趣，就是觀察牠倆一路上看到或聞到什麼，看著牠們跟一般小狗一樣開開心心蹦蹦跳跳。狗狗一邊散步一邊嗅嗅地面可以累積經驗值，讓牠們蒐集環境資訊。我認為讓狗狗到處聞聞嗅嗅極有助於培養自信。狗狗受到驚嚇後也常常聞聞嗅嗅，這是牠們鎮定情緒的方法，也讓牠們得到更多資訊。

散步時，如果你家狗狗有時看起來彷彿當你不存在，平日散步時就要強化牠真的把專注力給你的時候。請注意，你要強化的是你希望牠表現的行為。好好建立這個行為，你就不會再有牠不關注你的問題。好好觀察狗狗，當你發現牠的注意力即將偏離時，喊牠名字或立刻換個方向走，等牠一轉回來看你，你馬上給牠零食獎勵，如此能幫助狗狗學會至少要把一點點注意力放在你身上。另外，你也可以在出門散步前先做點訓練、玩搜尋遊戲或是讓牠在跑步機上走走，事先消耗牠的體力，這樣散步時牠就比較能配合我們人類的緩慢步伐了。市面上有賣狗狗專用的跑步機，也可以用響片訓練狗狗使用一般的跑步機。

帶有激動反應的狗狗出門散步時，請把你們家的其他狗狗留在家裡，專心照料這一隻狗，其他狗的行為也不會刺激到牠。激動反應是會傳染的，所以如果你的狗狗跟人狗都相處愉快，帶牠出去散步時就不要帶其他狗狗同行，免得牠受到你家其他激動狗狗的影響。一次散步只帶一隻狗還有個好處，有激動反應的狗狗不會因為對付不了刺激或達不到牠想要的目的，就把氣出在同行的狗狗身上。

但是話說回來，兩隻狗狗一起出門散步也

可以營造社會促進效應，有激動反應的狗狗看到牠認識的狗跟人狗都相處愉快，也許就不會那麼緊張了。如果是兩個人一起出門散步，可以由一個人照顧有激動反應的狗狗，另一人照顧社交技巧較佳的其他狗狗。如果兩隻狗狗都處於低警敏狀態，比較自在的那隻狗就能做為另一隻狗的榜樣，此外也要讓你家狗狗和刺激保持距離，讓牠保持放鬆狀態。

我認識一家人養了兩隻捕鼠㹴犬，那兩隻狗有很多自制力不佳的問題。他們要我幫忙訓練的狗叫蘇菲亞，牠對其他狗很激動，一看到另一隻狗，就算人家遠在幾條街外也尖叫不止，別人聽了還以為牠被主人虐待！牠的主人習慣用人的角度看事情，總覺得應該讓兩隻狗一起出門散步才公平，就算其中一隻狗有激動反應的問題，還是要一起出門，總不能偏心嘛，對不對？後來我們一次只帶一隻狗狗出門散步，蘇菲亞的不良行為就減少了七成左右，所以我們先跟牠單獨進行行為調整訓練，等到牠的激動反應減輕了一些，再

每隻狗狗都是獨一無二的，分開散步讓你能注意到牠們各自需要的空間範圍。

跟另一隻狗一起做行為調整訓練。結果另一隻狗的激動反應幾乎是立刻消失，根本不需要再做散步訓練，現在牠們能一起輕鬆散步了！

轉移注意力

轉移注意力並不是行為調整訓練的一部分，不過我還是在快速治標這裡提出來，因為有些情況就是沒辦法做行為調整訓練，比方說你跟狗狗遇到刺激，你不能走開，狗狗又不願意等刺激離開。遇到這種情形，就拿超級美味的零食給狗狗吃，給了一個再給一個，轉移狗狗的注意力，直到刺激走開為止。如果有必要，可以站在狗狗跟刺激之間。最好是先等牠看到刺激，然後再拿出零食，如此你能更有效率地進行古典反制約訓練，讓狗狗看到刺激就產生正面聯想。

古典反制約訓練法的重點是，安排一個已有負面意味的刺激，和一個已有正面聯想的刺激或本身就很正面的刺激（如食物）連結在一起。如果你顛倒兩種刺激的順序，也就是先拿熱狗（**編注：此處的熱狗為寵物專用的點心，並非我們日常食用的熱狗**）給狗狗吃或是先把零食袋弄出窸窣聲，然後狗狗才看見刺激，那狗狗就會變得害怕熱狗！很多人都會犯這種錯誤，因為一般人都習慣一看到刺激，哪怕狗狗根本還沒看到刺激，就把手伸進零食袋準備拿零食。你的整個訓練計畫可以只運用反制約訓練和減敏，但我發現行為調整訓練在教狗狗學習社交技巧方面更勝一籌。我比較建議在狗狗無路可退的時候才使用轉移注意法，以免牠驚慌失措。你可以用食物分散狗狗的注意力，免得狗狗抓狂，只是以後要盡量避免誤闖雷池。如果你住在電梯華廈，每天都必須轉移狗狗的注意力，那千萬要注意時機！

如果你給狗狗一大堆零食了，牠還是大發雷霆，那麼事後你就該花點時間，仔細想想要如何避免慘事重演，發揮想像力，想出方法避免又以同一個方式遇到那個刺激。在你有機會安排情境訓練培養狗狗應對這種情況的能力之前，徹底避開才是上上策。解決問題的辦法有時候很簡單，就用味道較重、肉含量較高的零食或趁狗狗吃晚餐之前，肚子比較餓的時候去遛狗。有時候則需要把環境管理做得好一點，改走樓梯而不是搭電梯，有人來家裡作客，就把狗狗帶到後面的房間，拿冷凍的寵物玩具給狗狗玩。在這種時候，狗狗能承擔的責任有限。狗狗就好像蹣跚學步、一直摔進泳池裡的小孩，要預防事情重演，你可以對著小朋友大叫，也可以把死亡的概念說給小朋友聽，但是這兩種方法都不太可能有效。要想立刻見效，做爸媽的會在泳池四周架設圍籬，小朋友學會游泳、腦部發育成熟之前都可以安心。對待狗狗也是同樣的道理。有時候只要稍微做些環境管理，避免狗狗過度接觸刺激就行了。

絕對安全的保障：嘴套

嘴套就像池塘周圍的欄杆，只不過這欄杆圍住的碰巧是你家狗狗的利齒。戴嘴套是一種可靠又簡單、避免狗狗咬人的好辦法。很多人不敢給狗狗戴嘴套，覺得等於承認自家狗有問題，再說戴嘴套就是「不好看」。很多人也以為戴嘴套的狗就是比不戴嘴套的狗狗問題大，這其實很諷刺，因為你心裡明白，只要給狗狗戴上合適的嘴套，牠就咬不到你啦！那些有嘴套恐懼症的人應該試想，如果能用魔杖讓你家狗狗再也不咬人或咬狗，就算牠突然抓狂也不怕，那麼你的心情該有多輕鬆。嘴套就等於魔杖，因為戴了嘴套的狗狗什麼也咬不到。

如果這樣還不夠，那就來給自己做個簡單的反制約練習，我是認真的，挑三十到五十種你喜歡的「人類零食」，例如糖果棒，切成小塊，然後想像你家狗狗戴嘴套的畫面、再吃一小塊糖，

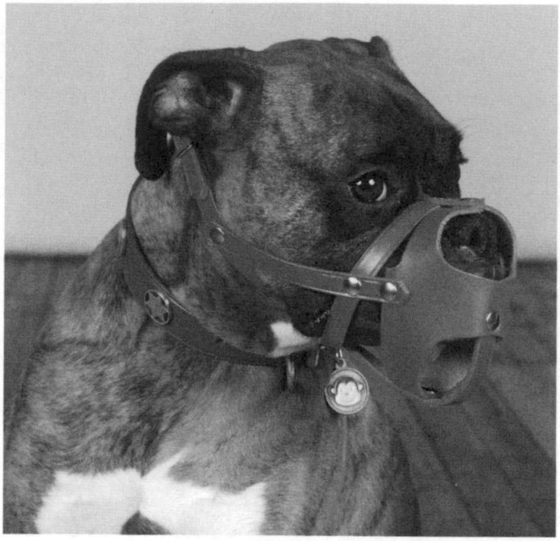

Hot Dog All Dresssed的嘴套很可愛，有多種亮晶晶的裝飾可供選購。

放鬆心情，再重複一遍。

前陣子我搬家，新合作的獸醫院有一條不能違反的鐵律：為了安全起見，所有就診的動物都必須交由助理保定。顯然有人被自家狗咬了卻提告獸醫師，以致這家醫院不願再有任何閃失；但我也因此不得不考慮取消抽血檢查。理由是我已經訓練花生主動配合我保定抽血，所以牠會抬起下巴、伸直脖子，我只要用手扶著牠的後頸就行了。我好不容易才讓花生學會信任人，可不能讓這番心血被醫院的規矩毀了。

但醫院不願讓我保定花生，我知道如果有我在，牠會比較放鬆，而且我也不想毀掉牠的信任感。後來我想到一招，應該能有效減輕牠的壓力：雖然花生從沒咬過人，但我仍特製一副嘴套，然後我問助理，如果給花生戴嘴套，能不能讓我來保定牠？他們樂得答應。結果呢，因為花生完全沒有咬人的不良紀錄，助理們就只是讓牠套上嘴套，連帶子都沒束緊。安全過關！

（其實這段故事還有下文。後來我就沒再帶花生去那家獸醫院了，因為我找到一位出診獸醫，她能直接來我家幫花生抽血；花生主動配合，完全不用上嘴套。但如果有需要，我們還是會去獸醫院就診，只是我們多了一項不用強制讓助理保定的選擇，只要是願意把減輕動物壓力擺在第一位的獸醫師，我都樂意用金錢支持他們。）

專家密技：告訴飼主上哪兒可以買到適合他們家狗狗的嘴套，飼主要克服嘴套恐懼症已經很不容易了，行行好，別叫他們跑十幾家店，就為了挑選合適的嘴套。

至於哪一種嘴套比較好，我推薦塑膠材質的義式籃型嘴套和巴斯克維爾超級嘴套，狗狗戴著照樣可以喘氣、呼吸、動動鬍鬚、喝水、進食（把東西從嘴套的縫隙塞進去或者給狗狗吃擠壓瓶裝的起司）。狗狗戴的如果是尼龍材質的美容用嘴套，萬一另外一隻狗的耳朵不小心溜進去會很危險，義式籃型嘴套跟巴斯克維爾超級嘴套就不會有這種問題。我因為見過一個血淋淋的例子，因此不願意用美容用嘴套。有隻戴著美容用嘴套的狗狗給主人牽出來散步，結果跟另一隻狗打架，那隻狗的耳朵不知怎麼竟然卡進嘴套裡。美容用嘴套相當緊合，沒有活動的空間，所以狗狗咬到人家的耳朵就只能咬下來，吞進肚子裡。好噁。所以還是用籃型嘴套比較好。如果要用巴斯克維爾超級嘴套，最好選用橡膠材質，比硬塑膠材質跟金屬材質柔軟，萬一狗狗戴著嘴套撞到你或撞上刺激，比較不會痛。我使用嘴套有三項原則：(1)先訓練狗狗習慣戴嘴套，不要直接把嘴

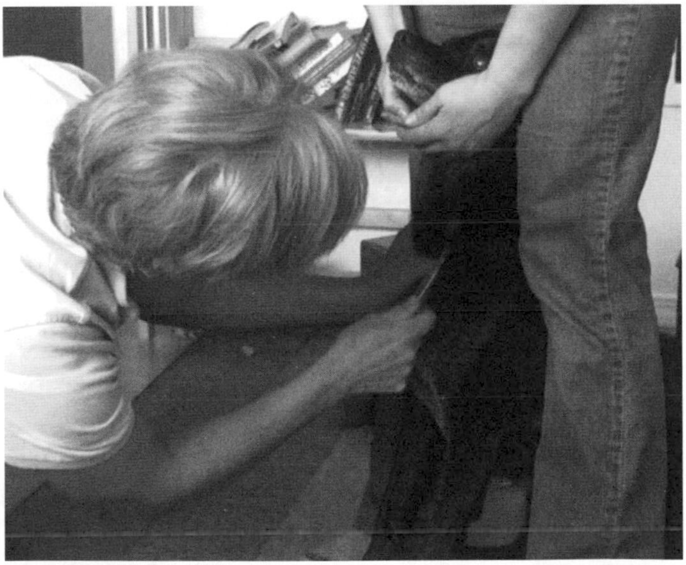

花生主動就位，擺好姿勢讓獸醫抽血，這比我們強制保定好太多了。

套套上狗狗的嘴巴。(2)留意狗狗的心情，別讓狗狗超出臨界點。(3)時時留心戴著嘴套的狗狗，避免發生意外。唯在有緊急安全疑慮，並且無法避免壓力之下才會例外不做前兩項，例如對人有激動反應的狗狗受傷了，必須讓獸醫檢查，這便是適合幫牠戴上嘴套的時機。

遇到可能有危險的近距離情況，即使可能性微乎其微，最好還是給狗狗戴上嘴套或是把狗狗跟刺激隔開。要知道，狗狗戴著嘴套照樣能夠用嘴開撞或是對著目標全速衝刺，可能會弄傷小孩或體型較小的狗。嘴套一定要配戴貼合，要到狗狗跟對手都無法讓嘴套滑脫的地步。

千萬不要沒有訓練就直接給狗狗戴上嘴套。想像你是隻從未戴過嘴套的狗，現在到了獸醫診所，卻要戴上嘴套。光是臉上莫名其妙卡著一塊塑膠就夠難受了，更糟糕的還在後面。戴上這玩意之後，獸醫的動作就變得前所未有的粗魯，又戳又刺，讓你全身神經緊繃，這個原來只是不舒服的玩意簡直變成大刑伺候的預告。如果你已經給狗狗戴過嘴套，狗狗卻反應不佳，那要多花點時間讓狗狗習慣，請務必堅持下去，絕對是值得的。

訓練狗狗習慣嘴套的方法有很多，最理想的是用響片訓練狗狗自己把口鼻伸進嘴套。在訓練初期，狗狗只要願意看著嘴套就發零食獎賞，接

這隻狗狗用的是義式籃型嘴套，下方搭配K9胸背帶頭帶。

著再逐漸**提高標準**（狗狗要達到較高的標準，才能得到獎賞）。你的狗狗很快就學會主動尋找嘴套，還會自己把口鼻伸進嘴套。戴嘴套對狗狗來說將變成一種遊戲。我建議透過以下幾個步驟來訓練狗狗戴嘴套，你可以視情況省略或多加幾道步驟。

1、一手拿著嘴套，一手拿著零食，把嘴套拿給狗狗看。狗狗只要肯看，就說聲「很好」，給牠零食。狗狗吃零食時，把剩下的零食跟嘴套藏在背後。一直重複這個步驟，直到你的狗狗開開心心看著嘴套為止。

請注意：你也可以用腳按i-Click響片來標記行為，千萬不可在狗狗的臉旁使用盒式響片。

2、一隻手托住嘴套前端，這樣才能把零食放進嘴套裡（在你手上），零食也不會掉出來。把嘴套的帶子藏在不會擋住狗狗的地方。重複第一個步驟（標記狗狗「看嘴套」的動作），但改成把零食放在嘴套裡給狗狗吃。在狗狗吃完零食之後，記得要往後退一些，這樣狗狗就不會感受到嘴套週圍的任何壓力，狗狗也得跟著往前進一些，才能來到嘴套處。重複這個步驟十次。

3、接下來提高標準，等狗狗接近嘴套，標記行為再讓牠吃嘴套裡的零食當作獎勵（等狗狗吃完零食，再往後退一些）。一再重複這個步驟，直到狗狗十次有八次會靠近嘴套為止。

4、再次提高標準，等狗狗的鼻子伸進嘴套，標記行為才讓牠吃嘴套裡的零食。不斷重複，直到狗狗十次有八次碰到嘴套為止。

5、以狗狗每十次接觸嘴套為一個單位，開始等狗狗把鼻子伸進嘴套裡至少一秒鐘才標記。不斷重複，直到狗狗至少十次有八次，鼻子能在嘴套裡停留一秒鐘為止，再把獎勵標準提高到兩秒、四秒、八秒、十秒、十五秒、二十秒、二十五秒和三十秒。要是你家狗狗做不到，也可以拿一張便利貼或其他東西當成目標，訓練狗狗把鼻子貼在目標上，貼的時間要愈來愈久。再把便利貼放進嘴套裡，藉此訓練狗狗把鼻子伸進嘴套裡，並停留久一些。

6、現在開始往後退更遠，讓狗狗得往前走些，才能接觸到嘴套目標。狗狗每次吃到零食你都會往後退，所以狗狗本來就會往前進一些。在狗狗吃完零食之後，先往後退一公尺，如果狗狗表現良好，就把標準提高到兩公尺。調整了距離之後，就把獎勵標準降低，譬如狗狗只要碰到嘴套就能得到獎勵，訓練十次之後，把獎勵標準提高，要狗狗把口鼻完全伸進嘴套，再訓練十次。如果一切進行順利，請提高標準、延長時間，要狗狗把鼻子伸進嘴套並停留兩秒、八秒、十五秒和三十秒，各訓練十次。

7、現在狗狗看到你拿出嘴套，就會把口鼻鑽進去，你就假裝要把帶子繫上（其實只是把帶子抓在手上），維持這個姿勢半秒鐘。狗狗要是表現良好，就給牠吃嘴套裡的零食做為獎勵。重複十次左右。

8、把嘴套的帶子繞到狗狗頸後，逐漸延長時間，然後再開始把帶子繫上。狗狗只要乖乖配合就給牠獎勵。如果狗狗開始抓嘴套，就表示你大概太操之過急了。這時先叫狗狗坐下或者做別的事情，狗狗如果照辦，就把零食塞進嘴套給狗狗吃，趁狗狗吃的時候，把嘴套摘下來。

9、帶狗狗到不同的場合練習，去狗狗容易分心的地方，也去狗狗比較不會受到干擾的地方。也可以把嘴套的帶子繫在狗狗的脖子上，嘴套底部懸垂在狗狗胸前，跟狗狗玩撿球遊戲或者玩找零食遊戲。

10、每次給狗狗戴上嘴套都要獎勵狗狗，食物、玩具或關注都可以當作獎勵，只要是狗狗喜歡的東西就好。

千萬要記得，狗狗很容易記住危險與安全的徵兆，所以第一次給狗狗戴上嘴套的三十秒之內，絕對不要做對狗狗「不友善」的事情，例如修剪趾甲、帶狗狗去給獸醫檢查、帶狗狗去跟別的狗碰面（如果你家狗狗對此害怕的話），還有出門散步（如果你家狗狗不敢出門）。雖然說嘴套的作用是防止狗狗咬人，其實平常跟狗狗出門走走或玩耍，偶爾也可以使用嘴套，狗狗就會認為戴嘴套是家常便飯。如果你需要示範教學，我在我的YouTube頻道也放了一套線上教材，教你怎麼訓練狗狗戴嘴套；帕泰爾和拉漢在YouTube也有自己的訓練法的影片（DomesticatedManners和Kikopup）。

我想到一個利用嘴套的妙招，就是製做一個「嘴套冰棒」。用塑膠膜緊緊包裹嘴套靠近鼻子的一端，倒入一公分高的狗罐頭，推到底部，嘴套就變成一個底部裝著零食的碗。把嘴套放進冷凍庫，等到結凍之後拆掉塑膠膜，讓經過嘴套訓練的狗狗戴上。這一招在家裡招待客人的時候也很管用。就像前面說的，你的愛犬應該有百分之九十九點九九的機率能跟客人和平相處，不過還是要準備嘴套以防萬一。嘴套冰棒可以引開狗

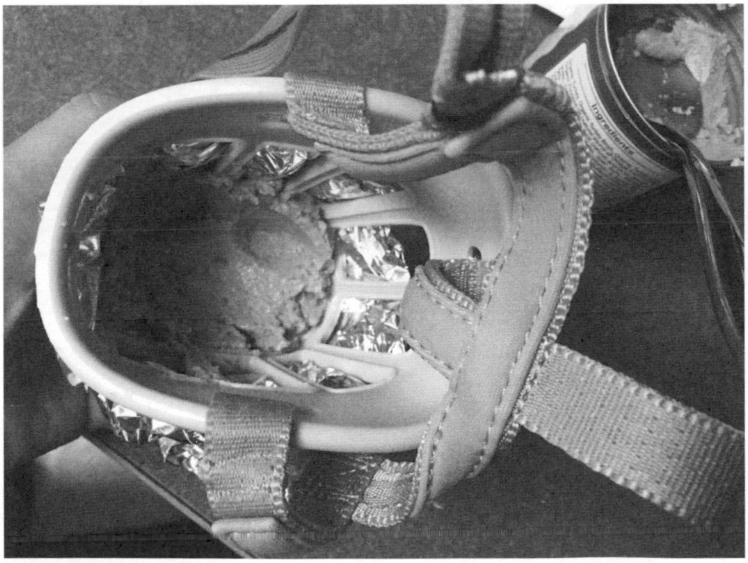

剛從冷凍庫拿出來的嘴套冰棒！把嘴套變成你手中裝零食的盤子。

狗的注意力，狗狗就不會只注意剛進門的客人，百分之九十九點九九的機率就會提高到百分之九十九點九九九九九，幾乎是萬無一失。要在狗狗注意到客人至少三十秒之前，給狗狗戴上嘴套冰棒，也可以在狗狗看到客人後不久（而且反應很平和）幫牠戴上。除非狗狗很喜歡嘴套冰棒，不然最好還是在客人進門前就戴上！

也許你無法判斷你家狗狗會不會咬人，但我認為應該要盡力避免慘劇發生。《星際大戰》的尤達大師說得好：「事情只有做與不做，沒有試試看這回事。」如果決定要養一隻曾經咬人的狗狗，就要做好居家環境的安全措施。就算你的愛犬不曾咬人，該做的安全措施也不能少。天下的狗都一樣，只要被激怒到一個程度就會咬人。很多地方的法律不會處罰「初次咬人」的狗狗，可是在某些地方，如果咬人情節嚴重，就算是初犯也會強制狗狗安樂死。西雅圖就規定狗狗如果把人咬傷到需要縫兩針以上的地步，就會立即被認定「危險」，處以安樂死或者逐出西雅圖。想想狗狗咬人的後果這麼嚴重，當然要盡力避免這類事情發生。訓練需要時間，而完善的管理也給了狗狗改變行為模式的機會。

對付狗狗激動反應的法寶

- **安心眼罩**：遮住狗狗的眼睛，有鎮定情緒的效果，特別適合在狗狗乘車、搭電梯時隔絕視覺刺激，這款產品由金恩研發。
- **響片**：一種拿在手上的小盒子，會發出聲響，訓練者按下響片後永遠會提供增強物。我使用響片時只用玩具、食物之類的有形增強物。
- **圍欄**：一種可攜式圍籬，像是一個有好幾面的幼兒柵欄，可以把狗狗擋在圍欄裡面或外面，也可以讓狗狗跟其他人犬刺激隔著圍欄打招呼，有金屬與塑膠兩種材質。
- **前扣式胸背帶**：使用胸背帶可以把牽繩連接

在狗狗胸前的扣環上，就算狗狗暴衝或猛然往前拉，你還是控制得住（想像一下槓桿原理就知道了）。但請盡可能在安全及可能的狀況之下選擇後扣式胸背帶，方便狗狗保持平衡且更自由地活動。

- **頭頸圈**：這種頸圈可以圍住狗狗的鼻部與頸部，類似馬身上的轡繩。市面上有多種品牌、不同款式的頭頸圈，例如K9馬勒式胸背帶、HC、Halti、Gentle Leader等。頭頸圈可以控制狗狗頭部的活動，緊急時相當實用，但是在行為調整情境訓練時請盡可能不要使用。戴頭頸圈跟戴嘴套一樣，都需要一段時間適應。雖然頭頸圈不是太人道的散步輔具，但總好過環刺頸圈，而且只能在其他胸背工具加上牽繩技巧不足以控制狗狗時使用。如果要用頭頸圈，要使用兩端都有扣頭的牽繩，把另一端連接在胸背帶或另一個接觸點上。
- **牽繩**：情境訓練需要五公尺牽繩和好的牽繩技巧。每隻狗狗在公共場所都應該在人的控制之下，如果你家狗狗會害怕、咬人或者對人太熱情，上牽繩絕對是必不可少。你在某

盒式響片。

些區域可能會很想拿掉狗狗身上的牽繩，其實使用五到十五公尺長的牽繩扣在胸背帶的後扣環就可以了，狗狗可以做不少運動，不需要完全妥協安全。

- **手機**：隨身攜帶手機，有緊急狀況就能立刻求救，為了安全起見也方便錄影紀錄；只是出門散步還是要以狗狗為重，別拿著手機講個不停。
- **嘴套**：給狗狗戴上籃型嘴套，就能大幅降低近距離接觸的風險。要時時盯著戴上嘴套的狗狗，也要妥善進行事前訓練。
- **勸架噴霧**：香茅油噴霧可以驅逐逼近的狗狗，也是分開纏鬥狗狗的利器。由於噴霧本身具刺激性，某些國家不允許使用這類產品，故也可以改用水槍或罐裝噴彩。
- **安定背心與抗焦慮衣**：讓狗狗穿在身上，限制狗狗的行動，減緩焦慮。特別適合對聲音敏感的狗狗。
- **零食袋**：容易拿取零食的袋子，出門散步特

零食包比把零食裝在袋子裡更方便。請選擇好開好拿、可密封、可清洗並且有額外小口袋的設計。

別好用。

● **黃色彩帶／牽繩／胸背帶／安全背心**：讓狗狗穿戴一些黃色的物品，告知旁人牠因為情緒或身體上的因素需要保持距離。鑒於不是每個人都明白這類暗示，最好的辦法就是在背心上用大字寫明白，只要不會害你惹上法律麻煩就行了。比方說，「請保持距離」就比「我會咬人喔」好多了。

我想各位已準備好展開行為調整訓練了吧！就讓我們從深入討論狗狗肢體語言開始。

4

如何未卜先知，防患未然

那些會吠叫、跳衝和咬人的狗狗，其實多半不是精神異常的殺手，也不是存心要傷害同類或人類當消遣。牠們受到刺激的吠叫跟跳衝，翻成白話文不外乎是「走開！」（憤怒）、「過來跟我玩啦！」（挫折）、「讓我安全離開！」（恐懼）。這些行為一旦演變到太離譜惹人厭的地步，我們就稱之為「激動」或「不良」反應。狗狗之所以吠叫、跳衝撲人通常跟牠與刺激的距離拉遠或變近有關。如果我們跟狗狗保持適當距離，牠們就能更自由地移動、蒐集更多資訊，牠可以在不需要衝向或逃離刺激的情境下好奇地認識環境。雖然這本書大多都在討論害怕刺激的狗狗，其實行為調整訓練也適用於像子彈一樣衝上前打架或純粹只是想跟人（狗）玩、不害怕刺激的狗狗。

刺激哪裡來？

其實刺激的來源不是很重要，重要的是我們必須時時刻刻注意並評估狗狗需要什麼，並且盡可能跟牠保持一段夠遠的距離，讓牠能夠自然地學習。如果從狗狗最想要的後果（功能性增強物）來看，我們的訓練方法仍會有一些極細微的調整與差異。別忘了，雖然行為調整訓練最想看到的是狗狗自主選擇並學習後果，但總有需要我們介入協助的時候。

這隻狗明顯想避開什麼東西。

- **恐懼／迴避**。「我要離開這裡。」遠離刺激是最好的功能性增強，排除刺激也可以。狗狗恐懼的行為徵兆：重心壓低，偏離刺激來源（臀部夾尾下卷，腿部彎曲）或者狗狗重複一下往前衝，一下又跳開。
- **憤怒**。「你給我走開。」最好的解決辦法是排除刺激，不過我訓練時若遇到這種情形，通常還是會帶著狗狗走開，把「遠離刺激」當成一種功能性增強，飼主跟狗狗碰到類似情形最好能養成走開的習慣，走開也能幫助減緩狗狗的激動反應，因為狗狗跟刺激來源的距離拉開了，壓力也就減少了。狗狗憤怒的行為徵兆：站得筆挺，身體僵直，正對刺激來源。
- **挫折**。「我想靠近你。」諷刺的是，在這種情形，「走向刺激來源」跟「遠離刺激來源」都可能是狗狗想要的功能性增強。狗狗挫折的行為徵兆：跳來跳去，汪汪叫，如果能靠近刺激來源就會很熱情地打招呼，不會跟人家打架。但是狗狗打招呼如果太粗魯，對方狗狗可能會發動開打。

狗狗可能混合出現以上情緒。例如，平常怕人的狗狗也許覺得家附近就是牠的地盤，為了捍衛地盤不惜發動攻擊，所以牠是既恐懼又憤怒。狗狗眼中的「規矩」（譬如所有權，即「這是我的，那是你的」）一旦被破壞，就會出現憤怒反應，所以捍衛地盤、捍衛資源都是狗狗憤怒的表現。科學向來反對用恐懼、憤怒之類的擬人化字眼形容狗狗，不過近代研究發現，狗狗的確有這些基本的情緒。想了解近年關於狗狗情緒與認知的研究，不妨看看麥克康諾博士寫的好書《別以為你了解你的狗》（**編注：中文為漫遊者出版**），還有霍蘿維茲的《狗狗的內心世界》。（詳見延伸閱讀）

走開！狗狗用露出牙齒告訴你：我需要距離。

磁吸效應

在社交情境裡，對於出現攻擊行為的狗狗來說，不管攻擊行為是受到哪一種情緒驅使，刺激本身就具有一種「磁力」。我把這個稱之為**磁吸效應**，意思是狗狗如果靠得太近，就像被吸過去一樣無力抗拒。狗狗也許寧願躲得遠遠的，逃離「可怕的怪獸」，可是牠當下就是不得不吠叫、低吼，甚至咬人，大概是認為如此一來，可怕的怪獸就會放牠一條生路或者下次碰頭時會主動避開。吠叫、低吼、咬人只要能給狗狗安全感，就是一種功能性增強，狗狗下次就更有可能重施故技。所以我才在第三章花那麼大的篇幅探討環境管理，免得狗狗一再「演練」激動反應，形成雙輸局面。

有一次，我跟一對夫妻檔飼主說明功能性增強的概念。他們的愛犬（就叫牠琦琦好了）是隻混種牧牛犬，有恐懼和捍衛地盤的問題。這對夫

「離我遠一點，小子！你惹到我了！」，狗狗害怕又憤怒的時候也會露牙掀嘴皮。

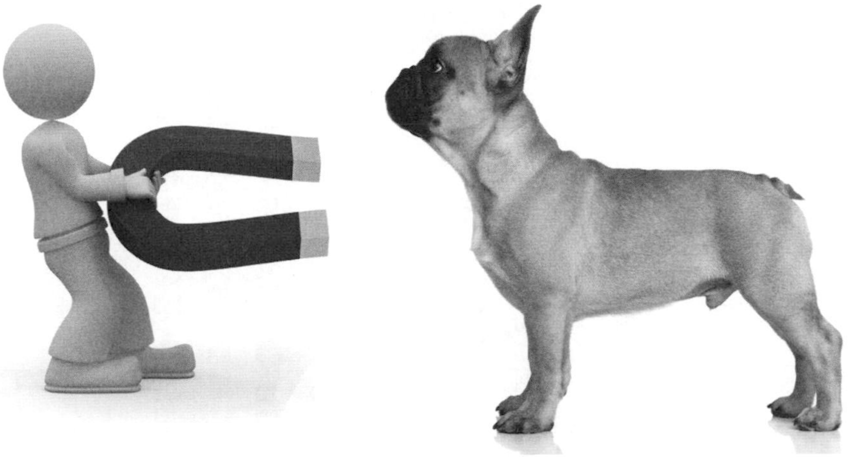

刺激也可能像磁鐵一樣吸引狗狗靠近，若刺激對你的狗狗具有強烈吸引力，請讓牠跟刺激保持距離。

妻覺得琦琦一天到晚追著其他狗狗跑，應該不會想跟其他狗狗保持距離。琦琦有一次跑出自家庭院，追著一隻狗狗一路跑進巷子裡，把人家打得落花流水，不得不去看獸醫。我問他們是不是以為琦琦想親近那隻狗？是不是以為琦琦大老遠追著人家跑，是想跟那隻狗相處？他們聽了哈哈笑說當然不是，牠是想趕跑那隻狗！我想琦琦的意思再明顯不過，牠不要那隻狗狗靠近牠家半步。最好的防守就是進攻，對吧？

這對夫妻還是半信半疑，不太相信琦琦會覺得「遠離刺激」是一種功能性增強，後來我們帶琦琦到屋外做情境訓練，他們才改變想法。一定會有一個距離、一個沒超過狗狗容忍的極限，狗狗不會被「磁吸」的距離。只要不超出這個距離，狗狗就很樂意走開，遠離刺激來源。我們很快就找出琦琦能容忍的距離。我們找了一隻狗當助訓犬，琦琦短暫瞪了牠一下就別開視線。由於這是我做行為調整訓練1.0版時的案例，所以主人會誇獎牠「很好」再牽著牠遠離助訓犬。牠離去時的肢體語言輕鬆愉快。這對夫妻說琦琦看起來好得意，好像也比以前更關注他們了。我們要是帶著琦琦太靠近助訓犬，那八成會出現吠叫跟猛衝的場面，他們恐怕得把琦琦拉走，而不是琦琦開開心心跟他們一起跑掉。請注意：若使用2.0版訓練，我會讓琦琦從更遠的地方開始，讓牠從不會瞪著助訓犬的距離探索環境，用比較溫柔的眼神蒐集環境及其他狗狗資訊。

在訓練一開始，琦琦跟助訓犬靠得太近，磁吸效應太強，不過總是可以找到一個狗狗能認識刺激但不會跑掉或衝過去的安全距離。我會在第六章教你怎麼做情境訓練（譬如如何設計環境，讓狗狗對刺激感興趣又能舒適自在）。行為調整訓練會讓狗狗學習放鬆、不再對刺激起反應，最後就能跟刺激來源零距離接觸了。

為阻絕信號設立界線

狗狗表達牠們需要空間、保持距離的方式有很多，從禮貌版的「你讓我很不舒服，請走開」到較具威嚇性的「走開！否則咬死你！」都屬於**阻絕信號**或**增距行為**。如果牠們發出的細微訊號不足以達到效果，就會升級成低吼、猛衝或撕咬等不良行為。別開眼神、轉頭或背對刺激來源是威嚇性較低的阻絕信號，如果其他人或動物尊重這些訊號，狗狗就不需要採取被多數人定義為「攻擊」的舉動了。

韓德曼將阻絕信號定義為：「狗狗中斷另一隻動物對牠們做出的行為。阻絕信號的意思很明確，就是不想再進一步接觸」（可參考延伸閱讀）。飼主首先要能**看出什麼是合宜、能接受的阻絕信號**，再設定有效的訓練情境，協助你顧及狗狗對安全感以及距離的需求。

我的訓練目標是幫助有激動反應的狗狗在

遇到刺激時，能發出比較合宜的阻絕信號，而不是以近似攻擊的行為回應。我所謂的「合宜」阻絕信號（或是「好的選擇」），意思是非衝突式的阻絕信號，雖然有些微妙，不過大多數狗狗都能意會。說「好的選擇」似乎過於主觀，應該換個比較客觀的字眼。「好的選擇」的相反是「壞的選擇」，很容易延伸為「壞狗狗」，但我從來不這麼說。問題是飼主聽到「好的選擇」一聽就懂，聽到「替代行為」，甚至是「合宜的阻絕信號」就暈頭轉向，所以我還是說「好的選擇」，只是每次說心裡都有點內疚。

我在這一節主要提到的是表現恐懼和攻擊行為的狗狗，但如果你家狗狗的問題是挫折，那麼問題的根源不在於其他動物不理解牠的阻絕信號，而是牠守不住自己對距離的要求。行為調整訓練能幫助你家狗狗循序漸進地學會如何發出與接收阻絕信號。處理挫折很重要，一定要讓狗狗明白沒什麼好怕的，也用不著生氣，要用行為調整訓練告訴狗狗，牠們一定能如願，但是不需要用以往那種激動的方式達成訴求。

我遇過幾隻有恐懼和攻擊問題的受訓犬，牠們的激動反應可能都是從挫折開始，但是牠們一直被人拉扯牽繩糾正，再加上牠們以前被牽著時跟同類打招呼都釀成災難，所以在被牽著時碰到別隻狗都會心生恐懼。以挑戰或對抗技巧進行訓練時，這些合宜或比較直接的訊號大多遭到無視或甚至導致處罰，逼得狗狗不得不採取吠叫或低吼這類更明確的阻絕信號，實在忍無可忍時乾脆直接跳到咬人咬狗這一步。

想知道什麼是合宜的阻絕行為，只要想像你在搭電梯，有個讓你感覺毛毛的陌生人想與你眼神交會，你可以用幾種不著痕跡的方式設立界線，告訴對方「你越界了，讓我感覺很不舒服」。越界可以是侵入生理空間，譬如對方站得太近；但也可能是對方的動作再加上位置，像是對你說一些不禮貌的話並持續靠向你或者任何令你不舒服的行為舉止。

試想你在電梯裡碰到這種情形會怎麼做。

我會不看對方，轉過頭或轉過身，不做突然的動作，也許做一些不相干的**替代行為**（看看指甲或手機）。如果這個令我發毛的傢伙不尊重我設下的界線或甚至靠得更近，我可能會表現得更盛氣凌人一點——也就是一般人給狗狗貼的「反應過度」標籤：我會抬頭挺胸，直視對方，靠向對方或甚至跨前一步，然後壓低聲音並怒斥對方，叫他離我遠一點。

狗狗也有限界，牠們使用的阻絕信號很多都跟我們一樣。對狗狗來說，跟另一隻上了牽繩的狗狹路相逢，感覺有點像跟一個恐怖陌生人困在同一部電梯裡。當你看見狗狗發出合宜的阻絕信號，必須確定對方（人或狗）尊重牠的暗示或狗狗有足夠的空間遠離對方才行。如果牠被困住了，請務必出手相助；如果你家狗狗是那種不會注意到其他狗狗界線的友善白目犬，請喊牠走開。

以下是狗狗常見的幾種合宜阻絕信號：

- 別開眼神不看刺激來源
- 側著頭偏離刺激來源
- 舔舌
- 轉身遠離刺激來源
- 嗅地面
- 嘆氣
- 甩動身體（就像身體濕了時一樣）

舔舌可能代表期盼，也可能是暗示壓力的合宜阻絕信號。

好的選擇

這幾種激動反應的替代行為能降低狗狗碰面時的緊張情緒：

轉頭
(或者不看刺激來源)

嗅聞地面

轉過身去
(脊椎放鬆)

搔抓

打哈欠
(有點感受到壓力)

甩動身體
(釋放壓力)

眼睛變得柔和
(「我很友善」)

耳朵在正常位置
(放輕鬆)

舔舌
(或舔鼻子)

伸懶腰邀玩
(「我很友善」)

別開眼神、轉身都是合宜的阻絕信號，也是很適合取代激動反應的替代行為，因為這些方式都能達到相同的目標，卻比吠叫、咬人咬狗或逃跑和緩許多。這些替代行為幫狗狗建立界線、保護自己。如果你家狗狗對刺激的反應是恐懼，這表示牠發出合宜或攻擊性阻絕信號的終極目的就是拉開個體距離，獲得安全感。行為調整的情境訓練就是要告訴狗狗，用比較簡單有禮的行為，可以更快得到牠想要的目的。

你家狗狗平常受到刺激或稍微感受到壓力時，大概本來就會轉過頭去或者以其他合宜的阻絕信號回應，只是不會一再重複這種舉動或者牠試著發出信號但沒用，所以牠只好訴諸更極端的形式：激動反應。行為調整訓練會設定一些情境，讓狗狗在碰巧需要空間、而合宜的阻絕信號能取得效果時，舒適自在地探索。這類訓練能幫狗狗養成習慣，自動以替代行為取代攻擊或驚慌等反應。好消息是，如果狗狗的情緒是以沮喪受挫為主，而非攻擊或恐懼，那麼行為調整訓練也會讓牠學習如何控制自己。

如果你家狗狗看見遠處來了一隻狗，牠通常會先確認自己的處境再採取行動；只要距離適當，狗狗感興趣或恐懼的程度一般不會太明顯。牠可能自然發出合宜的阻絕信號，完全不需要你從旁指揮，這就是適合練習行為調整訓練情境的時機。你可以利用近距離訓練或狗狗需要協助時，牠一發出阻絕信號就協助牠遠離刺激、進行功能性增強，讓牠放鬆下來。**行為調整訓練之所以有效，是因為你選擇強化狗狗自然做出的替代行為。也就是說，如果刺激不太強，狗狗大腦會把你鼓勵的替代行為跟相同的功能性增強物連在一起，表現出來。**

專家密技：每一種動物的替代行為不盡相同，同一種動物也可能出現不同的替代行為。如果要為鳥、馬或人類進行行為調整訓練，請強化該種動物「正常」出現的天生行為當做替代行為。

給狗狗機會練習牠們能自動聯想到功能性增強的替代行為，這麼做還有「自動訓練」的好處。狗狗一旦明白牠的行為與後果之間的關聯，環境就會開始替你訓練狗狗。舉個例子，如果你給狗狗的訓練是讓牠在想跟人保持距離時就走開，那在真實生活應該也可以成立，因為大部分成年人看到你家狗狗轉身離去，就不會再繼續打擾狗狗了。我在飼主跟花生、豆豆身上看過太多這樣的例子。

麻煩來了！

如果阻絕信號不足以讓狗狗跟刺激保持距離，下一步牠通常會採取能達到相同訴求並且更明顯的舉動，譬如直接遠離刺激。假如牠發出的合宜信號起不了作用或牠離刺激太近而沒辦法透過信號發出警告，可能就會升級成威脅，像我前面提到的電梯例子。很多人會說狗狗「反應過度」，但其實要解決的不是行為本身，而是狗狗無法持續用合宜的方式要求並得到牠需要的空間；這多半是因為在當下情境中，狗狗的行為並未得到增強所致（譬如沒人聽牠「說話」）。

不管你看到哪一種阻絕信號，請立刻觀察當下情境，並且在必要時出手干預。若狗狗的阻絕信號合宜，而其他人或狗狗也尊重牠保持距離的請求，那麼你只要在一旁看著就行了；如果事與願違，你可以移開刺激、叫你的狗狗走開（情況安全的話）或降低刺激強度等等方法來幫助牠。假如你家狗狗已經進入威嚇階段或興奮程度急遽飆高，請立刻協助牠選擇更好的行為（譬如轉移你的身體重心暗示牠或是給牠一個你們演練過的提示口令）。請不要過度引導，而是用你認為有效但干預程度最低的做法，盡可能讓狗狗自己做決定。當你發現危機迫近、麻煩來了，切莫遲疑，立刻把狗狗叫回來或者用口令讓牠做「碰我」等動作（參見附錄一）。

若情況緊急、你必須馬上讓狗狗遠離刺激，

口氣急迫也是莫可奈何的事；只不過你要馬上調整當下的某些條件，讓你不需要再出聲提醒。我們的目標是把場景布置好，讓狗狗練習不需要你幫助、自己做決定。但真實世界與訓練不同，你偶爾還是得引導牠行動；譬如若遭遇狗狗反應不及、而你知道牠會被逼過臨界點的情境，別想太多，把狗叫回來就是了。如果時間還算充裕，可以採取**漸進引導**的方式。

漸進引導

下面列舉幾種漸近引導方法，在狗狗盯著刺激看、警敏程度提高時可以派上用場，引導狗狗冷靜下來。這份清單從最不會干擾狗狗的方法逐漸加強到最強制的做法。先從第一種方法開始試起，狗狗較能學會自己做出替代行為，不用倚賴你的提示。你不可能有時間從頭做到尾，只要選擇你認為有效、干預最低的方式就行了。如果狗狗始終學不會遠離刺激，請試著標記任何與減敏有關的行為徵兆、帶牠走開再予以增強（參見第七章的標記再走開）。每隻狗狗對這些提示的反應都不盡相同，所以要根據你的狗狗的情形，調整提示順序：

- 放鬆你的肩膀
- 轉移你的重心
- 以平靜的語氣讚美狗狗注視刺激
- 拖著腳走路
- 嘆氣或打哈欠
- 咳嗽
- 動動你的手或身體，讓狗狗從眼角餘光可以看見（狗狗的視線範圍是兩百七十度，不像我們人類是一百八十度）
- 發出「滋滋」聲
- 叫狗狗的名字
- 給予「離開」口令
- 給予「過來」、「我們走吧」口令

狗狗面臨抉擇點時若出現這些行為，表示你該開始引導 *

除非你馬上引導或是馬上降低刺激的強度，
否則狗狗可能會全面爆發。

* 如果你的狗狗自己就能冷靜下來，那耐心等待就可以了。

- **作勢拉繩**（參見第五章的牽繩技巧）
- 把狗狗拉走（可能引發狗狗發作）

底下五張圖示範如何漸進引導、鼓勵已超過情緒臨界點的狗狗選擇不吠叫，而是轉身離去。

1. 狗狗尾巴開始往上翹，牽著狗狗的人發出「滋滋」聲，敦促狗狗轉頭。

2. 加強引導。發出「滋滋」聲，又用手指輕輕碰觸狗狗。

3. 這招有效！

4. 說聲「很好！」標記狗狗的轉頭行為。

5. 牽著狗狗走開或給牠零食，來強化轉頭行為。

下一頁是我自己研發的壓力與支援量表，應該能幫助各位了解狗狗在遇到刺激時可能出現的種種行為。有些狗狗會讓自己看起來高一點、大隻一點（如前幾頁所示），也可能蹲低一點、讓自己「更不起眼」（請見154頁）。無論如何，任何有意義的姿勢改變都是重要線索，表示狗狗正在告訴你牠需要幫助。

刺激累積：怎麼又來了？

刺激累積是導致狗狗行為似乎無法預測的主因之一。若引發刺激的事件發生間距過短，就可能產生累積效應，把你家狗狗逼過臨界點。

不同脈絡的刺激會彼此累計、增加狗狗承受的壓力。如果你的狗狗看到帽子壓力會上升百分之五，碰到陌生人壓力會上升百分之十，那狗狗承受壓力的總上升幅度並不是百分之十（數值較高），而是百分之十五，因為你的狗狗現在要面對兩樣可怕的東西，故壓力也是兩者相加（這些數字皆為杜撰）。假設有隻狗叫查理，壓力累積到百分之三十就會張嘴咬人。一個戴著帽子的陌

壓力量表

注意！別下水！狗狗的壓力像漲潮，每一步皆有跡可循

綠區
- 肢體放鬆
- 嘴、耳自然下垂
- 不會避開刺激
- 四處嗅聞
- 眼神自在游移，容易分心
- 跑來跑去，探索環境

藍區
- 開始蒐集資訊
- 面向刺激，微拱背
- 耳朵豎起
- 眼神較專注
- 嗅聞空氣
- 警敏狀態易解除

黃區
- 警敏狀態升至中級但隨時會降低
- 專注於刺激來源
- 毋須旁人協助即可降低警敏程度，但需要 2 秒以上

橘區
- 無法降低警敏程度
- 臉部及身體僵硬
- 尾巴豎直、僵硬
- 嘴巴緊閉
- 呼吸變快
- 迴避刺激
- 開始挑剔食物／零食

紅區
- 抬高頭部
- 毛髮豎立
- 吠叫
- 低吼
- 暴衝
- 咬人／刺激

支援量表

理想
- 跟著狗狗，毋須引導

尚佳
- 等待狗狗失去興趣
- 跟著牠
- 直接或用其他方式（緩停）為牠劃出界線

事後協助
- 降低警敏後要引導牠
- 鼓勵牠回到你身邊
- 改變重心
- 問牠「好了嗎？」

呼叫
- 立刻出聲
- 引導牠回到你身邊
- 給予零食獎勵

帶開
- 喊牠離開現場
- 立刻獎勵
- 必要時作勢或實際拉動牽繩，帶牠回到安全之處

刺激累積

範例說明：刺激以及刺激的強度

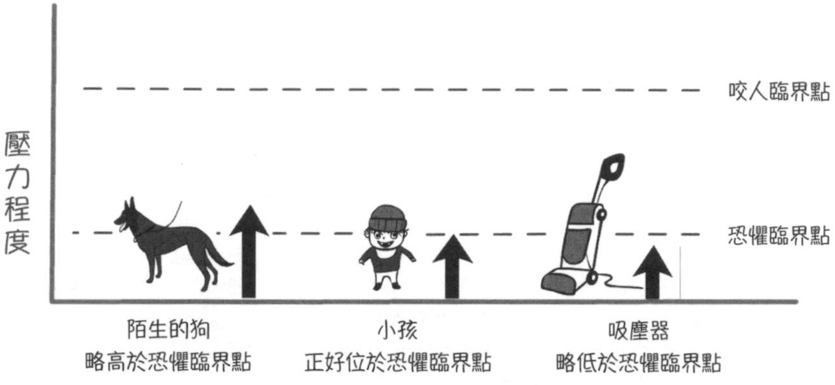

狗狗每遇到一種刺激，大量的壓力荷爾蒙就會在腦部出現，並逐漸累積。

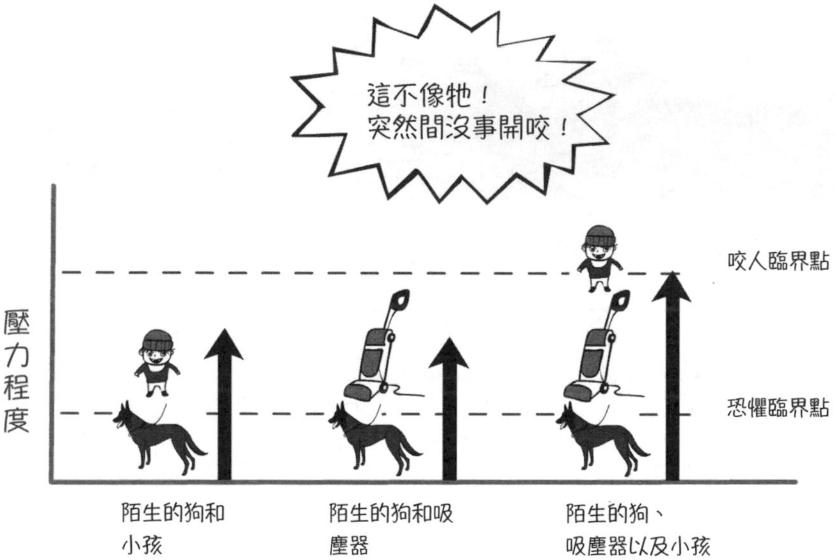

不管狗狗的「恐懼臨界點」以及「咬人臨界點」有多高，受到刺激的壓力都會累積。

狗狗不會突然沒事咬人

生人出現在查理面前，他被查理咬的可能性已經很高。但如果查理看到門口有人壓力會上升百分之十，聽見門鈴響壓力也會上升百分之十，那一個戴帽子的陌生人按了查理家的門鈴，又走進屋裡，查理就會超出牠的咬人臨界點，對著這人咬下去。

我用前頁這張圖解釋刺激累積原理。上圖是狗狗一次只遇到一種刺激所承受的壓力，下圖是狗狗一次遇到兩種以上、同時或在短時間內連續遭遇刺激的壓力累積情形。幫狗狗做好調適、應付或避開可能的刺激累積，就能降低狗狗的整體壓力，讓訓練結果更成功。

出現壓力訊號——走開，喘口氣或乾脆休兵一日

進行行為調整情境訓練時（詳閱第六章），最理想的是讓狗狗處於低壓力狀態，自然是不能高於狗狗的日常生活壓力，若能問狗狗「想不想再來一遍？」，至少要做到讓牠回答「願意」的程度。我們當然不可能每次都有辦法創造無壓力環境，但我們可以設定一些條件、做到優於普通的水準。如果你看見某些跡象，顯示狗狗的壓力已超過一般基準，請立刻改換場景設定：休息一下、請走助訓員或助訓犬、遠離刺激源等等。我在「解決疑難雜症」那部分會準備更多法寶，但我曉得，有些讀者大概還沒讀完整本書就迫不及待開始訓練了。所以我先在這裡放一份「狗狗壓力徵兆」示意圖，讓你心裡有個畫面，想像狗狗如何用這些行為暗示你「出問題了」。但無論如何還是請各位讀完整本書！

如果狗狗因為生理問題而導致短暫疼痛或不適，請等牠感覺好多了再做行為調整情境訓練。假如你家狗狗的壓力底限偏高，我會建議你先設法降低狗狗的整體警敏基準，然後再做行為調整情境訓練。你可以試試抗壓營養補充品（可能包

括維生素B群），腦力遊戲，按摩，放鬆訓練，調整環境或生活作息等；說不定你得暫停送狗狗去上課或改變平日散步路線，讓牠遠離可能的刺激。我非常建議各位讀一讀延伸閱讀列出的幾本好書，包括《狗狗的壓力、焦慮與攻擊行為》、《冷靜，菲多！》和《正宗狗狗瑜珈》。我還會建議你學習行為調整訓練的牽繩技巧，並請你在狗狗碰上任何刺激時，使用標記再走開。切記，無論何時，請盡可能尊重狗狗對空間和自由的需求，也幫助其他人做到。

我把進行情境訓練時必須注意的壓力徵兆整理成兩張圖，供各位參考。

狗狗的壓力徵兆

狗狗的情緒背後總有意義。看到狗狗壓力緊迫，最好休息一下，做些比較簡單的練習，兩次練習的間隔時間要久一些。

打哈欠

舔舌

乾喘

停下腳步嗅聞

不肯再往前走
（避免朝刺激方向移動）

刻意忽視刺激

蹲伏、顫抖、表情緊張

遠離刺激後回頭瞪視刺激

腳部出汗、掉毛、
皮膚掉屑

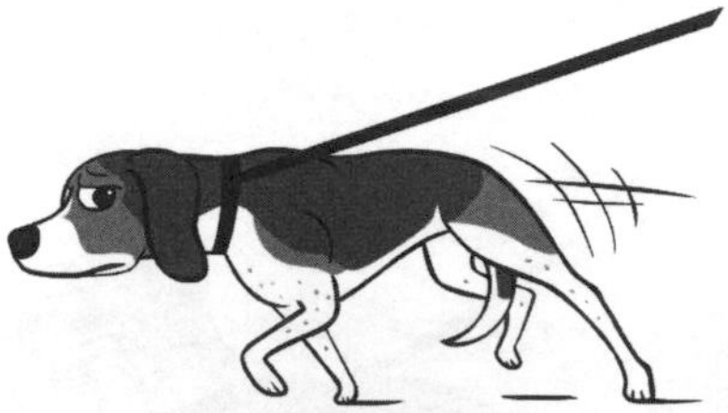

逃離刺激

掃視四周，
尋找潛在的危險

吠叫、猛撲

5

保障狗狗自由與安全的牽繩技巧

進行行為調整訓練時，若你能讓狗狗和刺激保持適當距離，那可以不使用牽繩；不過我們主要還是會從胸背帶搭配五公尺長牽繩開始，再逐步推進到不使用牽繩的訓練課程。若能善用本章介紹的牽繩技巧，你就能充分給予狗狗自由、又能保障牠的安全。自由感能讓狗狗獲得更正向的情緒體驗，做出更好的選擇，接下來也就能順利過渡到無牽繩情境了。

專家密技：請在開始行為調整訓練前先獨立演練牽繩技巧。你說不定會需要花兩節課的時間練習：第一堂用於教學，第二堂讓狗狗和飼主在你設定的情境訓練環境實際演練和適應，此時請不要置入刺激。一般人會需要點時間適應這種新的牽繩方式。教學時，請使用我設定的名稱（或意義相近、方便飼主牢記的代號），如此就能在進行情境訓練時暗示或提醒飼主使用該技巧。

請依你所處的環境或體能逐步適應這些技巧，甚至剛開始可以先不牽繩、改用圍欄取代長牽繩，避免狗狗太靠近刺激。只要確定你的動作並未偏離行為調整訓練精神、明確理解每一個動作的意義就行了。這套牽繩技巧涵蓋三大設計宗旨：安全、自由和／或控制。

- **安全**：使用長牽繩，操作方便且不會讓人／犬受傷。
- **自由**：讓狗狗選擇牠想要的移動方向。
- **控制**：引導並改變狗狗的移動方式。

請務必隨時使用「安全」、「自由」這兩種技巧，情境訓練時應該不會太常用到「控制」。如果你必須用牽繩才能控制狗狗行為，那麼你也許可以在情境訓練時改變一些設定，來訓練狗狗自我控制。

牽繩技巧

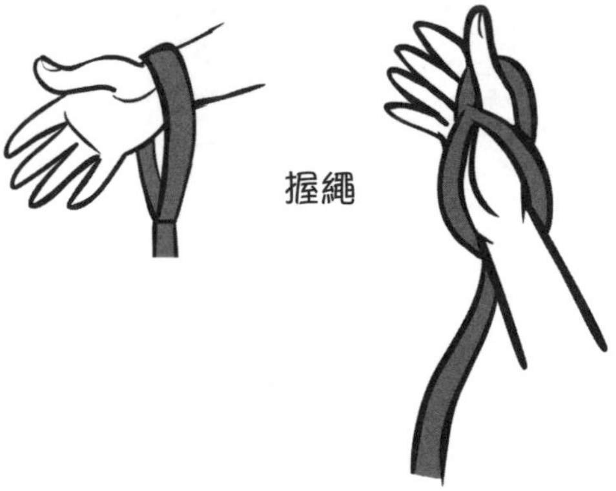

空間泡泡／跟著狗狗走（自由）

設計原由：這項技巧能讓狗狗自己做決定，同時避免你突然把狗狗逼過臨界點。別礙著狗狗，以免改變牠的自發行為或不小心讓牠更靠近刺激。人人都需要個體空間，狗狗也是。

操作技法：先觀察你的動作會對狗狗造成哪些影響。稍稍退幾步，跟在牠的側後方，一方面觀察牠、又不會讓你的存在推引或改變牠的行進方向。就好比牠正在追蹤地上的氣味，你只會跟著牠、不會拽牠遠離氣味軌跡，差不多就用這種方式移動。

如何練習：找一塊小一點、沒有刺激的區域，讓牠可以暫時脫離牽繩、安全移動。我們要讓牠自在嗅聞，想往哪邊去都隨意。你可以在草地上扔一把零食，讓狗狗邊聞邊接近（如果這個方法不適合你，請自行發揮想像力）。請待在離牠一點五到二點五公尺的地方，不要突然催趕或引導牠的方向。如果牠走很快，請繼續讓牠走在前面，然後在牠停下來嗅聞時大步跟上。留意並預測牠何時會改變方向，早一步讓開。每次只要牠停下來，請站在牠的側後方，務必密切注意牠頭部的動作。如果你們練習的場所沒有或沒辦法架設圍籬，你也可以選在室內練習。等你學會接下來的牽繩技巧，再一次用長牽繩搭配胸背帶，和狗狗重新演練這項技巧。

握繩（安全）

設計原由：放開牽繩就等於提高安全風險。

操作技法：先決定你要用哪隻手握繩，我會選擇力氣比較大的那隻手當**牽繩手**。先把那隻手穿過牽繩末端的繩圈，再抓住牽繩基部，讓繩圈像手環一樣繞住你的手；接著讓繩子越過掌心、從虎口穿出。若你打開手掌、做出與人握手的動作（如圖），繩子必須能自然垂下。建議各位多練習幾次。如果你戴手套，請讓繩圈環繞的位置在手腕以前、越接近手掌越好，如此才能在必須放開牽繩時順利操作。

如何練習：把手放鬆，練習用拇指基部卡住繩圈，這樣你就能用其他四指做出必要指令（譬如作勢拉繩）。

制動（自由、安全、控制）

設計原由：讓狗狗放慢腳步，避免施壓於狗狗（或牽繩者），導致疼痛。

操作技法：雖然我們偶爾會直接用牽繩手拉繩煞車，但請用空出來的那隻手（**制動手**）負責制動。制動手要比牽繩手更靠近狗狗，如此才能控制牽繩方向，避免繩子擋住狗狗去路。若情況允許，盡可能兩隻手都握住繩子。

如何練習：**繩子在上，制動手在下，讓牽繩越過掌心。**兩隻手掌朝上、輕鬆握住牽繩，讓繩子在你前方自然下垂呈U型，再讓制動手的拇指朝向狗狗的方向。以掌心朝上的方式握繩，手腕活動更不受限，讓你能用拇指靈活控制牽繩。

留在兩手之間的繩長即為制動距離，你可以一邊慢下步伐一邊放出去。最後讓雙手自然放鬆、垂於體側，一手就握繩位置、另一手鬆鬆抓住牽繩，繩體懸垂的最低點大約與你的膝蓋同高。這個姿勢稱為「預備姿勢」。

牽繩技巧

制動

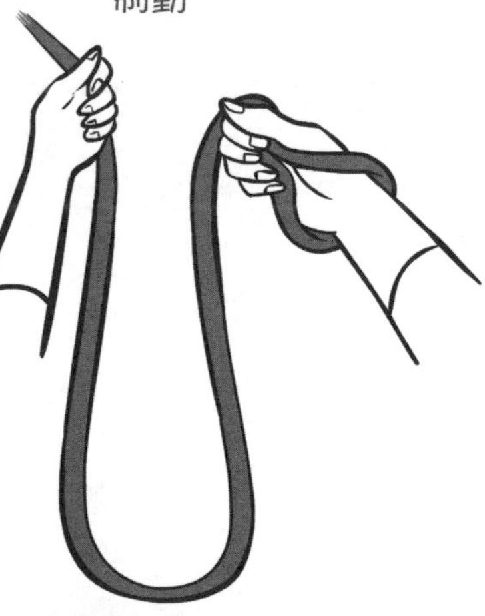

(預留長度約 0.5~1 公尺)

收繩（安全、控制）

設計原由：避免牽繩拖地，防止繩體打結或絆倒狗狗。

操作技法：把繩子收短一點，但保持微鬆並高於狗狗的膝蓋。如果狗狗靠近你或你靠近牠，用牽繩手撈繩、把繩子收短一點。制動手隨時都要穩穩控制繩子，不要讓狗狗感覺到牽繩不斷動來動去。

- **8字收繩**：我比較愛用這一種。將繩子繞成8字型，用你的牽繩手扣住8中央的交叉點。
- **繞圈收繩**：就是我們平常收水管的方式。這個方法比較簡單但比較不安全；如果狗狗突然衝出去，你的手指可能會被牽繩纏住。

請留意我在下面這一系列四張照片中的動作，我用牽繩手將牽繩收成一個8字型。

1. 每當狗狗一停下來嗅聞，你要馬上走近並收繩。

2. 隨時以制動手控制牽繩、保持穩定，用牽繩手拉繩。

3. 請注意我的制動手從頭到尾沒有移動位置，所以豆豆不會感覺牽繩晃動不穩。

4. 我放下手臂、縮短距離回到豆豆身邊，回復預備姿勢，如此即可輕易跟上牠的下個動作。

牽繩技巧

收繩

每當狗狗停步嗅聞或接近你的時候，務必收短牽繩。

收繩時請走向狗狗，
而不是把狗狗拉過來。

8 字收繩法

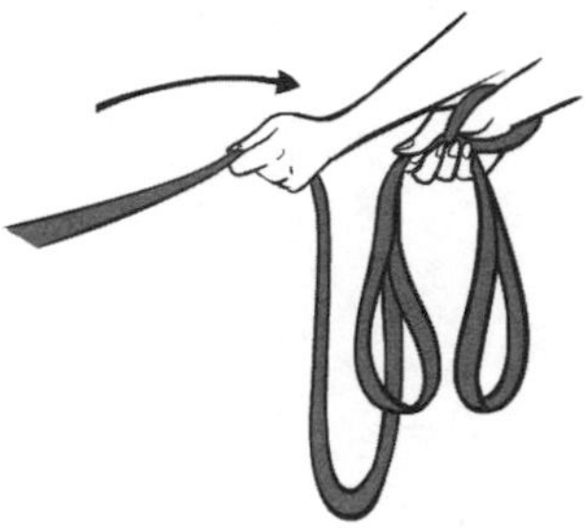

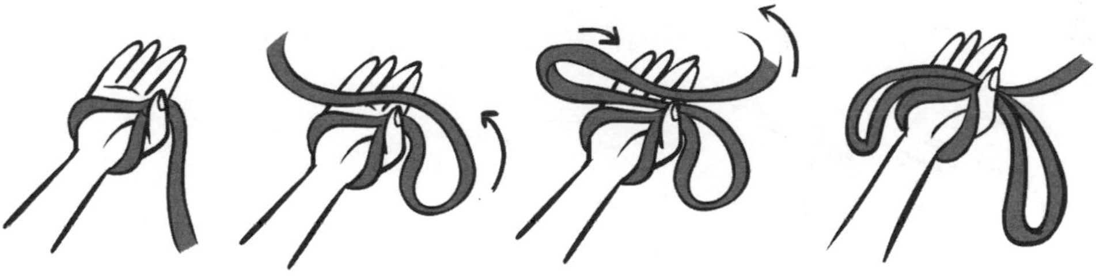

A.
握繩

B.
先往外做個圈

C.
再往內做個圈

D.
這樣就做出
一個8了

放繩（自由）

設計原由：根據我的經驗，行動受限的狗狗比較容易因為挑釁、挫折或恐懼而過度反應。牽繩放長一點能讓牠擁有更多選擇，做出更好的決定。除非你想用牽繩讓狗狗停下來，否則大多時候應該讓牽繩保持「微笑U字型」。如果你家的狗狗腿比較短，那麼請讓這抹微笑淺一點（就像蒙娜麗莎），繩子微曲但不會絆到狗狗。

操作技法：當狗狗遠離你的時候，你不需要制止牠或跑步跟上，而是放長牽繩。

- **明著來**（最常用於狗狗快步遠離你的時候）：讓牽繩從制動手順順地滑出去。若長度還是不夠，再用牽繩手一次鬆開一個8字或一圈，延長緩衝段。
- **暗著來**（用於你想離狗狗遠一點，給牠空間且不想引導或驚擾牠的時候）：將牽繩手移

牽繩技巧

放繩

用於狗狗遠離你且步伐比你快或你想給牠空間、鼓勵牠探索的時候。

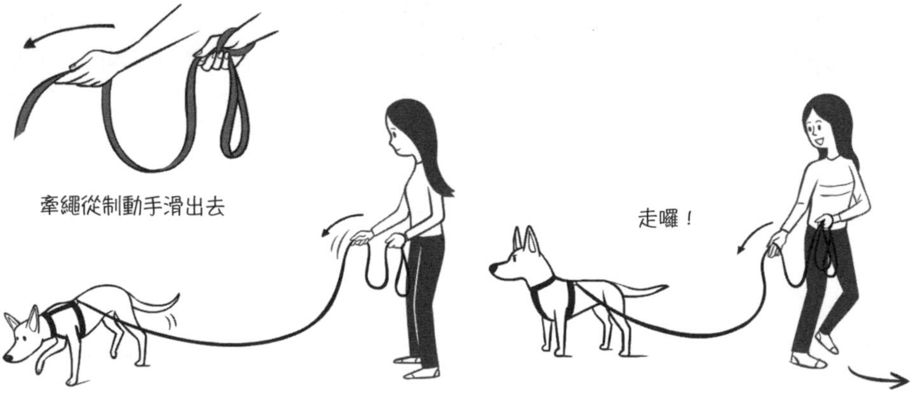

用暗著來的方式放長牽繩，狗狗就不會被你打擾、分心。

壓低制動手、抬高牽繩手以減少繩子震動。

制動手每放出每一段繩子以前，請務必拉直再放。

向制動手，再用制動手抓住並鬆開一個8字或一圈繩子，同時慢慢退開，一邊放低制動手並抬高牽繩手，讓牽繩從W變成U。視需要重複這個動作。

撫繩（控制）

設計原由：讓你通知狗狗準備慢下或停下來或讓牠注意你。

操作技法：兩手交疊，再用一隻手抓住整副牽繩，另一手虛握繩體、從狗狗往你的方向輕輕滑動，但不要真的拉動牽繩（視情況交換兩手、重複這個動作），類似TTouch系統中的「輕撫」技巧。

專家密技：為了避免牽繩纏住手腕，可以在撫繩前先讓繩子下垂、做出U型（如下圖步驟B）。

牽繩技巧

撫繩

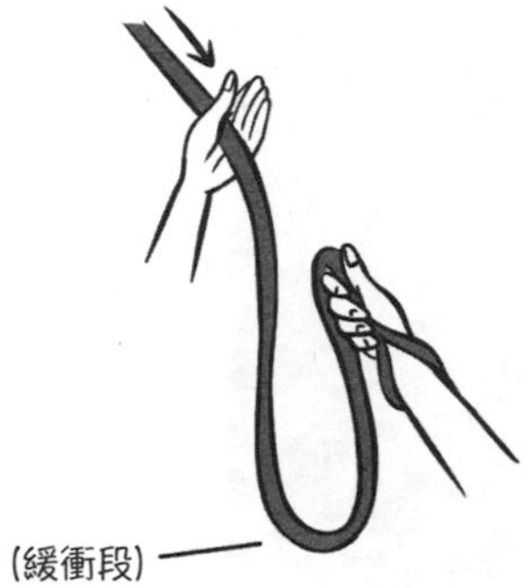

A.
一手順著牽繩
輕撫

B.
另一手從下方
握住前手的位置，
前手往後滑

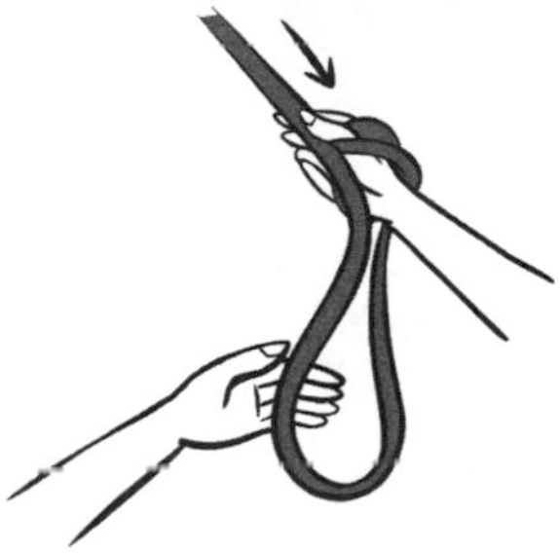

C.
重複 A 到 B 的
撫繩動作

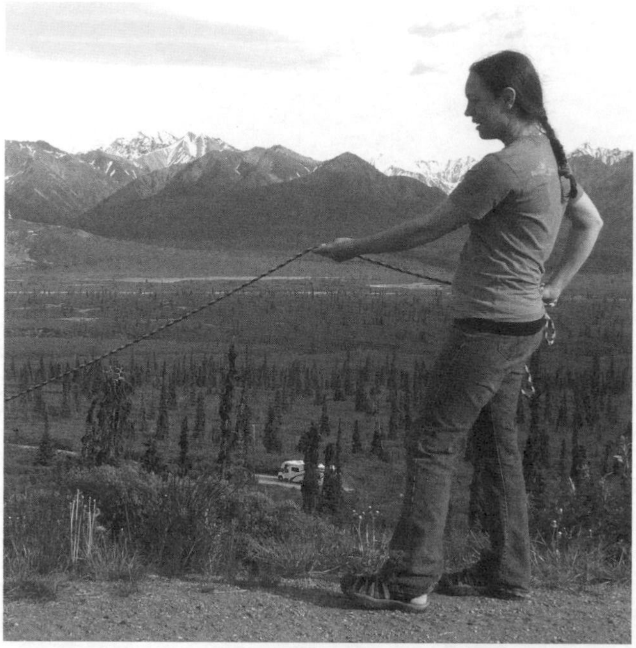

我的左手開始沿著繩子滑動。

右手從下方握住左手前方的位置，
左手順勢往後滑動。請注意我右手
下方留出的U型緩衝段。

緩停（控制）

設計原由：如果你能慢慢停下腳步，狗狗其實比較不會吠叫。緩停能降低牽繩對你和狗狗的身體衝擊。

操作技法：讓狗狗停下來的同時，請順著手指滑出約三十公分長的繩子。若你慢慢停下步伐並稍稍往後退，這個動作本身即有吸震緩衝的效果。兩腳前後分開（與肩同寬，夾角約四十五度），前腳尖朝向狗狗、重心偏後腳，如此更容易保持平衡、站得更穩。練習時，你可以先請朋友抓住繩子另一端、試著把你拉過去，藉此找出最適合的站姿。

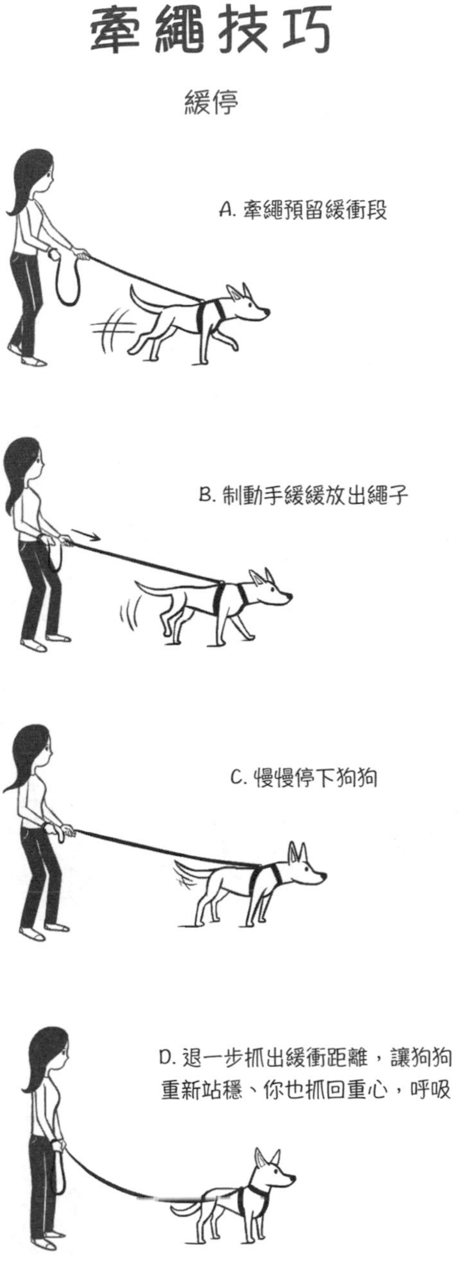
牽繩技巧
緩停
A. 牽繩預留緩衝段
B. 制動手緩緩放出繩子
C. 慢慢停下狗狗
D. 退一步抓出緩衝距離，讓狗狗重新站穩、你也抓回重心，呼吸

鬆繩（自由）

設計原由：若你拉住牽繩讓狗狗停下來，牠通常會失去平衡，因為狗狗的身體與繩子是相連的。若你停步後放鬆施予牽繩的壓力，狗狗不僅能很快調整重心，也能做出接近無牽繩狀態的優良選擇。牽繩呈現U字型，狗狗和你都微笑。

操作技法：持續讓牽繩「保持微笑」或是在停住狗狗後立刻讓牽繩下垂呈U字型。你可以緩緩屈膝或伸長手臂直到繩子變鬆、狗狗恢復平衡。

微微朝狗狗的方向屈膝　完全停止後立刻放鬆牽繩，讓狗狗能平衡重心

牽繩技巧
鬆繩
不平衡
微微朝狗狗的方向屈膝
完全停止後立刻放鬆牽繩，
讓狗狗能平衡重心。

抓重心（安全）

設計原由：牽繩也會讓**你**失去平衡。如果你重心不穩、狗狗又猛拉一把，你可能會向前撲倒；若你站姿太緊張，可能也會施予狗狗壓力，導致牠超過臨界點。

操作技法：請放鬆身體，將重量平均置於雙腳，膝蓋放鬆，雙手自然垂下；這時你身體的重心會在中軸線上。請將一腳稍稍往後踩，如同「緩停」的最後一步，如此就算狗狗突然拉扯牽繩，你也不容易失去重心。

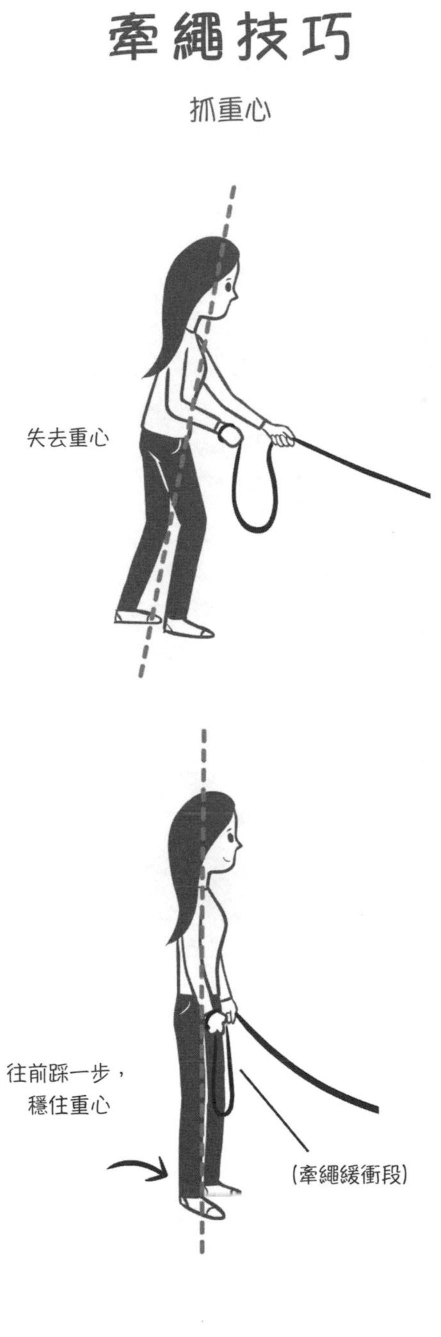

作勢拉繩（控制）

設計原由：這招比撫繩更快喚回狗狗注意力。當狗狗過度專注於刺激或你想要牠改變行進方向時，可以使用這項技巧。

操作技法：趁狗狗看得到你的時候先做「撫繩」（放心，狗狗的視野達兩百七十度），跟牠「眉來眼去」一下，用眼神暗示、發出邀請。接下來你要持續鎖住牠的視線，同時慢慢屈膝、將身體朝向**你要牠行進的方向轉動**，有點像狗狗「邀玩」的動作。

底下這幾張照片是我和花生示範作勢拉繩。

感謝卡莉拿著零嘴讓牠分心！

牽繩技巧

作勢拉繩

狗狗的視野範圍達 270 度

A. 走進牠的視野，眼神接觸

B. 屈膝、轉身指向

踏進狗狗的視野內（邊緣視覺範圍）同時撫繩。不要真的拉！

眼神對上後請立即轉身，但你可能要稍微放出一段繩子，以免真的牽動狗狗。

起步走，讓狗狗專注於你的動作。

拋出零食，讓狗狗去找出來。如果狗狗仍會撲向刺激，請記得雙手握繩。

6 情境訓練

本章要告訴你如何運用行為調整訓練，降低狗狗的激動反應。我提過，所有的行為調整訓練都必須在狗狗的臨界點之下，意即訓練時必須維持低壓力程度，讓狗狗獲得正向經驗。接受訓練後，你的狗狗應該要能合宜地回應，不會再退回吠叫、逃跑等激動反應，也不會一再做出你希望狗狗改變的問題行為。狗狗在精心安排的訓練環境中，身邊還有助訓員或助訓犬一起訓練，超出臨界點的機率很低。狗狗平常散步通常也可以保持在臨界點之下。訓練狗狗一定要時時留意狗狗有沒有超出臨界點。

↑處於臨界點的狗狗：嘴巴張開，尾巴擺動變慢，身體重心不變但面部肌肉緊張，身體縱軸指向刺激來源，尾巴微微上揚。接下來牠可能置之不理，也可能突然抓狂。

↗立刻引導！狗狗超出臨界點了：嘴巴緊閉，前額皺起，擺尾速度變快，身體微蜷並準備行動。

你要能夠分辨狗狗未達臨界點與超出臨界點的表現，行為調整訓練才能奏效。

抉擇點

所謂**抉擇點**，就是狗狗必須做出抉擇的那一刻，好比走迷宮時要在兩條路之間做出選擇。狗狗光是走在路上就會遇到好幾次抉擇點，從「我該不該跟著這可口的怪味走？」到「我該不該對那隻狗吼兩聲？」都得一一做出選擇。進行行為調整訓練會營造一個情境，讓狗狗有很好的機會可以做出聞來聞去、探索情境、在適當距離內蒐集刺激資訊等行為；因此當狗狗注意到刺激時，由於環境已經設定好了，牠不會再次陷於以往的抉擇點，極可能選擇合宜的阻絕信號，而不是恐慌或發動攻擊。我認為應該要發明一個新名詞，比方說「有利抉擇點」，因為狗狗做出你想要的正確行為的機率很高。不過，基於「授權狗狗」

的訓練宗旨，我安排的「抉擇點」都是「有利抉擇點」。我們還是使用簡單的名詞就好，但往後我說「抉擇點」時，請自動聯想成「有利抉擇點」。我們都想讓狗狗贏在抉擇點上。

進行行為調整訓練時，狗狗要做的練習是做出新的行為選擇。如果狗狗沒注意到刺激，你可以等待，也可以試著讓狗狗注意到刺激或者帶牠迂迴靠近。訓練起點離刺激越遠越好，如果太靠近刺激，會讓狗狗留下負面經驗，而你也不得不密切管控，甚至奪走牠的選擇機會。

要判斷狗狗是否離刺激太近，「直直走向刺激」算是相當明顯的依據。直接上前代表狗狗已經快要超過臨界點，所以當牠走向刺激時，請立刻使用緩停技巧或不著痕跡改變去路。狗狗對刺激感興趣的方式通常是漸進、迂迴地逐漸靠近，所以千萬別讓牠直接走上前去，除非你確定牠完全處在臨界點以下。在訓練過程中，要盡可能讓狗狗容易通過每個抉擇點，這樣狗狗就能一再選擇你想要的行為。

抉擇點並非定點：進行情境訓練時，抉擇點跟刺激的相對位置會一再改變、時近時遠，狗狗也會走來走去蒐集情報，故你得隨時緊盯狗狗、注意牠的警敏程度。這跟1.0版的訓練方式恰恰相反；1.0版偶爾會先確立抉擇點，若狗狗遲遲未挑起警敏反應，牽繩者必須採取行動。訓練環境會愈來愈接近實際情況，你也要在狗狗準備好的時候讓牠逐漸靠近刺激。這也可以用劇場排練來比喻，第一個情境訓練就像是在安靜的咖啡屋閱讀劇本，情境訓練中期則是跟其他演員一同排練，等到正式彩排，全體演員就可以適應戲服、布景這些引人分心的東西，最後一批抉擇點就像在百老匯登台演出。舉個例子，花生第一次跟小朋友一起進行行為調整訓練時，我用牽繩牽著花生，而在很遠很遠的柵欄後面，有個小朋友坐在大人的腿上。在最後幾堂訓練課，花生身上沒有牽繩，兩個小朋友跟牠共處一室，還在牠身旁跑來跑去。演員要先經過大量排練才能登上百老匯舞台，訓練也是同樣的道理，要經過多次排練，排練難度還要拿捏得當，才會有好的表現。你家狗狗每次遇到刺激，尤其是身上沒有牽繩這種高風險時刻，「演出」成功的機率應該要很高才對。

我在凱西的《看我》訓練營看到「抉擇點」訓練，那是我第一次發現「抉擇點」也可以運用在犬類訓練上。凱西播放一段影片（詳見延伸閱讀），影片中她在指導導盲犬訓練中心負責飼養幼犬的人員。她示範設置抉擇點的方法，訓練幼犬遇到容易分心的事物仍維持散步的禮貌。幼犬要沿著地上畫好的一條筆直路線走，路旁有一個會讓幼犬分心的物品，距離近到能引起幼犬注意，又遠到幼犬應該能不加理睬繼續往前走的地步。幼犬一注意到這個東西，抉擇點就開始了。幼犬決定不理睬並繼續往前走的那一刻，訓練人員就按響片，拿東西給牠吃，讚美牠一下，然後繼續帶著牠往前走做為獎勵。真是高明！

注意：1.0版中，我教大家務必在抉擇點標記替代行為，並且在狗狗離開或走向刺激時進行功能性增強。2.0版仍保留這個選項（請見第七章的標記再走開），但現在我傾向用另一種方式做情境訓練。行為調整訓練的宗旨並不像訓練服務犬，必須時時專注與跟隨、保持工作狀態；我們要做的僅僅是跟隨，只要別讓牠直接走向刺激即可，讓狗狗在最好的增強物出現時主動選擇它。因為訓練時的起始距離比一般情況更遠，所以狗狗對刺激的存在比較不敏感後仍可能繼續探索行為。我們不需要引導牠遠離刺激，牠搞不好根本不想走呢。

通過抉擇點後，狗狗的第一個選擇說不定是遠離刺激或是走向其他更令牠感興趣的事物，但我們不一定知道是哪一種。請讓劇本自然發展下去，狗狗也會自然得到牠想要的功能性刺激：促使狗狗朝某個方向移動的後果無疑正是牠當下想得到、想令其發生的事物，因此這項事物就是自然發生的增強物，促使狗狗更頻繁地表現這類行為。訓練者不需要主動提供增強物，因為它會自然出現。由於我們不會在狗狗做出合宜選擇後引導牠離開，不僅可避免給予錯誤的功能性增強，也不會打斷牠處理和理解剛蒐集到的刺激資訊。授權狗狗主動與刺激及環境互動，這一切比人為鼓勵自然多了。

何謂理想訓練結果

如同先前說的，很多因素都會影響情境訓練的結果，包括狗狗是否超出臨界點。我會在後面討論影響訓練成功與否的各項因素，但先來看看何謂理想的訓練結果？

我接觸的飼主對狗狗的期望都有些不同，對於「理想的結果」也有不一樣的想像。他們如果忽略了現實因素，追求的目標不外乎是「我希望我的狗是隻正常的狗」之類的。但其實他們是希望比正常還要好，這也不能怪他們，我也希望這樣！他們要的是處變不驚的狗狗，不管發生什麼事情都不會發動攻擊。小朋友拉扯牠的尾巴，跌坐在牠身上，主人希望牠只會開心搖尾巴，跟小朋友同樂。最好是別的狗狗對著牠低吼，牠也能平靜習慣這種處境。喔，我們只要做一回合訓練就可以有這種效果了吧？

幸好大多數飼主多半能明白（希望你也能明白），調整狗狗的激動反應就跟物理治療、心理治療或和學習一種新的運動很像，都要付出時間與努力。不過，每回的行為調整訓練要稱得上順利成功，狗狗應該要有進步。了解訓練該有的效果，不要有不切實際的期待，成功的機率會比較大。

在每一次或大多數的訓練課程中，必須讓狗狗全程處於臨界點之下。稍後我會說明如何在情境訓練時收集數據，協助你分辨並確認狗狗的情緒狀況。若狗狗在訓練時失控，次數不應過多，而你也應該冷靜處理，給狗狗機會放鬆心情。只要狗狗想休息，你就該讓牠休息；在整個訓練過程中，狗狗都應該很自在才對。

理想的訓練環境應該是干擾最少的環境或者就算有干擾，也不足以讓狗狗超出臨界點。舉個

看鏡頭拍照似乎很簡單，但你可知狗狗心裡有多煎熬！

例子，如果你家狗狗對別的狗有激動反應或過度反應，有天你牽著牠走在人行道上，迎面有人牽著狗走來，你可以叫狗狗離開人行道，帶牠走到對街，把狗狗帶進車裡，給狗狗吃一堆熱狗或者丟一顆網球，總之讓牠保持好心情就對了。

你的狗狗必須至少在單一訓練項目（譬如與刺激的平均距離）的一個或多個層面上表現進步，訓練才算成功；除非訓練時間非常短，比如兩分鐘。訓練一節的時間從一分鐘到四十五分鐘都有，但時間越長就要給予越多次休息，並且讓狗狗在訓練期間始終樂意探索環境，才能收得成效，通常一堂課就是二十分鐘。在我做過的訓練中，狗狗到最後往往都會願意嗅聞我找來當刺激的助訓員或助訓犬，也願意近距離接觸，不過最初幾回的情境訓練應該不會這麼快就成功（若成功就太棒啦）。我認為狗狗如果有機會了解刺激，知道刺激其實沒那麼可怕，而且留下正面印象，進步的速度就會更快。要留下正面印象，每回訓練結束前做一些比較簡單的練習，譬如讓狗狗隔著一段較長的距離尾隨刺激，如果狗狗的問題不嚴重，也可以讓狗狗花點時間在刺激旁邊放鬆心情。就算在整個訓練期間，你跟刺激之間最近的距離只有三公尺，到了訓練的尾聲，你還是可以在距離刺激四點五至五公尺的地方，花點時間純粹聊聊天，這個距離狗狗會比較自在。接下來先鼓勵狗狗離開，免得刺激突然移動嚇到狗狗。

訓練的結尾也很重要，最好能畫下完美的句點。某次我建議飼主可以讓每一位助訓員發揮最大功能，譬如請對方盛裝打扮、變換走路姿勢或者做很多其他的事。狗狗一旦覺得助訓者很友善、並不可怕，你就得發揮創意讓這位助訓者做點變化，否則就無法在行為調整訓練中扮演刺激了。但她當時似乎不太明白我的意思，於是每一次認真訓練狗狗時，為了要「重複使用」找來的助訓員，還刻意不讓狗狗熟悉這位助訓員，如此一來狗狗的進步反而變慢了。其實應該給狗狗機會，好好認識友善的好人，狗狗就能更快適應跟人相處。一場訓練如果能畫下美好的句點，不但狗狗進步更快，你也比較能看出狗狗進步的程度；狗狗能盡情與助訓員友善互動，而助訓員依然可在下次上課時變裝，改變訓練情境。雖然狗狗一下子就默默認出這位「奇怪的陌生人」其實是「我的朋友山姆，但他換了衣服」，這方法依然有用。

建議你紀錄狗狗要經過多長的訓練時間才會跟助訓員「初次接觸」。所謂「初次接觸」可以是你必須給狗狗戴上嘴套時、狗狗跟刺激隔著一段距離、狗狗第一次碰到刺激或是刺激第一次摸到狗狗時。

有一點要特別注意，如果你的狗狗在訓練一開始跟刺激隔了一個足球場那麼遠，那大概很難指望狗狗在最初幾回合的訓練就能跟刺激碰面打招呼。狗狗需要一點時間才能夠認識刺激。訓練時也別忘了考量狗狗的壓力、體力和感興趣程度。

接下來，你們會進步神速：狗狗這回訓練如

果順利，下回訓練往往可以更靠近刺激，就算刺激換成另一個人或另一隻狗也一樣，除非刺激或訓練情境的難度增加。但每隻狗狗都有自己的脾性，訓練成功的途徑亦不相同。當狗狗需要遠離刺激時，請確保狗狗能與刺激保持適當距離。

營造成功的情境訓練環境

身為訓練者和飼主，我們最主要的任務是營造一個讓狗狗能獲得授權、自主決定的環境。也就是說，我們必須做好安排，如此在訓練時就不用時時刻刻嚴加控管狗狗行為。這樣的環境設定跟狗狗熟悉且自在的情境脈絡十分相似，所以狗狗能自然地「理解」，做出好選擇。人、狗及其他所有動物都是從自己的行為後果學到經驗的：我們學會特定行為在特定情境狀態下才行得通。情境不會引發行為，環境中的特定人事物才具有暗示功能，能強化某些特定行為或引發某些情緒狀態，導致動物更容易做出某些行為。

舉例來說，你家狗狗很怕靠近刺激，但因為被牽繩拴住，所以牠說不定以為選擇「吠叫」可能比「逃跑」更好。因為如此，我們才會在行為調整訓練時盡可能從比較遠的地方開始，同時利用牽繩技巧讓牠感覺自己是自由的。在這樣的情境下，狗狗能看見刺激，也能感受到牠能依自己的意思查探敵情、往前走個幾步或甚至明顯表現出興趣，以有利社交的方式跟刺激互動。

你可以先設定幾種能讓狗狗做出你想要的行為的情境，然後再讓場景越來越接近真實。唯有細心規劃才能放大課程學習效果，同時將狗狗的壓力降至最低。多做幾次你就越有經驗，越有經驗你就越知道要怎麼避開或處理突發狀況。對於剛接觸行為調整訓練或是剛接手處理激動反應的訓練師來說，從「做」中學最理想的方式就是參考心理學個案督導模式：給自己找個指導老師，學習如何把理論應用於實際，處理個案。

專家密技：事出必有因，行為也一樣。引發狗狗特定行為的可能是健康、營養、課前的警敏狀態等種種遠因，也有可能是動機（譬如情緒、飢餓等等）、訓練員給予的暗示或是能讓狗狗預測到行為與後果關聯的種種近因。狗狗激動反應的強度通常跟過去強化這種反應的事件有關，但事件發生當時的情境脈絡也會影響反應強度。不同的情境脈絡會強化不同的反應，強化效應是有選擇性的，附錄三會進一步說明這個道理。

選擇地點。在多個不同地方進行情境訓練，幫助狗狗概化行為。選擇能兼顧安全與豐富度的環境，場地最好選大一點、有趣一點的地方，但要避免路人或其他刺激突然出現，我通常在室外進行訓練。選擇地點時必須注意幾項安全考量：

- 受訓犬必須有足夠的空間能遠離助訓者或刺激。
- 場地夠大夠寬廣，讓受訓犬能自在移動；最理想的是助訓者／刺激也能同時移動的地方，譬如大型步道。
- 不能有玻璃、毒物、有刺植物或其他危險物品。
- 請留意並移除可能勾住牽繩或絆倒牽繩者的障礙物。
- 視覺上要有變化（譬如寬闊開放的空間旁邊要有草叢、樹木或地勢較高的區域），讓狗狗有地方可躲，也有更多資源可供探查。
- 夠「安靜」的地方，而且要以狗狗的標準來衡量。受訓犬如果對聲音特別敏感，更需如此。
- 一些不突兀、能稍微使狗狗分心的標的（松鼠跑來跑去可能就過頭了）。
- 出入口必須夠寬敞，最理想的是能讓受訓犬以迂迴方式進入訓練區，而不是穿過狹窄通道、直直走向助訓者／刺激。
- 你或助訓員必須站在能早一步看見突發刺激的位置，在不速之客闖進訓練區之前即時調整環境條件，協助狗狗保持在臨界點以下（譬如暫時走開或站在能遮蔽視線的障礙後面）。

請尋找或營造一處資訊充足、讓狗狗能自在探索的環境。如果情境過於單調乏味，狗狗在看見刺激時反而會過度激動，因為牠們無事可做。每隻狗狗都不一樣，有些需要豐富一點的環境，有些正好相反，全依牠們在接收環境刺激後的興奮或放鬆程度而定。如果你實在找不到自然又有趣的訓練場所，請記住以下幾項重點及範例，這些都能幫助你增加訓練環境的豐富程度：

- 嗅覺（狗狗最主要也最重要的感知方式）：起司碎屑或起司粉、花生粉、碎雞脂、其他狗狗走過的路、糞盒（把其他動物的便便裝在戳洞的盒子裡）、沾有貓毛的毛巾、用過的手套等等。
- 視覺：樹木、草叢、盒子、車子、籃子簍子、小土丘（方便狗狗繞過或躲藏的物體）。
- 觸覺：不同的表面質地或者可以踩上去的東西。
- 聽覺：通常我不會額外增加這一項，但如果訓練場地比較小，我會放一些柔和的音樂或背景噪音；當狗狗的注意力被訓練區以外的刺激引走時，聽覺刺激通常能有效發揮作用。
- 味覺：有時候我會在訓練場地藏一些零食，讓狗狗找出來，但請小心使用，零食可能喧賓奪主，讓狗狗分心。

切記，狗狗會用環境的線索脈絡去搞清楚究竟是怎麼回事，凡是會固定發生在某特定情境之前的外在刺激，都有可能意外變成某種安全信號，告訴狗狗「有那個刺激才安全」。靠著多多改變環境脈絡，你可以幫助狗狗在各種情境下更熟練地運用牠學到的訓練技巧。如果你每次訓練都只用帕瑪森起司，最後牠可能只會在聞到帕瑪森的氣味時，才能安心接近刺激，試著多混合一些變因和增強物吧！

請避免在你帶狗狗運動或做競賽練習的場所進行情境訓練，除非這些地方是你刻意挑選的背景條件。若處在平常受訓的地方，狗狗很容易進入「工作模式」；處於工作模式的狗狗比較不注意環境，而且傾向表現受過訓練的行為，不太會送出自然的溝通信號。牠們過於關注你的動作，以致你很難分辨狗狗的情緒究竟是「還好」還是「快爆炸了」。根據我的經驗，如果狗狗把大部分的注意力都放在牽繩者身上，牠們通常不太關心也不太蒐集助訓者的訊息。為了讓訓練更有效率，請讓狗狗在非工作模式及情境下盡情探索，接受訓練。

事前規劃，詳盡溝通。與助訓員討論訓練計畫時，請徹底隔開狗狗與刺激，不要讓狗狗在課程之前注意到對方存在，安排時請將風向、氣味

請在狗狗能放鬆的地方做訓練。對大多數狗狗來說，自在嗅聞能讓牠們放鬆。

一併納入考量。每堂課都要仔細安排環境，從狗狗第一次可能注意到助訓員或助訓犬的時機地點到課程結束的每個環節都要布置妥當。請注意，你應該專注並密切管控環境，讓狗狗能在這個情境下自由選擇牠的每一個動作。以下是事前規劃重點：

- 情境訓練當天，狗狗哪些能做哪些不能做？請全力讓狗狗保持在低警敏程度，不要做激烈運動，正常飲食但不要讓牠吃太多（以免食物無法成為誘因），減輕各種壓力（千萬別帶牠去看獸醫）。
- 受訓犬和助訓員、助訓犬以及訓練場地的布置安排（譬如錯開雙方抵達時間、豐富訓練環境、確認訓練場地是否可能出現預期以外的刺激、下車前務必上牽繩、嗅聞及探索動線、在訓練開始前如何讓受訓犬遠離或看不見刺激等等）。
- 誰負責備妥飲水和裝水的碗？在哪裡休息？鋪墊、籠舍或開著門的車？那些要出現在哪裡？
- 助訓員或牽繩者聽到哪個指令該怎麼移動或動作？
- 受訓犬大約何時來到能首次注意到助訓員的位置？可能的動線為何（大多迂迴前進）？
- 如果助訓員是該訓練項目中負責移動的一方，那麼要安排助訓員在哪個時間點進入受訓犬視野範圍？由誰決定（訓練師、飼主、牽引助訓犬的助訓員等等）？
- 如何有效溝通：
  - ◎何時休息？狗狗想休息、突然太靠近刺激、暫時的刺激累積效應、助訓者有問題須排除等等。
  - ◎何時中止訓練？疼痛、疲倦、壓力變大、天氣太熱或太冷等等。
  - ◎若有未上牽繩的狗狗或其他刺激闖入，該如何處理？
- 誰負責監測狗狗的壓力程度？

隨時與助訓員交流，提供必要協助。你可以邊訓練邊討論，也可以安排休息時間，先把狗狗帶到一邊安置再討論。如果你家狗狗不喜歡陌生人，不妨邊訓練邊討論，讓狗狗慢慢適應你跟陌生人說話。如果希望專心留意狗狗，而非光顧著聊天，還是把狗狗先安置在一邊再討論比較好。如果需要跟站得很遠的助訓員溝通，可以準備無線對講機或使用免持聽筒功能。

留心交談時機。訓練過程中，任何的交談（或是沒有交談）對狗狗來說都會成為情境刺激的一部分，也就是說狗狗會察覺到，也會當成訓練的一部分。有幾位飼主的狗只有在看到牽著牠們的人開始跟陌生人說話時，才會吠叫或猛撲，還有幾隻狗的問題正好相反，是看到牽著牠們的人跟陌生人說話的氣氛不愉快，才會吠叫。

訓練氣氛要愉快。為了所有參與訓練的狗狗及人員著想，要盡量維持愉快的氣氛。最好多安排幾次休息，尤其是當狗狗跑得不見蹤影、避開助訓員或是對著某一處嗅來嗅去，就表示想休息了。狗狗大多時候就愛東聞西嗅，但牠們也會透過嗅聞紓解壓力；如果是為了紓壓，你會發現狗狗嗅得特別瘋狂猛烈，而且基本上牠們看東看西就是不看助訓者。如果發現狗狗壓力太大或是行為不但沒改善還愈來愈糟，就得暫停下來商討對策。如果要停下來休息，記得要讓狗狗和助訓員完全看不到對方，讓雙方做一些能放鬆心情的活動（譬如讓牠回車上玩寵物玩具或是暫時鬆開牽繩、讓牠在安全的地方走動等等）。

保持呼吸平穩。請盡可能正常呼吸，狗狗心情也會比較輕鬆。如果狗狗一直緊盯刺激不放，一般人通常會屏息等待狗狗轉移注意力。當年我展開訓犬生涯時，我找了大名鼎鼎的認證應用動物行為專家凱西當我的顧問，協助我處理我還沒辦法單獨應對的案例。凱西給了我許多很棒的建議，包括「唱生日快樂歌」這個點子：這時候如果唱首歌，把呼吸調整到正常速度，就不會嚇到狗狗了。我為花生專門打造了一首歌，借用〈我是一只小茶壺〉的曲調。這招很有用喔！

有時候我光想著垂涎三尺的美食就能讓花生放鬆心情，像是一碗冰淇淋或我很喜歡的某家西雅圖餐廳的泰國菜。花生是個媽寶，老是黏著我。牠當然看不穿我的心思，不過牠憑著嗅覺與其他感覺，就能辨別我的壓力指數。有一次我在練習某種很費力的瑜珈呼吸法，結果不小心害牠壓力指數破表，不得不在屋裡走來走去紓解壓力。如果你發現你的呼吸不太平穩或是狗狗看起來有點焦慮，請先慢慢吐氣；若先吸氣，似乎更容易使狗狗躁動吠叫，我的想法是狗狗會以為你深呼吸也是為了喊叫（吠叫），所以牠們也叫起來了。

小心闖入者。如果狗是會引起激動反應的刺激來源，要特別提防身上沒有牽繩的狗闖入你們的訓練。萬一牠們衝向你的狗，後果可能不堪設想。為了訓練效果也為了安全著想，千萬別讓狗狗超出臨界點。

從助訓員中挑選一位專門負責對付沒上牽繩的狗。萬一有這樣的狗在附近出現，你跟你的狗狗就能閃入車裡、躲到圍籬後面、沿著街道往反方向離去或是移動到別的地方，讓那位助訓員攔截那隻狗，帶牠回到主人身邊。如果你安排的訓練場景是某甲牽著受訓犬，某乙牽著助訓犬（刺激），那應該讓某乙負責攔截身上沒有牽繩的狗。其實這個任務交給沒有行為問題的助訓犬來做再適合不過，因為助訓犬看見同類會自動靠近，好像被磁鐵吸過去。如果你訓練的狗狗只對人有激動反應或許可以省略這項安排，不過最好還是找人控制一下好奇圍觀群眾或是會大叫「狗狗！」的狂奔小孩。

我跟飼主一起訓練狗狗時，都會盡量**把車子停在附近**，車門不上鎖，萬一遇到身上沒有牽繩的狗，飼主就可以帶著狗狗閃入車內。還有個辦法是在你家門外的人行道或馬路上進行情境訓練，方便迅速跑進屋內。

如果沒辦法把車子停在附近，請**準備一只蓋著布幔的籠子（把門打開），再把籠子放在鋪了毯子、四周有活動圍欄圈住的空地上**，讓牽繩者在必要時能迅速將受訓犬送進籠子、關門、扣住圍欄；這時就算沒上牽繩的狗狗仍繼續靠近，牠也沒辦法接近籠子。你也可以往籠子裡扔一把零食、安撫受訓犬，另外也扔一把給沒上牽繩的狗狗，等待危機解除、情況獲得控制。把狗狗關進圍欄內蓋布幔的籠子，這樣牠比較不容易看見闖入犬，飼主也會比較安心，放鬆心情。每次上課前請至少先演練一次整套程序，以防萬一。

室內訓練。在室內訓練的狗狗不需要提防刺激突然出現，但室內空間小，狗狗承受的壓力通常也比較大。我訓練過幾隻狗狗，在屋裡（隨便任何屋子裡）跟刺激近距離接觸都很友善、很可愛，但是在外面看到刺激，就算隔著一段距離也要大發雷霆，不過這種狗狗畢竟是少數，不是常態。除非狗狗在家裡可以保持鎮靜，不會超出臨界點，否則我通常都是先在一個比較中性的地點做戶外訓練，像是街上，有時甚至到另一個區域。你絕對不會想害狗狗壓力破表，但你肯定也不願意在狗狗百分之百沒有壓力的地方浪費時間。訓練狗狗最好選一個最具挑戰性，狗狗不會承受太大壓力且能應付自如的場合，行為調整訓練課程應該要很愉快才對。

錄影留存。從一開始就要錄下訓練過程並留存。在訓練現場架設錄影機，路人比較不會擅闖。很多人會打斷別人的訓練課程卻毫不在意，若發現在錄影通常比較不敢擅闖。在訓練過程中，你跟另一位牽繩者（或飼主）會一直盯著狗狗，大概無法分心留意周遭的狀況。這是我的親身經驗。我常以為我在工作時都很清楚周遭的環境，其實不盡然。我看過訓練實況錄影後，才發覺自己渾然不覺危險就在身邊。

我習慣把訓練過程錄下來，重看的時候，往往會發現當時完全沒注意到的事情。像我剛才提到的那堂課，當時我跟飼主帶著我的狗跟她的狗做訓練，對街有人牽著兩隻狗走在人行道上。我的狗跟飼主的狗本來在練習近距離接觸，卻因為那兩隻狗看見對街的牠們而不得不中斷，我們必須小心提防。後來又有一個人牽著狗朝我們走來，幸好他們走到四點五公尺時看到了三腳架，就趕快過馬路到對街去了，及時避開一場災難，這可不是我們的功勞！我跟飼主從頭到尾都沒注意到他們，真是有驚無險！正因如此，我一向建議飼主如果方便的話，盡量安排第三個人在場。我明白光要安排刺激就已經不容易了，不過能有第三個人在場真的比較理想。

妥善設計環境，別讓狗狗的情緒超過臨界點。如果有狗、人、噪音打斷或干擾訓練課程，請注意刺激累積效應：環境中的各種刺激不僅會造成壓力，還會彼此累積，導致狗狗超過情緒臨界點。當你發現狗狗感受到環境人事物帶來的壓力，請鼓勵牠走遠一點、讓刺激安靜一點或乾脆休息，總之設法降低刺激對狗狗造成的壓力。有一次，我訓練一隻吉娃娃，當時牠已經進步到只要牠走近、我就能短暫搔搔牠下巴的程度；這時樓上鄰居突然發出好大一聲噪音，牠叫了一聲，於是我們只好從頭開始。吉娃娃再次走向我，我想也不想便像前幾次一樣伸手摸牠，但牠竟警告性地空咬我一口。即使你覺得沒什麼，刺激和壓力還是會不聲不響逐漸累積！

備妥勸架錦囊。帶上勸架噴霧、罐裝噴彩或事先想好怎麼以安全的方法勸開打架狗狗（可參考第三章）。意外總有可能發生，你安排的助訓員可能攔不住別的狗；牽著狗的路人也許會不小心手滑，手中牽繩掉在地上；兩隻狗狗碰面也可能狀況百出。我做情境訓練從沒用過勸架噴霧（算我運氣好），不過我都會做最壞打算。訓練期間最好隨身攜帶勸架噴霧，如果你有助訓員，你們兩個都應該準備一罐。另外最好能準備一條毛毯，萬一勸架噴霧失靈就能派上用場。

不管用什麼方式分開打架的狗狗或多或少都會有危險，所以請視情況選擇以下方法。如果狗狗死咬不放，你可以用毛毯蓋住狗狗的頭，最後讓狗狗張開嘴巴，狗狗就不太可能咬到你。先用毛毯蓋住狗狗的眼睛跟嘴巴，等牠張開嘴巴，就把牠拉回來。如果被牠咬住的狗可能會傷得更重，甚至有生命危險，就扭轉牠的項圈，阻絕牠的呼吸。事前做好安全措施，別讓狗狗超出臨界點，如果狗狗會接觸其他狗，讓牠戴上嘴套，狗狗就不太可能咬別的狗。事先防範總是比較好，出了狀況才不會手忙腳亂。課堂結束後請諮詢專家意見，看看有什麼方法能預防事件再度發生，即使你本身是專業訓練師，聽聽不同意見也好。

專家密技：最好能事先預演分開打架狗狗的方法。如果你有自己的訓犬機構、獸醫診所、托護中心或其他必須同時照管好幾隻狗的場所，請擬定一套勸架流程並寫下印出來，供所有員工參考使用。

反覆演練是有幫助的。可以找狗狗來實際演練或者至少先想像一下狗狗打架的場面。我會這樣建議是因為我曾經忘記把勸架噴霧拿出來使用。每次我看到狗狗玩得太粗暴，都會伸手抓住狗狗兩條後腿上方（要拉開扭打成一團的狗狗，抓這個地方比較安全），都養成習慣了，就算狗狗真的在打架，咬著不鬆口。我也會自然這樣做，而不是拿出勸架噴霧。後來我訓練自己一看到沒人牽著的狗就拿出勸架噴霧。就算沒對著狗狗噴，我的大腦也做好準備，要是真的在公園看見狗狗扭打又互咬，我就會記得使用了。

檢查牽繩及其他裝備是否牢靠。每次訓練開始前都要和你的狗以及助訓員確認，看看牽繩有沒有咬爛磨損，頸圈、胸背帶、嘴套是否太鬆，牽繩會不會磨手，鞋子會不會滑等等。舉個例子，狗狗穿上 Easywalk 牌胸背帶，胸前的帶子很容易鬆開（但我本就不喜歡用，因為它會限制肩膀移動）。在平常的訓練課程裡，我看過好幾隻狗狗直接從胸背帶前端脫出的情形。胸前的帶子太鬆讓胸背帶頸部的洞比狗狗還要大，使得胸背帶直接從狗狗身上溜下來！要避免這個問題，可以把牽繩同時扣在頸圈和胸背帶前端。最好選購我在第三章提到的那幾款胸背帶，不僅能讓所有關節自在動作，也不會鬆脫。請確保牽繩以安全的方式扣上胸背帶，而胸背帶扣環也夠牢靠。如果要用頭帶，請將牽繩扣在胸背帶上，把頭帶當作支援輔具。如果情況不得以，牽繩只能扣在頭帶上，請仔細瞧瞧有沒有安全扣帶，因為頭帶較易鬆脫。

如果助訓犬用的是伸縮牽繩或彈性牽繩，最好換一條普通的牽繩，一到兩公尺長，握起來舒服、安全就好。幼犬身上的牽繩要是太細，牽的人很容易會割破手，所以也要更換。要仔細揪出不安全的地方，立即修正。

利用護具等實體屏障。當你必須和有咬人前科或可能會咬人的受訓犬進行近距離訓練時，我強烈建議受訓犬、助訓犬或助訓員都要使用護具。我們是人，我們的判斷、觀察、肢體協調並非萬無一失，所以不要拿兩隻狗狗的安全冒險，以為自己動作夠快或什麼都逃不過你的法眼。訓練狗狗習慣戴嘴套，狗狗跟助訓員近距離接觸時可戴上嘴套或者挑一個有圍籬的地方，讓狗狗跟助訓員隔著圍籬見面。我訓練的狗如果有咬人或是咬狗的前科或者我不確定牠有無類似前科或者我只是想保障助訓員（尤其是小孩）的安全，我都會先給狗狗戴上嘴套，再讓牠跟刺激近距離接觸。嘴套一定要完全合身，讓狗狗跟刺激碰頭之前，務必先檢查嘴套合不合身。

備妥應變計畫。萬一碰到緊急事故，最快的應變方法就是呼叫助訓員的名字，告訴大家該怎麼做，所以一定要知道助訓員的名字！在訓練過程中，偶爾叫一下他們的名字就不容易忘記。再

若訓練時必須近距離接觸，請使用實體屏障保護受訓與助訓雙方安全。照片中的小朋友站在狗狗正前方且直直盯著牠看，狗狗極可能因此被小朋友嚇壞了。

說大部分的人都喜歡人家稱呼自己的名字，而不是只有「喂」或者「菲菲的媽媽」。你的應變計畫也應該另有應變計畫。找出距離最近的獸醫院地址，把獸醫院聯絡資料輸入手機。協助情境訓練的助訓員大多只有在晚上跟週末有空，會在這些時間看診的獸醫大概不多。

人犬皆有權表達意見。所有的參與者都應該要有訓練師兼講師凱西口中的「**否決權**」。訓練期間，狗狗可以透過行為中止情境訓練，在場的人員也可以：假如有任何人對於訓練的安全或合理程度有一絲一毫的質疑，都應該能夠暢所欲言。休息一下，討論討論，在繼續之前做出必要的修正或改變。

專家密技：與客戶一起做情境訓練時，「否決權」尤其重要。因為人類是社會化的動物，傾向尊重專業，不太會質疑專業訓練師的判斷（尤其在訓練期間）。他們大多需要你明確授權才敢放心表達意見，任何時候都是如此，就算只是直覺也一樣。

留下訓練紀錄。看紀錄就能明白哪些地方需要改正，你家狗狗有什麼好表現，也能徹底了解你家狗狗的進步情形。看到你家狗狗又進步了，你才會有動力繼續訓練下去，所以每次訓練至少要留下一點點紀錄。有兩項紀錄特別有用，一個是訓練師使用「制動」技巧的次數，另一個是狗狗壓力增高至黃區（或以上）的次數，而我們的目標是讓兩個數字都下降。你使用制動的次數可能永遠都不會變成零，但比較理想的狀況是在訓練完成後，狗狗進入黃、橘或甚至紅區的次數變成零。此外，狗狗要能在每堂課上逐步縮短與刺激的平均距離；如果有助訓員幫助，這個數字應該也會越來越小。另外我還會盡可能多紀錄一些可以蒐集到的資料。

我把其他需要紀錄的項目列成一張表供各位參考。有些項目比較複雜，如果你不想紀錄，捨去無妨。紀錄表越簡單越好，這樣你才會持之以恆做下去。

不論你想紀錄哪些項目，請維持固定的測量或評定方法。盡可能把每個詞彙的意思或你使用的單位寫下來，方便回頭參考或與其他訓練師分享討論。

專家密技：表格中的項目請自行斟酌取捨。你可以只記日期、助訓者或助訓犬的名字以及狗狗超越臨界點的次數——最後一項尤其重要，你必須盡可能讓這個數字越小越好。如果太專注於縮短平均距離，你可能會不知不覺地想介入，影響牠的決定。

行為調整情境訓練

該做的準備都做完了，現在就來實際看看

日期			
刺激（人、狗、其他）			
助訓者（姓名或特徵描述）			
訓練時間（不包含休息）			
休息時間			
休息次數			
休息時的活動			
錄影（有／無）			
項目描述（跟隨，定點刺激，平行行走，平行跑動／玩耍等等）			
起始距離（相對於助訓者）			
終止距離（相對於助訓者）			
平均距離＊			
緩停次數			
進入黃區次數			
進入橘區次數			
進入紅區次數			
超越臨界點總次數			
意外刺激次數＊＊			
比上次訓練進步（1）比上次訓練退步（0）＊＊＊			

＊平均距離的計算方式有點複雜，但你可以在看影片的時候，隨機選擇10或20次練習來計算。做法：從每段訓練開始，每隔2分鐘按一次暫停，估量狗狗與刺激的距離。最後加總除以總取樣次數。另一種方法是利用抉擇點：記下狗狗每一次注意到刺激的距離（每一次的抉擇點），然後加總再除以取樣的抉擇點次數。

＊＊意外刺激次數有助於判斷是否該調整情境訓練的條件與元素，也讓你更清楚狗狗會因為哪些意外情況而「落海」。整體來說，經過訓練的狗狗應該每次都要有進步，但如果刺激太多，牠超過情緒臨界點的次數通常會增加。如果意外刺激過多，狗狗超越臨界點的次數就無法如實反映整體趨勢，呈現你正在進行的情境訓練到底有沒有用。你可以主觀判定哪些人事物是意外刺激，也可以只計算狗狗處理不了的刺激或者兩種數字都記下來，做為狗狗應付日常實際狀況的判斷指標。

＊＊＊我一般都是直覺判斷好或不好。評判標準可以是整體，也可以是特定指標（譬如超過臨界點的次數或其他項目）。最後你可以把所有課程的好壞分數平均一下，如果分數超過0.5，那就表示牠在進步了。

怎麼做情境訓練吧。切記，情境訓練的整體概念就是你要營造一個能讓狗狗自在閒晃、探索的場域，你只會在排除麻煩時稍微出手干預而已。

分析變數，選擇刺激

要先替狗狗選一個刺激（人、狗狗、滑溜溜的地板等等），因為這會影響地點選擇和開始課程的方式；接著再想想這個刺激（助訓員或助訓犬）的哪些變數是你想留意的訓練重點。每一項變數都有一定的刺激程度，若不詳加考量，可能導致刺激累積。這就像打電動總會遇到難關，但你只想輕鬆拿高分過關而已。

觀察一下你家狗狗在日常生活中可能遭遇哪些變數。在讓狗狗面對這些變數之前，請把情境中的其他設定弄得簡單一點，盡可能賦予其中一項變數完整、貼近實際的線索脈絡，好讓狗狗的反應更真實可信。你可以逐步調整情境設定，讓環境愈來越接近真實情形。訓練前請徹底檢視各項變數，確保狗狗在多數情境下都有放鬆的機會。以下列舉每個變數的一些重點。舉例來說，狗狗甲可能覺得未結紮的公狗跟結紮的母狗沒什麼兩樣，狗狗乙卻可能覺得大不相同。

請縝密思考再組合這些變數。如果要增加某項變數的難度，請記得調整其他變數、一開始不要太困難。從容易成功的訓練開始，逐步增加難度。以「進場」指令為例，你得把動作上的變數納入考量。比方以「直直走向刺激」和「迂迴帶著狗狗進場，讓牠自己發現刺激」來說，前者出問題的機率較高。行進速度也是變數，即便都是朝刺激前進，走過去跟跑過去的意義完全不同，而且後者對受訓犬和助訓犬雙方都比較困難。

刺激位置（請參考前段關於選擇地點的整體建議）：

- 與刺激之間的距離。
- 刺激的位置在狗狗的前方還是後方。

進場指令：

- 刺激先就定位，再讓受訓犬進入訓練場地。
- 受訓犬先就定位，再讓刺激進場。
- 受訓犬和刺激從相對的兩端同時進場。

移動：

- 刺激移動次數（或未移動）。
- 刺激移動速度。
- 受訓犬移動速度。
- 移動方向（同方向／反方向／斜角／繞半圈）。
- 動線是否不規則／刺激的走路方式。
- 刺激興奮程度（對牽繩者或玩具表現興奮／對受訓犬表現興奮）。
- 移動的目的或意義（撫摸受訓犬／單膝跪下／傾身向前／狗狗伸懶腰／其他）。

聲音：

- 環境噪音。
- 刺激發出的聲音（說話／名牌的叮噹聲／吠叫／哀鳴）。
- 牽繩者與受訓犬說話的聲音（開心聒噪／安靜無言／假裝講電話）。
- 牽繩者對刺激說話（面對面或使用對講機）。
- 環境裡的其他聲音。
- 聲音代表的意義。
- 音量、音調及其他（音質等等）。

時機：

- 每回訓練的持續時間（或你的狗狗在現實生活中要跟刺激接觸多久）。
- 兩次休息之間要間隔多久。

其他變數：

- **演員和技術人員**：這堂課出場的有誰，扮演什麼角色？假如老媽會一直在訓練場上、也都由她負責牽繩，那麼老媽可能會變成場景脈絡的一部分。訓練師、攝影師、助訓員的情況也差不多。所以每當你要變換刺激位置時，最好連帶調整場上技術人員以及這些人與狗狗的距離，讓狗狗學習如何在所有情境設定中應用這些規則，這一點對於待在寄養中心或動物之家的狗狗尤其重要。

- **何時給零食／擺放位置**：切記，不要大事小事都用零食解決。受訓犬或助訓犬的牽繩者都給零食的話，可能會造成狗狗出現護食行為。
- **刺激（助訓犬）的性情**：想玩或迴避受訓犬，本身也有行為問題等等。
- **物品**：帽子、頭套、雨傘、箱子、敏捷訓練設備、三角錐、背包、運輸籠、手杖、拐杖、輪椅、機車、腳踏車、滑板等等。
- **氣味**：香菸、酒類、香水等等。
- **跟刺激的眼神接觸**：沒有接觸、溫柔眼神或眨眼、瞪視。
- **有無牽繩**：受訓犬與助訓犬。
- **有無實體阻礙**：務必小心！
- **助訓犬條件**：體型／年齡／品種／毛色以及毛皮種類／是否結紮或去勢／性別／發情狀態（為保障助訓犬安全，請避免選擇兩歲以下的助訓犬）。
- **助訓員條件**：體型、性別、性徵、年齡、聲音高低、髮色、種族（沒錯，有些狗狗就是有種族歧視的毛病，牠們個個是推理高手，能察覺異同）。

很顯然，你可以在訓練中加入許多變數，但是不可能一次訓練就顧及所有變數。我認為，每一回訓練只要處理幾個變數就好，而且每次練習只變動一個變數。如果一次導入一個以上的變數，狗狗不見得全都能顧及，又或者可能會造成狗狗的負面經驗、導致牠概化處理，一竿子打翻所有新刺激。而且一次一個變數也比較符合科學做法，如此你才知道是哪個變數會造成哪種後果。

剛開始幾堂課，把目標放在能自在與人共處即可。下一週的進階課，你可先讓狗狗接觸同一位助訓員（不穿戴道具），然後休息、帶牠退到最遠處，同時請助訓員戴上帽子，之後再把帽子換成行走器或手杖，再換成拐杖，最後再換回不穿戴或使用道具的狀態。

你想讓狗狗學習的情境訓練設定（刺激）有各式各樣不同的安排方法，不管用哪一種方法，記得別讓狗狗超出臨界點。既然本章談的是最基本的情境訓練，我就來說一下我平常安排的訓練情境。訓練情境一定要有變化，絕不能一成不變，所以請務必讀完這一章，深入了解情境變數。

如何選擇助訓員或助訓犬

如果牽繩者是初次接觸行為調整訓練的新手，那我傾向用假狗當助訓犬或是在助訓犬前方擺上遮蔽物，協助牽繩者在訓練過程中累積信心。如果牽繩者是有經驗的老手，那麼直接從活生生的刺激開始也無妨。剛開始請助訓員或助訓犬站遠一點，讓雙方自由交流，就像真實生活情境一樣。請善用你認為最好的安全防範措施（然後再往上追加一點點），比如受訓犬如果有咬傷狗狗的前科，建議你最好在受訓、助訓犬之間架一道圍籬或全程使用嘴套，即使雙方距離很遠也要戴，以防牽繩突然鬆脫、導致意外。

跟隨狗狗

進行情境訓練時，基本上讓牽繩鬆鬆垂著就好，記得別擋住狗狗去路（除非有特殊原因，不能讓狗狗繼續朝某個方向移動）。剛開始不要設置任何刺激，跟著狗狗隨意走走，讓自己習慣「跟隨」的感覺並覺察自己的動作。設置「半靜止」刺激的情境訓練大多透過以下流程進行：

1、讓狗狗自在探索，不加以干涉。

2、如果狗狗注意到刺激、微微緊張，請使用緩停技巧。

3、萬一狗狗無法妥善應付當下的情境，請立刻叫牠或帶開牠。

怎麼判斷狗狗的注意力是否集中在刺激上？除非特別關注某樣東西，否則狗狗通常不會直線前進。如果你家狗狗直直往前走，那就是警敏程度上升的跡象，極可能隨時出現反應；如果套用第四章的漲潮比喻，我會說這時候狗狗正遊走在潮線邊緣，瀕臨快要無法應付壓力的臨界點了。

狗狗會三不五時回頭確認你的狀態或指示，這很正常也很好。你可以做動作回應（微微轉動身體，暗示改變方向）問狗狗牠想往哪兒去。

讓我們再看一次這張壓力量表（如下下頁）。處在綠區和藍區的狗狗完全有能力應付牠所處的情境，這也符合「跟隨狗狗」、讓狗狗情緒保持在臨界點以下的要求。如果狗狗已經處在圖中黃區的臨界點上（潮線邊緣），請使用緩停技巧或減輕刺激強度，降低訓練或情境的挑戰性。如果狗狗繼續接近刺激，情況可能會變得相當棘手：一旦「腳趾碰水」或甚至「踩進水裡」，警敏程度飆高，牠極有可能開始低吼吠叫或硬扯牽繩撲衝直立。

最嚴重的是，萬一狗狗在進行訓練時衝破情緒臨界點，人犬雙方都可能因此留下負面情緒經驗，與行為調整訓練創造「正向」、「授權」經驗的理念背道而馳。誰都有偶爾搞砸的時候，但要謹守「避開深水區」的目標。

如果狗狗直直走向刺激，依壓力量表來看，此時牠大概介於藍區與黃區之間。請立刻「緩停」防止牠進一步踏進「深水區」，但每次緩停後請務必放鬆牽繩，接下來就等牠自己轉移注意力。讓狗狗自在蒐集資訊同時放鬆身體，然後再回來繼續訓練課程。若即時攔住牠進入黃區，狗狗大多都能很快調整情緒；若來不及阻止，你就得介入幫忙，下一次記得別讓狗狗太靠近刺激。

你可以參考以下這套邏輯，想想緩停之後該怎麼做：

- **綠區**：如果狗狗沒幾秒鐘就對刺激失去興趣，那就太好了！你只要放輕鬆、跟著牠隨處探索就行了。
- **藍區**：如果狗狗需要多一點時間才能轉移對刺激的注意力，表示牠的警敏狀態穩定或緩慢上升中，這時請耐心等候。狗狗也許太靠近刺激，但牠仍有辦法自行應付並掉頭離開。你必須在牠對刺激**失去興趣以後**才能介入。當牠開始放鬆並轉頭，請不著痕跡地引導牠遠離刺激至少五公尺，重整情緒，下次記得要早一點攔下牠唷。
- **黃區**：如果狗狗轉開頭，下一秒又立刻轉回來並直直走向刺激，這表示牠並未對刺激失去興趣。牠可能會太靠近刺激，以致無法妥善應付這種情境。請叫牠回到你身邊，餵牠吃點零食。
- **橘區或紅區**：如果你等著等著發現狗狗的警敏程度並未下降，請即刻出手協助。試著引導牠轉移注意力，請逐步引導、動作不要太大，但必須能發揮效用（譬如稍稍轉移重心、打暗號叫牠回來、作勢拉繩或輕輕移動牠的身體）。若你不確定牠是否聽從，直接喊牠名字。

請注意，一般人通常會在狗狗走向刺激時使用緩停技巧，但你不一定要這麼做。我們之所以在狗狗走向刺激時，直接透過緩停引導牠行動，

壓力量表

注意！別下水！狗狗的壓力像漲潮，每一步皆有跡可循

綠區	藍區	黃區	橘區	紅區
- 肢體放鬆 - 嘴、耳自然下垂 - 不會避開刺激 - 四處嗅聞 - 眼神自在游移，容易分心 - 跑來跑去，探索環境	- 開始蒐集資訊 - 面向刺激，微拱背 - 耳朵豎起 - 眼神較專注 - 嗅聞空氣 - 警敏狀態易解除	- 警敏狀態升至中級但隨時會降低 - 專注於刺激來源 - 毋須旁人協助即可降低警敏程度，但需要 2 秒以上	- 無法降低警敏程度 - 臉部及身體僵硬 - 尾巴豎直、僵硬 - 嘴巴緊閉 - 呼吸變快 - 迴避刺激 - 開始挑剔食物／零食	- 抬高頭部 - 毛髮豎立 - 吠叫 - 低吼 - 暴衝 - 咬人／刺激

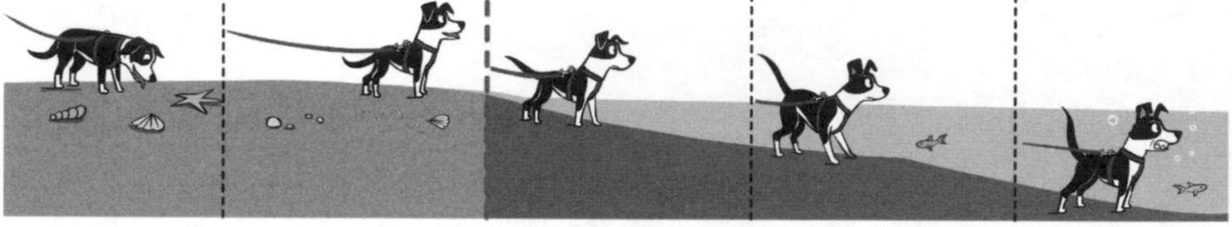

支援量表

理想	尚佳	事後協助	呼叫	帶開
- 跟著狗狗，毋須引導	- 等待狗狗失去興趣 - 跟著牠 - 直接或用其他方式（緩停）為牠劃出界線	- 降低警敏後要引導牠 - 鼓勵牠回到你身邊 - 改變重心 - 問牠「好了嗎？」	- 立刻出聲 - 引導牠回到你身邊 - 給予零食獎勵	- 喊牠離開現場 - 立刻獎勵 - 必要時作勢或實際拉動牽繩，帶牠回到安全之處

理由是狗狗已出現警敏程度升高的跡象。如果助訓者邁步走開、而你的狗狗選擇跟上去，這其實是非常正常的反應，但牠也應該要有東聞西探的迂迴行動才是。如果這堂情境訓練的課題是「前方有人／犬」，請不要放過任何細節（包括狗狗身體、腦袋的動作及移動次數）同時關注全局。一旦發現狗狗太專注於刺激或狗狗開始猛拉牽繩、越走越快或是狗狗出現興奮程度升高的跡象（譬如繃緊肌肉、挺起身體），請立刻緩停。

專家密技：盡可能不要亦步亦趨地控管狗狗行動。若保持適當距離，狗狗其實自己就能做好。當然，只要一發現狗狗警敏程度升高，你隨時都可以出手相助。如果你認為狗狗無法自己平靜下來，請喊牠、引導牠遠離刺激。

下一頁是我為行為調整情境訓練製作的流程圖，供喜歡圖表的讀者參考。請務必盡可能讓狗狗處在綠區或藍區。黃、橘兩色表示狗狗的情緒已超過適合進行情境訓練的臨界點。一旦發現狗狗漸漸無法自行應付情境，請在牠轉移注意力之後（黃區）或之前（紅區）引導牠遠離刺激。

事前探路

如果你真想做到鉅細靡遺，請在情境訓練預定日之前的同一天（譬如星期一）和同一時間（上午或下午幾點），不帶狗狗、隻身探路。若是第一次進行情境訓練，這項準備工作尤其重要。把整個訓練區域走過一遍，坐下來觀察狗狗在訓練期間可能會遇到哪些狀況：有沒有人會帶狗來這裡並解開牽繩、讓牠們自由走動？有沒有放學下課的小朋友會突然跑過去？有沒有警鈴、警示器、松鼠、直升機或任何會尖叫的動物？這些都是我跟客戶實際訓練時遇到的真實事例。意想不到的刺激有可能搞砸訓練，所以你對場地的視、聽、氣味等資訊了解越多，對訓練本身越有幫助。事前探路能讓你擬定計畫、應付突發刺激或考慮另覓場地。

行為調整情境訓練流程圖

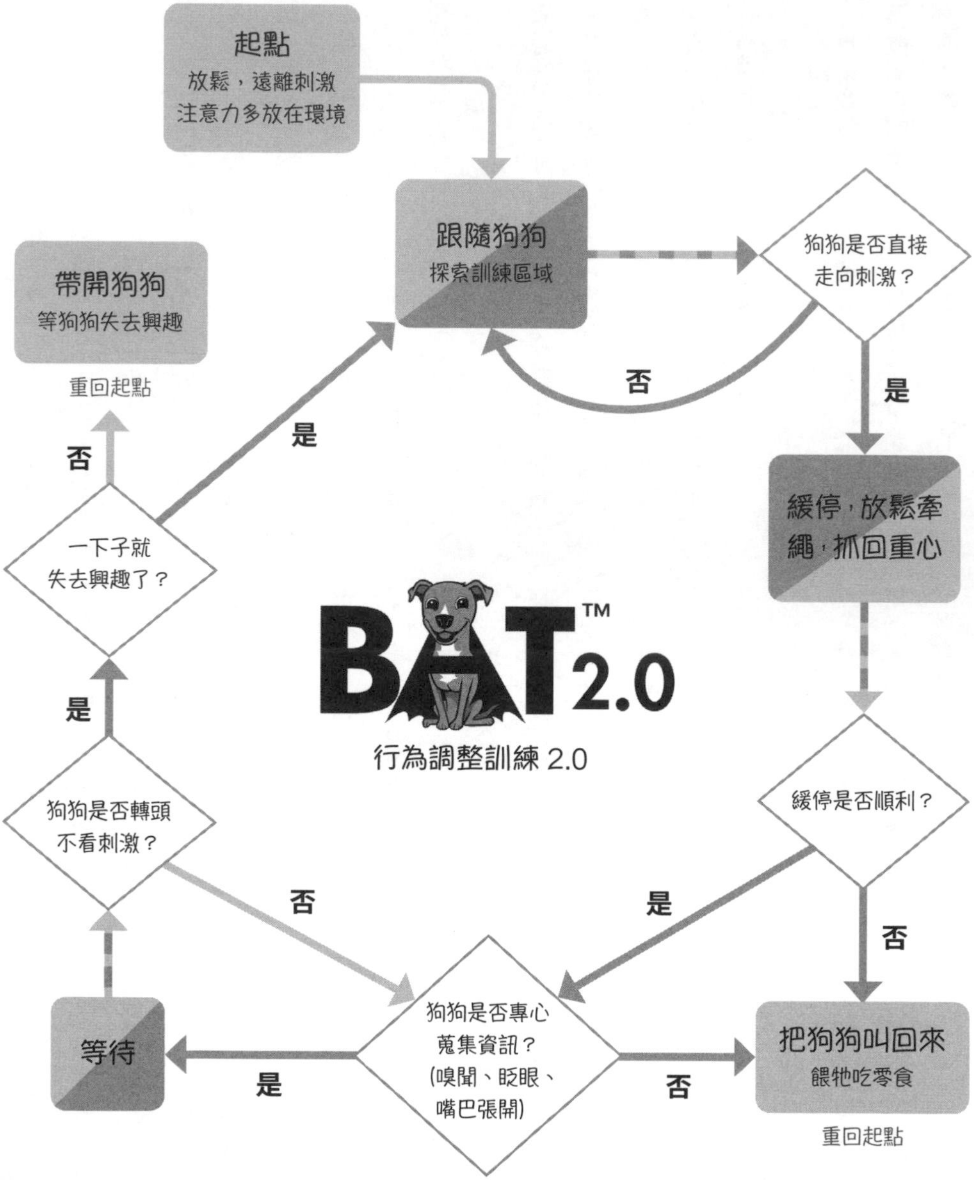

接下來，不要安排助訓員或助訓犬，用一整節課的時間只帶受訓犬熟悉整個訓練場地。跟著狗狗，密切觀察牠在探索時的種種行為表現，了解牠在沒有助訓者在場時的行為基準。你可以利用這堂課和狗狗一起練習牽繩技巧，最重要的是別擋著狗狗的路，讓牠自主抉擇。這堂課大部分的時間都要讓狗狗自由自在地活動，但仍需注意安全；也可視情況多練習一些控制技法，譬如撫繩、緩停、作勢拉繩（作勢拉繩後，記得給狗狗零食獎勵）。

訓練開始！

前面提過，進行情境訓練的那幾天，請不要給狗狗太多壓力。維持足量運動，但不要選擇會讓牠太興奮的活動（相較於激烈的拋接遊戲，找東西溫和多了）。每堂課開始時，先讓狗狗稍微探索一下場地，就算狗狗已經來過也一樣；若是新的訓練場地，這一步尤其不可少。如果狗狗對環境異動十分敏感，那麼只要每換一次地點，你就必須在不安排助訓者的情況下，先花一堂課帶狗狗熟悉場地。

請務必精心安排狗狗首次發現刺激的場景。基於每隻受訓犬敏感度不同以及你自己的訓練熟稔程度，第一次訓練可能會比預期進行得更緩慢。我通常都會假設狗狗很敏感，再隨著課程進展逐漸調整。我列出以下幾個步驟，另外再附上圖說（見下下頁），說明你該如何讓狗狗逐步意識到刺激存在。

1、先花五到十分鐘讓受訓犬探索場地，然後鼓勵牠離開、待在看不見訓練區的位置，譬如讓狗狗探索其他區域或讓牠回車上玩食物益智玩具（不要太難、太有壓力，也不能太燙或冷凍未退冰）。切記，如果狗狗在獨自探索訓練場地時已經有點壓力了，萬萬不可貿然進入下個步驟。停下來想想該怎麼減輕牠的壓力或者鼓勵牠多走多聞聞。

2、讓助訓員、助訓犬或刺激進場，四處探索走動幾分鐘。這麼做是為了在場內留下氣味，供受訓犬探索嗅聞，此舉對助訓者也有好處。如果來幫忙的是狗狗，可以在助訓犬那邊放置牠的狗窩和食盆；如果是由助訓員扮演刺激，可以請對方帶一件穿過沒洗的衣服或其他沾有個人氣味的物品。你也可以在訓練場多點放置有助訓者氣味的東西，甚至可以在其中幾樣東西（不是全部喔）旁邊多放一份零食。助訓者在場地留下氣味後，請他們移至受訓犬看不見的地方。如果這堂課用的是假狗，你還是可以在場中布置氣味，讓情境更接近真實。

3、接下來換受訓犬進場，再度讓牠探索幾分鐘（包括助訓者的物品）。請注意受訓犬是否出現標記行為或過度警敏的跡象。待受訓犬對助訓者的物品失去興趣，身體也放鬆下來了，鼓勵牠走到看不見助訓者進場的區域，繼續探索。

4、助訓者進場，位置離受訓犬入口越遠越好。受訓犬進場時，助訓員或助訓犬要同時後退，遠離受訓犬。如此一來，受訓犬第一眼看見的景象會是刺激後退，姿勢亦不具威脅性；跟助訓者先站定再放狗狗進場相比，前一項安排造成的壓力似乎也會比較小。如果這堂課的訓練重點是應付突然出現的刺激，狗狗也已經完成基礎的前置情境訓練，那麼在進行前三個步驟時，你都可以讓受訓犬直接留在場上，然後請助訓者進場（仍要保持一定距離，讓受訓犬注意到刺激即可），再讓狗狗繼續探索。

5、受訓犬進場。在受訓犬注意到刺激之前，通常都會以迂迴方式前進。看見刺激後，受訓犬大多會自己決定下一步往哪兒走。這時請跟著牠，不要妨礙牠；一旦牠出現警敏程度上升的跡象（譬如直直走向助訓者），請立刻使用緩停技巧，同時依循前面的邏輯考慮何時介入引導。

6、如果訓練場地很大，你可以安排助訓員或助

行為調整情境訓練
（助訓者半靜止）

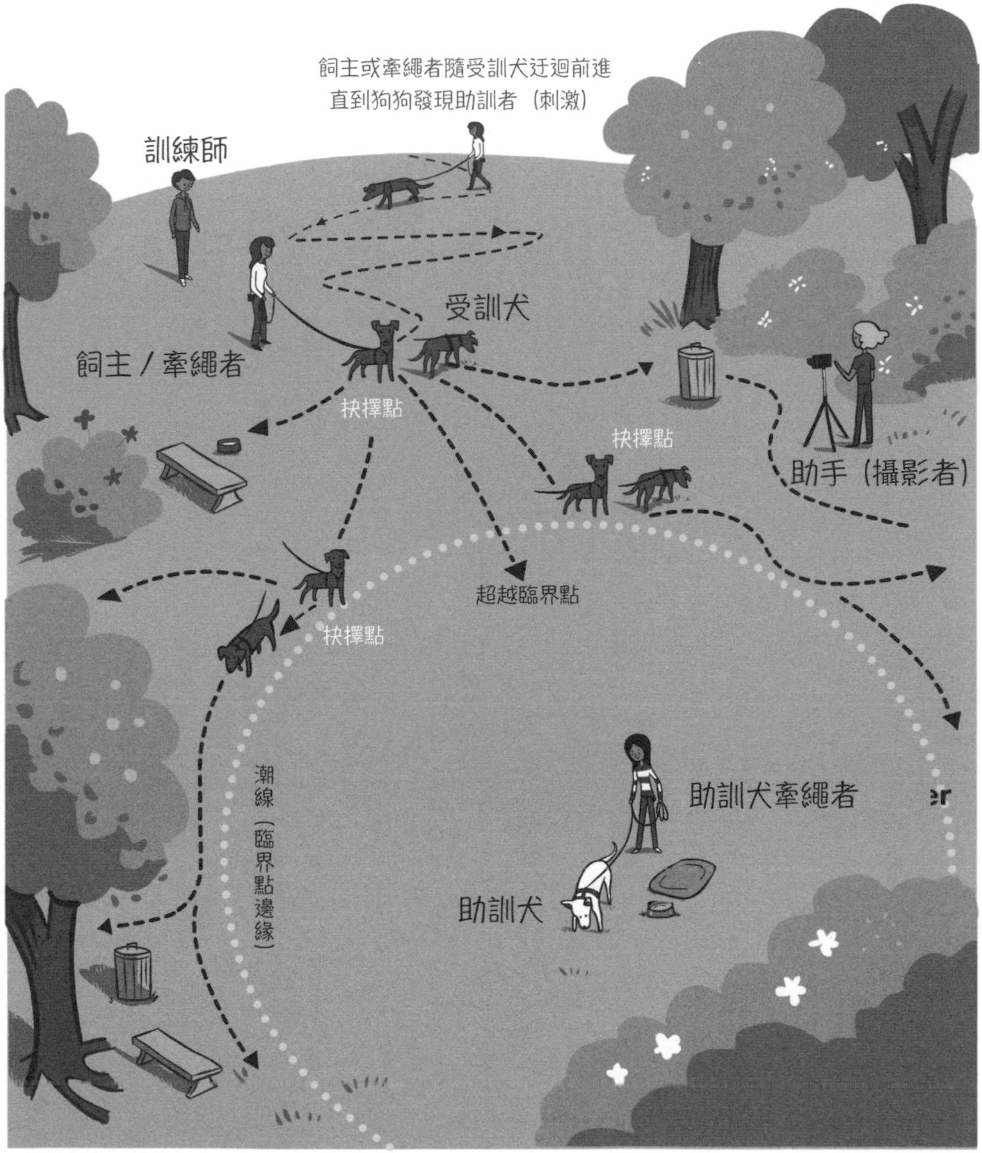

訓犬背對你們走開，讓受訓犬整堂課都跟著他們走。或者你也可以請助訓者持續待在同一塊區域內；如果該堂課是請助訓犬幫忙，讓牠在這塊區域內自由走動探索。為了讓助訓犬有興趣四處走動，你可能得在牠的活動範圍內藏些零食或試著讓環境變數豐富一點。

7、準備讓受訓犬休息，觀察牠是否表現迴避或遠離刺激等肢體語言。如果狗狗直接朝刺激的反方向走，跟著牠並由牠去；這時你可以選擇休息或直接下課。一般人在安排情境訓練時，常常一開始就讓受訓犬離刺激太近。如果距離拿捏得當，狗狗大多會表現好奇而非迴避。

8、課程結束後，請助訓者離場，再讓狗狗嗅聞、調查剛剛助訓者所在的位置或區域。如果訓練時放了助訓犬的狗窩，先不要移走，讓受訓犬再多聞個幾回。

請使用多種不同方式布置訓練場地，讓整體環境更有趣、越自然越好，否則你可能會不小心把狗狗訓練成只對特定刺激（譬如有食物）或特定場所感到自在。即便是狗窩及其他帶氣味的物品，你也一樣要多次改變位置。我自己在訓練初期會頻繁使用這類物品，但也不會每堂課都放就是了。

專家密技：如果受訓犬在第一或第三步驟時已經進入高警敏程度，代表狗狗還沒準備好接受有助訓者在場的情境訓練。有道是欲速則不達，向助訓員道謝，請他/她先帶助訓犬離開或乾脆下班回家，你則帶著受訓犬一邊練習牽繩技巧、一邊在訓練場閒晃，讓狗狗在沒有刺激在場（就連看見也不行）的情境下自己平復情緒。如果這樣還是不行，帶狗狗離開訓練場，給牠玩玩具或食物益智遊戲，你則必須思考如何進一步降低狗狗的警敏程度。第八章的疑難雜症整理包也有不少方法可供參考。

平行行走

平行行走這種訓練法是大部分訓練師的必備法寶，也能用於行為調整訓練。在行為調整訓練裡，「平行行走」這個說法其實並不正確，因為並不是只有走在兩條平行的路線上而已，大多時候我們應該讓狗狗決定往哪兒走。你的情境訓練可以從平行行走開始，但最後可能會變成跟著助訓犬走或是一頭探進訓練區另一邊的草叢，一路探到下課為止。

讓狗狗在走動狀態下訓練平行行走，感覺最自然。狗狗通常不會出了門就站在原地不動，訓練時，我喜歡讓兩隻狗都處於走路狀態；助訓犬走前面，受訓犬依牠自己的速度跟在後面。若站在兩隻狗的前方或後方看，助訓犬走直線，受訓犬則是東轉西繞，迂迴前進，即使牠想離助訓犬遠一點也行。你一路上都可以時不時用「標記再走開」強化牠做的好選擇，而這些好選擇也包括偏離散步路徑。這表示你們不會直線前進，比較像波浪狀的重複S型。

做平行行走訓練時，受訓犬和助訓者可以互朝對方迎面而來（路線保持迂迴），也可以都朝同一方向行進。隨時注意雙方的最近距離。受訓犬可能跟在助訓者後面，但也可能齊頭並行。讓受訓犬跟著助訓犬朝同一方向走，要比走向或接近助訓犬容易得多；直直走向彼此（比如走在紅磚道上）通常才是最具挑戰的情境。在這種時候，你可以稍稍引導受訓犬迂迴前進，減輕牠的壓力。此外也要隨時注意牽繩者的動向，避免在受訓犬需要遠離刺激時不慎限制牠的移動能力——這一點在做平行行走時特別容易忘記。

若訓練得宜，平行行走能讓狗狗有機會慢慢適應有人或其他狗狗在牠身旁走動。狗狗很平衡，專心走路，心情也會比較平靜。通常來說，狗狗靜止不動時情緒會比較激動，移動時則比較冷靜，這也是行為調整訓練一定會加入動作的原因。狗狗也能學習一邊走路一邊做出合宜行為，而不是只有在你停下腳步或拉緊牽繩時才表現反應。如果你安排的訓練是兩隻狗狗近距離平行行走，我建議受訓犬跟助訓犬之間最好有圍籬隔開；若是受訓犬習慣戴嘴套，就讓牠戴上。

如果你的狗狗跟助訓犬是往同一個方向前進，訓練開始時，雙方最好隔著很遠的距離，而且你要讓狗狗慢慢融入助訓犬走過的路徑，就像在高速公路開車一樣，而不是讓兩隻狗狗直接走向對方，然後再肩並肩一起走。如果是你牽著狗狗跟在助訓犬後面，就讓助訓犬先走一段，你們再繞個圈跟在助訓犬後面，讓你的狗狗慢慢跟上。切莫拉著狗狗走上助訓犬走過的路，而是在牠想湊近跟上時，引導而非領著牠直接走上「正確」路徑。

我個人很喜歡做平行行走訓練，尤其是跟隨。但我發現，有些人在訓練平行行走時會太過注意另一個人的步伐，導致他們很容易拉著狗狗接近彼此（刺激）或擋住狗狗的撤退路徑。我甚至在錄影紀錄上發現我自己也做過這種事。此外，請務必留意狗狗是否發出阻絕信號，確定你沒有擋住牠的去路。把訓練過程錄下來，檢視狗狗和你自己的行為。

專家密技：我訓練過幾隻會顧家、捍衛地盤或害怕陌生人的狗。我到這些狗狗家裡上課時，都會先去散步，運用前面介紹的平行行走觀念。我在他們家附近繞圈走，飼主帶著狗出門，先繞附近一圈左右才漸漸跟上我。我先不理會狗狗，後來狗狗大多自然且主動靠近我，蒐集完資訊再離開。有些狗狗還是會對我吠叫，不過大部分的狗狗都有勇氣去探索一個走在前面但不理睬牠的人（而且還一邊拋零食）。有一點要特別注意，我一定會先教飼主牽繩技巧，並且選擇從未咬過人或是明顯為了保護領域或受人威脅才咬人或全程戴嘴套的狗狗進行這種訓練。

如果兩隻狗狗並肩往同一個方向前進，**那麼「受訓犬走近助訓犬」的整段過程都是受訓犬的抉擇點**。如果雙方起點在三公尺內，請使用「標記再走開」技巧——即受訓犬要是做出替代行為，請立刻標記，然後帶著狗狗離開、從頭來過並強化這個行為。繼續帶著狗狗往同一個方向走，並且和助訓犬保持三到五公尺的距離同時給予零食獎勵，然後繼續跟隨狗狗前進。

如果是兩隻狗狗走向彼此，兩條路線最好維持基本距離，比方說六公尺，兩隻狗狗就走在間隔六公尺的兩條平行線上。如果狗狗刻意遠離助訓犬，那無疑是牠的選擇，請跟隨狗狗，不要堅持走在原本設定的平行路徑上。另外也要容許助訓犬隨時偏離（遠離）行進路徑。兩名牽繩者的工作是確保兩隻狗不會靠得太近（少於基本距離）。一旦看見任何阻絕信號，你可以鼓勵狗狗離遠（向外移或後撤）。你們跟助訓犬之間最近的距離應該比以前情境訓練的間隔距離更寬（在這個例子是六公尺），因為安排助訓者朝你們的方向移動是相當大的挑戰。

當你的狗狗或受訓犬終於來到預設的接近點，牠可能會興起強烈衝動、想再靠近一點。即使牠和助訓犬都在各自的安全範圍內、即使雙方明明都沒有超過情緒臨界點，兩隻狗仍有可能突然槓上，所以你要及時防範，避免狗狗落入磁吸效應。我會在下一章繼續討論近距離情境的更多細節。

7

標記再走開：近距離及狹路相逢的處理

行為調整訓練的設計宗旨是協助狗狗自主選擇，如果狗狗沒辦法做選擇，我們也會在不過度使其分心的前提下，設法影響或引導牠們。狗狗面臨抉擇點時，訓練者若不得不進行干預，以下是最輕到最強的四種方式：

1、**授權**：事前安排環境，讓狗狗能自由探索（綠區、藍區）。

2、**調整空間**：在狗狗發出阻絕信號**以後**，引導牠後撤（黃區）。

3、**改向引導**：在狗狗抉擇**以前**，引導牠做出阻絕信號（橘區）。

4、**中止**：全面中止授權（紅區）。這時你必須帶狗狗離開、移走刺激或祈禱你擁有科幻小說「瞬間移動」能力，把狗狗移到理想的安全地點。

在理想狀況下，整堂情境訓練課我們都會授權狗狗自主抉擇（第一種），任誰也不想面臨必須奪走狗狗選擇權、中止訓練的窘境（第四種）。若受訓犬離刺激太近且任其選擇應對方式，牠的警敏程度通常會一下子飆高。因為如此，我傾向使用實體屏障或漸進式引導，確保狗狗不會給自己惹麻煩（第二及第三種）。如果狗狗沒辦法持續保持放鬆，我會用比較明確的方式引導（譬如打手勢引牠注意或使用響片）或者乾脆帶狗狗離開並強化印象——我在2.0版管這套方法叫「標記再走開」。這是專為訓練師在判斷當下情境無法跟隨狗狗，必須採取更直接的方式以免狗狗過度警敏時所使用的方法。

標記再走開

你可以用行為調整訓練「標記再走開」這套技術，標記任何你認為值得等待的合宜行為，帶開狗狗，然後再予以強化。你可以配對或混合搭配各種標記、行為以及帶開後給予的增強物。如果你很熟悉1.0版的行為調整訓練技術，不妨把「標記再走開」當做操作更明確、也更有彈性的「新階段」。

在實行「標記再走開」時，順序非常重要：**標記→走開→強化**。這樣才能讓狗狗意識到牠正在遠離刺激，同時強化這樣的行為。我把走開以後再給狗狗的增強物稱為**額外獎勵**。額外獎勵是與特定行為無關、但狗狗無論怎樣都喜歡的行為後果。額外獎勵與功能性增強物不同，前者是「多給的」，不是應得的。你必須在功能性增強**之後**才給予額外獎勵，給狗狗一些時間先消化、理解功能性增強物的意義——讓狗狗明白，替代行為也跟原本的行為（你想調整的不良行為）一樣，都能得到牠想要的結果。

標記行為

你可以按照你的標準，標記所有你認定的合宜行為，譬如看看刺激或做出任何阻絕信號。換言之，只要與攻擊、挫折大爆發的行為反應無關即可。如果狗狗只是看、沒有「叫」，那麼「看看刺激」就值得標記，因為「看看」比「吠叫」好多了。別擔心你會不經意強化牠「緊盯」的反應：根據人類行為學研究（Smith and Churchill, 2002），與攻擊有關的強化前驅物（譬如對特定物體表現攻擊行為之前的可預測行為）反而會降低攻擊行為的發生率。

請注意，圖中最上方的欄位都是干預程度最小的選擇；越往下移，干預程度越高。請務必選擇能達到效果但干預程度最小的做法。舉例來說，受訓犬初見助訓犬時，如果牠只是看著助訓犬但沒出聲，我會按一下響片、帶牠走開，再餵牠好吃的。或者我會在牠聞聞助訓犬屁股的時候讚美牠一句「很好！」，帶開，然後讓牠去旁邊的草叢找找好吃好玩的東西。你可以自行決定要怎麼鼓勵狗狗，強化牠選擇合宜行為的動機。

你可能會說，為什麼不直接選程度最高（最大、最刺激）的標示物或增強物？理由是如果刺激越強，狗狗似乎就越不容易對「打招呼」留下印象或者可能會用比較奇怪或缺乏社交技巧的方式打招呼。如果你選擇過大或過強的增強物，狗狗可能會表現得過度積極、一心做出我們想強化

行為調整訓練：標記再走開

實際日常或空間狹小時的救急技巧

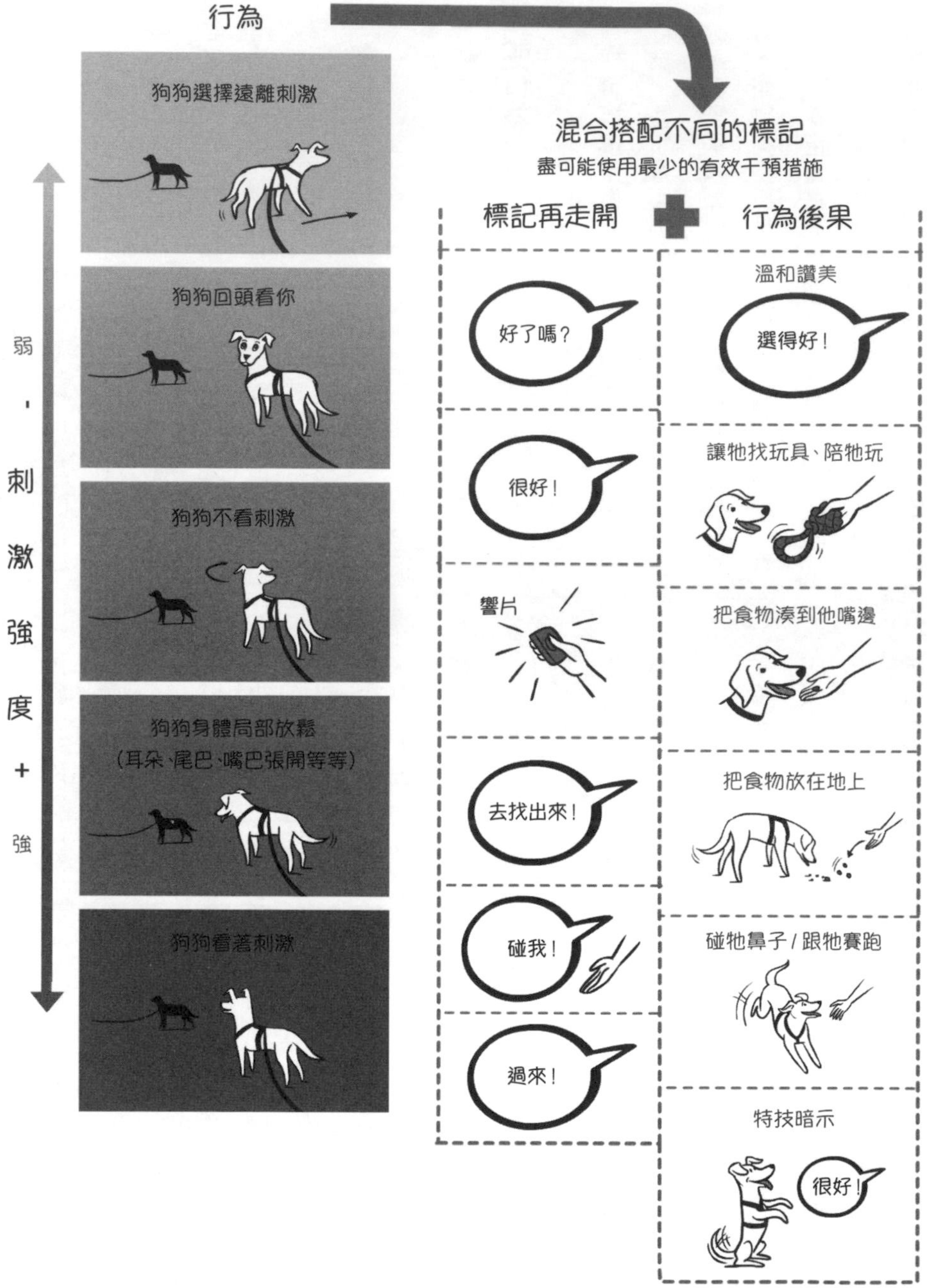

的行為，反而會讓牠們沒注意到社交情境中的一些小細節。

讓我們用人來做例子：假設你參加某個電視節目，只要你能很快用新方法握到另一名參賽者的手，你就能贏得百萬大獎。大獎在前，你大概完全不會注意到對方發出的社交信號，譬如眼神接觸、笑得很乾、想跟你保持距離等等。你太專注於「握到對方的手」，因為「握手」這個動作被大獎強化了。

如果你跟同類只有過這種強烈的互動經驗，最後你的社交技巧可能會相當彆扭。或許你總是能迅速跟對方握手，卻拙於實際交流（不太會閒聊、不太懂得對方的肢體語言等等）。狗狗也一樣。行為調整訓練的「標記再走開」是為了確保狗狗不會在還沒準備好的情況下便倉促行動。但訓練者也要盡可能且儘快降低協助或干預的程度，這樣狗狗才能不再專注於百萬握手遊戲，以更自然的方式學習社交。

現在再舉個例子，把實際流程走一遍。我的受訓犬叫「暴躁魯迪」，助訓犬是「小綿綿蜜亞」。訓練一開始，我們先帶蜜亞走開，讓魯迪跟隨；十分鐘後，我們休息五分鐘，然後再練習五分鐘。在後來這五分鐘裡，魯迪漸漸靠近蜜亞，兩隻狗狗的距離縮短到三公尺左右（如果受訓犬做過行為調整訓練，這個成果通常代表牠已經準備好，也能自在地進入嗅聞階段。隨著訓練進展，受訓犬在正式打招呼前所需要的熱身時間也會越來越短），這表示暴躁魯迪已經準備好要跟小綿綿蜜亞打招呼了。接下來，我們可以帶兩隻狗狗走到圍籬兩邊（或者讓魯迪戴上嘴套，但必須事先練習並適應），然後開始做標記再走開，把標記再走開當成過渡到近距離練習的前置階段。

確定訓練場的安全措施都布置好以後，這時就可以讓魯迪再靠近蜜亞一點，但蜜亞必須背對魯迪；兩隻狗狗可以靜止不動，也可以朝同方向並行（最安全的做法是讓助訓犬走在前面，受訓犬跟在後頭）。當魯迪一出現嗅聞動作，牽繩者要馬上標記（按響片），如果牠沒有馬上跑回來，請喊牠並帶牠遠離蜜亞，相隔約五公尺後再扔一把零食在地上，做為額外獎勵。蜜亞的牽繩者也可以給密雅一些零食，確保牠不會反過來跟隨魯迪。剛才之所以標記（按響片），是為了讓魯迪在近距離聞到蜜亞的味道之後，絕不會超越情緒臨界點。接下來讓魯迪自行決定要不要轉回去跟隨蜜亞，千萬別拉著牠走！多次重複這段過程，然後在最後五次左右，稍微延遲按響片的時機：你可以多等一秒或者開始注意並選擇合宜的阻絕信號加以強化（如果魯迪有表現出來）。每次做完標記都要帶牠離開，然後再予以強化。繼續練習至少五遍以後，再度延長響片時間或強化更大、更明顯的阻絕信號；以這種方式慢慢降低標記再走開的次數，逐步給予魯迪更多的主控權，讓牠體驗自然發生的增強效應。

我用底下六張照片說明如何進行「標記再走開」訓練。

1. 狗狗停在抉擇點。

2. 狗狗對刺激失去興趣、看向他處時，立刻標記這項行為。

3. 狗狗開始朝牽繩者移動，預期得到獎勵。

4. 逐步退開，遠離刺激。

5. 遠離刺激後，準備給予增強物做為額外獎勵。（請忽視一旁的小可愛豆豆，牠是意外闖入的假刺激）

6. 給狗狗額外獎勵。

善用獎勵

每隻受訓犬需要的獎勵次數不盡相同，又或者帶開的次數可能不用太多。當狗狗表現懼怕或迴避行為時，一般不需要做太多次標記再走開，理由是牠已經懂得自行迴避了。但另一方面，狗狗也可能只是避開，所以你可以在牠看向刺激時標記這個行為，建立牠靠過去的興趣。對於急於衝上前邀玩或因此受挫退避的狗狗，你可能得多做幾次標記再走開，牽制或平衡一下拉著牠們奔向刺激的衝動。強化「走開」的動作可能會讓「靠近—走開」的連鎖反應更強烈，讓狗狗不再迴避、也不會在打招呼的時候卡住了。

雖然我這麼寫，但訓練師若是太頻繁給予人為增強物，可能導致狗狗並未真的練習「打招呼」，只當這是在玩練習遊戲或表現某種把戲而已。所以不要太過依賴零食或獎勵，即使是在練習「標記再走開」時也一樣。獎勵只是推動自然社交行為的助力，所以要盡快淡化響片和獎勵帶來的興奮刺激。

回到魯迪的例子，牽繩者進行十五次左右（只是粗略估計）的練習後，再切換至低強度的標記與強化練習——譬如用「好了！」並改變重心、引導牠離開，之後再誇獎牠以強化印象。如此即可在不涉及人為獎勵的情況下給牠機會，讓牠自行選擇離開。魯迪會慢慢學會注意這個社交情境的各種脈絡，並且在牠準備好的時候走開，而非只是為了得到獎勵才移動。接下來，我很快就會讓牽繩者停止標記（或偶爾標記），讓狗狗之間產生更多自然的行動和交流。魯迪自行調整和蜜亞的接觸程度，並因此得到相當不錯且自然發生的反應成果（增強物），故魯迪的行為表現也會持續進步。兩狗一起散散步、四處探索之後，魯迪成功交到新朋友，這項成果對魯迪大有幫助，牠對其他狗狗的看法從此大不相同！

請注意，在進行2.0版行為調整訓練時，當受訓犬意識到刺激存在，我們會讓牠控制自己行動，決定如何靠近刺激。也就是說：請不要領著狗狗接近刺激。讀者在做「標記再走開」練習時尤其容易忘記這一點，因為標記再走開屬於比較「直接」的技巧。請認真觀察自己在影像紀錄上的表現或請幫手在旁邊觀察，看看你是否突然或不經意改變身體重心、帶著狗狗走向刺激，又或者擋在狗狗與刺激之間。如果你看見自己又一次成功抗拒主導的渴望或是識相站開、不擋狗路，請記得給自己打打氣、說聲「做得好」喔！

出門散步

帶狗狗出門散步時，「標記再走開」這招也很好用，尤其是刺激不知從哪兒冒出來的時候。只要你覺得你家狗狗可能無法妥善應付當下情境，就可以用標記再走開來強化並鼓勵牠做出更好的選擇。如果刺激無法立刻排除，你可以用響片、零食增強狗狗做出的合宜行為，然後思索未來該如何避免這種情況再次發生。

刺激意外闖入

假設你請了助訓員幫你一起做行為調整訓練，這時突然有不速之客闖入，你可以立刻使用標記再走開進行危機處理，應付刺激。待闖入者離開後，你可以向助訓員比出「解決」手勢，告知助訓員重新開始情境訓練。不過你可能得偷偷撒一點零食給你的狗狗，讓牠重新回到探索情境的狀態。

棘手案例

狗狗之所以冷不防咬人，通常是因為過去當牠要求保持距離時，下場多半是被處罰。如果受訓犬有過這種經歷，我會在進行近距離接觸訓練時，比平常再多練習幾次標記再走開，並且把重點放在教狗狗迴避刺激、注意牽繩者。除非飼主一定會在狗狗置身刺激環境時給牠戴嘴套，否則對於這種「警告不明顯」的狗狗，迴避刺激比教牠跟刺激互動要安全多了。

關於「最後三公尺」與「打招呼」的補充提醒

當受訓犬有能力跟多名助訓者互動時，你會看見牠們在態度上的明顯改變。我喜歡讓狗狗調整到能夠「加入聊天」、不擔心主動靠近或與其他助訓者接近的程度。但首先，你得請同一位助訓者參與多堂情境訓練課，建立熟悉感；期間還要穿插其他助訓者。務必確保雙方每次「打招呼」都很安全，如果你有安全上的疑慮，那就先別讓狗狗跟助訓者近距離接觸。就算狗狗最後只交到能一起散步但無法實際接觸的朋友，對狗狗來說還是非常好的。訓練激動反應犬的最大挑戰，就是要事先想到狗狗靠得夠近（三公尺），能咬到另一隻狗、人、動物、東西時該怎麼辦。我在前面提過幾個近距離接觸的安全訣竅，現在再來介紹幾個。

最重要的是別讓狗狗閒著，狗狗要是有激動反應的問題，最好不要呆站在刺激旁邊，否則很容易惹事。善用前一章提到的跟隨或平行行走技巧，訓練時也別讓狗狗碰面太久，短暫一下下就可以了。保持一起散步的狀況或找事情讓狗狗動動身體，狗狗得盤算腳該放哪時就不會太注意到刺激，也就比較不會出現激動反應。

一開始碰面的時間要非常短，譬如不超過四分之一秒。這時標記再走開就能派上用場了：起初你可以在帶牠走開後給予實際獎勵（零食），然後逐步延長打招呼的接觸時間，接著再慢慢把零食換成口頭稱讚，在走開後強化牠的行為；記得要等狗狗互動完畢，再帶狗狗離開刺激。最後，你可以讓狗狗自行決定何時結束互動、何時走開。在整段訓練過程中，請授權狗狗自主抉擇，你只要注意自己的肢體語言、確定你沒有擋住牠的去路或主動引導牠靠近助訓者（譬如我們在1.0版的做法）就行了。

狗狗跟刺激碰面，不管那個刺激是狗還是人，「面對面接觸」都比「臉對屁股接觸」困難多了。以下我將最常見的狗狗碰面方式由容易到困難排列。天下沒有一模一樣的狗，你家狗狗大概也沒讀過這本書，不知道各種碰面方式的難易度。底下這些步驟並非科學研究結果，只是我自己的觀察，所以請各位在閱讀時也要把第六章提到的變數放在心上，譬如聲音、氣味或其他同時出現的各種因素。

另請注意，我所謂「不動」的意思是做為刺激的助訓者基本上都待在同一個地方。有可能是助訓者做出固定姿勢（譬如坐著）或是讓狗狗在一塊區域內嗅聞。

1、你的狗狗接近刺激，同時刺激逐漸離去（受訓犬尾隨刺激）。

2、你的狗狗從側面接近刺激，刺激站著不動，側著身體。當你的狗狗開始移動，刺激往左或往右離去（方向可以變換）。

3、刺激接近你的狗，同時你的狗逐漸離去（刺激尾隨受訓犬）。

4、你的狗狗接近刺激，刺激靜止不動，完全背對著狗狗。

5、你的狗接近刺激，刺激靜止不動，側著身體。

6、你的狗狗接近刺激，刺激靜止不動，面向你的狗狗。

7、刺激接近你家狗狗，牠靜止不動，完全背對著刺激（可能有人正在餵牠）。

8、刺激接近你家狗狗，牠靜止不動，側著身體。

9、刺激跟你家狗狗朝彼此接近（慢慢接近，起初先不要直接走到面前）。

10、刺激跟你家狗狗朝彼此接近（快速接近）。

別忘了，每隻狗的情況不同，有時候第六項會比第九項更困難，因為刺激接近時，狗狗是靜止不動的。進行到第九項時，你可以更仔細觀察，看看狗狗在選擇迴避或前進時有哪些肢體語言，然後和狗狗一起實驗一下，也可以自己設計其他碰面的方法。直接碰面往往比迂迴碰面更容易引發激動反應，牽繩的鬆緊程度也有影響。

如果情況允許，你應該試著先把情境安排好，才不會下意識帶著狗狗接觸刺激。人類總是貪婪地想要更多、想要進展，故請切記「欲速則不達」。盡可能讓這些遭遇發生得自然一點，讓狗狗做好準備。有些「相遇」其實是由刺激方發動的，若狗狗沒有主動接近刺激的意願，請在狗狗轉移注意之後立刻帶牠走開，再讓牠選擇要不要重新回到這個場景；如果牠不願意，那就表示你可能逼得太急了。

我比較喜歡先讓兩隻狗狗隔著一段距離試試這些碰頭方式，再讓牠們近距離碰頭。我建議先試第十項（兩隻狗狗迅速接近彼此），在兩隻狗至少相距四公尺時喊停，做為狗狗的抉擇點，然後才嘗試近距離。當你決定讓狗狗與刺激的距離近到能實際碰到彼此時，一開始請先讓狗狗以最容易的方式跟刺激互動，再漸漸進階到比較困難的方式。如果兩隻狗狗隔著一段距離，就沒有必要，假設我在訓練中扮演刺激，飼主的狗跟我相距十五公尺，我一開始可能會跟狗狗短暫地四目交會，再吩咐牽狗的人幾句話；要是狗狗受不了，我調整的第一步是拉開狗狗與刺激的距離。我會多做幾次練習，有時不跟狗狗眼神接觸，有時候有，前提是要讓牽繩者知道你在做什麼和你的用意。

我跟狗狗近距離接觸時，我也會在硬體方面盡力確保一切順利，因為第一，不能罔顧安全；第二，我們的訓練可能忽略了刺激的某些層面。為了避免刺激持續累積，當我跟狗狗距離三公尺時，我會退回到狗狗最能接受的碰頭方式，比如當我協助訓練時，我會避免眼神接觸、轉身、離開狗狗或者坐下來、雙手插在口袋裡等。

進行近距離訓練前，千萬要做好安全措施，以免發生危險，總之任何時刻都不能掉以輕心。除非你非常確定狗狗不會用牙齒回應牠的處境，否則請務必在這兩排牙齒與任何人或動物的皮肉之間隔上兩道實體屏障，牽繩也算。拉長訓練距離在某些情境下也算是一種屏障（至少我們假設狗狗不會奮力跑過一大片空地去跟另一隻狗狗打架）或者在訓練場地旁找個避難處，萬一牽繩鬆脫，至少讓助訓者有地方可逃。如果受訓犬有咬人或咬傷其他動物的前科，最保險的第二層屏障是給狗狗戴上嘴套。

我說過，狗狗要先花點時間練習戴嘴套，不能貿然戴上，否則狗狗會很緊張，說不定會把戴嘴套的壓力跟眼前的刺激聯想在一起，不會覺得跟刺激相處或有刺激在身邊是好事。你本來想解決狗狗的激動反應，反而愈弄愈糟。

如果你選擇的安全措施是嘴套，剛開始做近距離訓練時務必給狗狗上牽繩。請隨時保持警覺並走動跟隨，以免牽繩纏住你的手或狗狗（可依下下頁圖示進行）。除非你已經非常非常熟悉長牽繩的使用訣竅，我會建議你在做近距離訓練時選擇短一點的牽繩。

繩子一定要抓牢。你握住的那一端要靠近你的身體及身體重心，萬一狗狗猛然向前衝，你才控制得住。要做好準備，一旦有狀況就拉著狗狗往後退。狗的動作比人快得多，不過只要做好準備，你就很有機會能夠協助狗狗避免被咬。這是因為狗狗發動攻擊之前都會發出數次預警，你要把握那一點點的時間，趕快帶狗狗逃離險境。你可能沒發覺，但是狗狗要攻擊之前都會有徵兆，如果你看不懂或察覺不出徵兆，務必請訓練師幫忙。

以下是打招呼時的牽繩訣竅：

- 兩隻狗狗碰面時，要抓牢牽繩。
- 牽繩不要太長，免得兩條牽繩糾纏在一起。

務必多留幾公分的鬆弛部分，讓狗狗覺得牽繩是鬆的。

- 隨時準備在看到狗狗身體緊繃、瞪視、摒住呼吸或是出現其他問題徵兆時引導牠退開。

我用下一頁幾張圖說明課程進行時，繩子要怎麼牽才恰當。狗狗一旦上了牽繩，務必避免繩子打結或纏住人或物品，為了做到這一點，請謹慎選擇你站的位置，你和狗狗之間絕不能有東西擋著——尤其是刺激！還有一件事要特別注意，那就是狗狗的頭應該要介於你跟刺激之間。你的牽繩應該要跟狗狗的身體呈直角，也就是說你的手、你的牽繩、狗狗的頭，還有刺激距離你們最近的點，應該要呈一直線。

如果你的狗狗或刺激會動，你也要跟著動，讓狗狗跟刺激保持適當的距離與相對位置。如果狗狗面對的刺激是另一隻狗，那麼對方的頭、牽繩還有牽著牠的人，也應該跟你還有你的狗狗呈一直線。如此一來你們就能以最快的速度把狗狗拉開，因為牽繩的力量足以把狗狗跟刺激拉開。牽繩對我來說不是處罰狗狗的工具，而是不可或缺的安全措施。我的個頭不大，反射動作也比較慢，所以我希望我拉扯牽繩的每一分力氣都能盡快讓狗狗離開刺激。當然還是盡量用最小的力量拉扯牽繩就好，免得狗狗受傷或留下心理創傷；這時可善用「作勢拉繩」引導狗狗走開。不過在這之前，你應該會想先試試看能讓雙方比較開心的暗示口令——直接喊牠回來吧。

有些狗狗對牽繩的壓力很敏感，稍有動靜就可能呲牙裂嘴或甚至張口亂咬。牽繩一旦繃緊，狗狗的情緒壓力常會隨之升高，這也是為什麼我們會在施行緩停後立刻放鬆牽繩的原因。這條法則不僅適用於需要調整行為的狗狗，所有狗狗皆適用。千萬不要無故拉緊牽繩——除非這是你設定的情境脈絡之一，若是如此，我通常會跟刺激隔一段很遠的距離再做這類練習。牽繩永遠都要保持鬆弛，唯有在緊急時刻才能用牽繩穩定地將狗狗帶離混亂的扭打狀態。切莫隨意抽動牽

狗狗碰面時，該怎麼握住牽繩？

兩個牽狗的人各站在一邊，狗狗站在中間。

牢牢抓住牽繩，但不要纏繞在手腕上。盡量不要拉緊牽繩，但也不要放鬆到狗狗能跨過去的地步。

兩隻狗狗變換位置，牽牠們的人也要跟著移動。

這兩個人要站在對邊，人和狗之間不該有任何障礙。如果一個人呼喚狗狗，帶著狗狗離開，另一個人也要照辦。

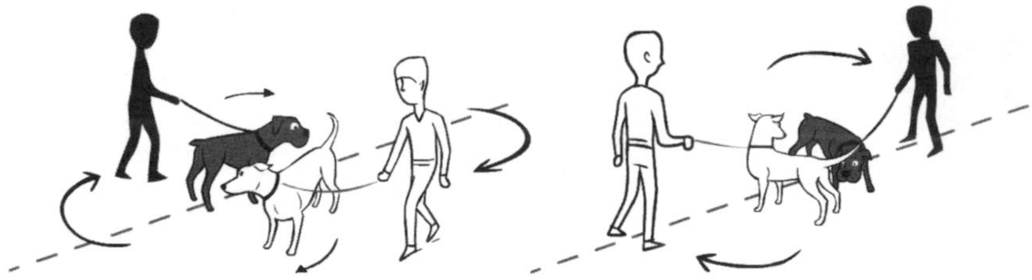

兩條牽繩不能纏在一起。

兩條牽繩要是纏在一起，記得要保持冷靜，正常呼吸，馬上把糾結解開，呼喚狗狗回來，給狗狗零食。

繩，特別是在狗狗情緒緊張的時候，因為牽繩壓力也有累積效應，甚至可能導致狗狗回頭咬你一口。你可以利用《不害犬訓練手冊》（參見延伸閱讀）中的「絲線牽繩」技巧教狗狗做出更好的回應或者多多練習作勢拉繩。當牠隨你走開的時候，記得扔一把零食或給牠玩具，增加練習樂趣。

遇到兩隻狗狗打招呼時，切莫因為你自己想走就一個動作把狗狗拉回來，也不要一覺得有麻煩就馬上用牽繩引導。幼稚園老師不是常常教孩子們「用講的」嗎？要化解危機，可以呼喚狗狗、打哈欠、嘆氣、動身走開（但不拉緊牽繩）、撫繩、發出「滋滋」聲，我在前面介紹的幾種漸進引導方法都可以派上用場。如果你玩過攀岩，那麼你應該知道，就算身上綁了攀岩繩、底下也有人幫你確保，繩索依然不會是你安全的第一道防線——你會「用腦」，盡可能調整身體姿勢、避免失衡落地。即便如此，安全繩仍非常重要，因為千算萬算仍不可能萬無一失：裝備可能出問題或確保者可能一時沒注意，而你也可能不小心撞到突出岩角。用牽繩引導狗狗也是同樣的道理，非到萬不得已，不要用牽繩把狗狗拉離衝突現場。牽繩只是預防措施，但最好避免讓自己陷入不得不用的困境。

什麼時候才能不用牽繩？唯有在「不用牽繩」是你設計的訓練目標時，你和狗狗才能擺脫牽繩。選擇行為調整訓練的學員雖然一開始都必須使用牽繩，但絕大多數都會自然而然朝不需要給狗狗上牽繩的方向邁進。用牽繩牽狗試過跟刺激互動的各種方法、你和狗狗也建立穩固的暗號默契之後，如果一切順利，你可以開始無繩訓練——先從狗狗與刺激之間有圍籬、再進步到沒有圍籬（視需要戴上嘴套）。如果助訓者也離圍籬夠遠，而狗狗對提示口令反應極佳且情緒放鬆自在，你倒是可以跳過牽繩訓練那一段，直接考慮解開牽繩。不用說，無牽繩的訓練場地必須是穩定、無壓力的，但也別讓自己因為未牽繩而觸法或危及路過行人。

如果你在課堂上觀察到狗狗很緊張，請盡可能迅速降低狗狗的壓力，不管是讓刺激遠離狗狗、呼喚狗狗遠離刺激或是用其他辦法平息風波。在開始「無牽繩」訓練之前，一定要先讓狗狗熟悉你們之間的「喚回暗號」（參考附錄一「喚回狗狗」）。要把狗狗訓練到就算遇見超級吸引牠的事情，也能被喚回，才能開始無繩訓練。另一個方法是助訓者必須能冷靜平穩地遠離受訓犬，且助訓者和受訓犬之間必須放置屏障、防止尾隨。不管用什麼方法，只要狗狗一發出阻絕信號，你必須能馬上減輕牠的情緒壓力或興奮程度。

當狗狗與刺激的距離近到足以構成危險時，你尤其必須知道自己在做什麼。如果你沒有十足把握保障你家狗狗的安全，還是請專業訓練師並且把過程錄下來吧！

專家密技：如果你才剛開始訓練有攻擊行為的狗狗且經驗有限，我建議你聘請一位認證行為調整訓練師或資深訓練師或行為學家做顧問。你可以當面請教他，也可以用電話或視訊或是上網參加我辦的砌牆磚動物學院。

利用標記再走開

調整狗狗的社交挫折行為

相較於處理恐懼行為，我更常用標記再走開調整狗狗社交受挫（問候受阻）的案例。標記再走開也可以強化狗狗「自己走開」的印象，不用這招的話，這些狗狗通常不會選擇自己離開，社交緊張度也因此節節升高。對於受挫所導致的激動反應，最有效的替代行為跟你想在其他情境看到的差不多但又不太一樣。在為這些有社交受挫經驗的狗狗進行近距離訓練時，一開始我會先密切管控牠的行為但時間很短，然後透過增強手段逐步轉移至任何帶有自我控制意義的行為，最後再回歸2.0版的「跟隨狗狗」訓練模式。有時候，在狗狗初次進入訓練場並表現以下幾種行為時，我也會使用標記再走開，強化牠們對這些動作或行為的印象。

- 不看另一隻狗狗
- 轉過頭去
- 轉過身去
- 往後退
- 嗅嗅地面
- 坐下
- 趴下
- 看著你
- 慢慢伸展身體

對某些狗狗來說，這些舉動其實是問題行為，所以要小心判斷！舉個例子，邊境牧羊犬趴下去之後，接下來可能就是朝另一隻狗狗撲上去，所以不僅要設法避免邊境牧羊犬「趴下」，這個動作也不是很好的替代行為選項。但是對英格蘭獒犬來說，趴下可能代表放輕鬆，因為趴下再站起來可是大工程，牠才不想白費力氣呢。

但如果狗狗是真的想跟助訓者打招呼，標記再移動（或甚至額外獎勵）說不定反而會增加牠的挫折感。根據我訓練豆豆的經驗，有好幾次其實是我自己挫折得不得了！在做過幾輪情境訓練後，我發現，如果豆豆能主動但平靜地接近其他狗狗，只要我謹慎管控牠的動作，牠通常很快就能跟對方熱絡起來（太急躁的話可能引發對方反咬）。有一次牠實在太熱情了，逼得我不得不一再拉開距離，越帶越遠，於是我嘗試做迂迴前進版的標記再走開：牠一注意到旁邊有狗狗，我就走到兩隻狗連線的垂直位置，建議牠往左或往右轉。如果牠直直走向對方，我通常會用緩停引導；如果牠失去興趣或轉開視線，我就用響片增強，並且往前方三公尺左右扔點零食，讓牠和我朝同一方向移動。我反覆使用這個手法、訓練牠以迂迴方式接近另一隻狗；如果豆豆又直接朝對

打招呼時的標記再走開練習

你帶狗狗做了幾次間隔距離較遠的情境訓練，等狗狗可以接受一段距離之外的刺激，不會出現激動反應後，就可以開始訓練狗狗跟刺激近距離接觸。為了安全起見，最好給狗狗戴上嘴套或是在狗狗跟刺激之間隔著圍籬。雙方需走動時，請以跟隨或平行行走的方式行進。

四目相對先標記

注：不要緊拉牽繩

1. 按下響片　　2. 離開　　3. 給零食

失去興趣再標記

注：不要緊拉牽繩

阻絕信號：別開眼神

1. 等待或呼喚　　2. 標記　　3. 離開　　4. 給零食

逐步移除零食獎勵

注：不要拉緊牽繩

阻絕信號：舔鼻子

1. 等待　　2. 標記　　3. 離開

移除零食獎勵後請盡快切換至 2.0 的正規訓練法：跟隨狗狗就好了。

方走，我會朝反方向退，站位依舊與兩狗連線垂直，同時使用緩停技巧。使用迂迴版標記再走開的關鍵之一是，訓練者要避免引導狗狗直接走向刺激。

如果你和狗狗已多次演練標記再走開，但狗狗還是會突然被刺激吸引過去，極有可能是你們離刺激太近或接近速度過快所致。若狗狗直接上前或你觀察到其他象徵警敏程度上升的徵兆或信號（譬如呼吸變快、身體縱軸正對刺激來源、耳朵豎直等等），請立刻緩停或迂迴遠離刺激。在走向助訓者的過程中，假如你做了緩停，狗狗短暫轉移注意力後又再度走向助訓者，請立刻出聲喊牠（這部分跟1.0版處理挫折的方式不太一樣：在前一版，我們會在狗狗轉移注意力那一刻直接上前）。走向刺激的路徑越曲折，打招呼的過程通常會比較順利，所以建議各位採取「之字」或「繞圈」等迂迴方式前進。多改變幾次環境設定，然後拉開一段適當距離，讓你可以從2.0版的「跟隨狗狗」重新開始。又或者，你也可以做平行行走或跟隨練習，避免狗狗把注意力固定在彼此身上（這樣或許就不需要藉助標記再走開了）。話說回來，假如狗狗之間的神奇吸引力實在太強，說不定你不只需要標記再走開，還得多準備幾把美味零食才行；如果狗狗的挫折程度增加（譬如低頭緩慢繞行），標記再走開也有幫助。

不少社交受挫的狗狗隔著一段距離看到狗，行為會嚴重失控，等到真的跟那隻狗碰頭了，舉止又恢復正常。對於能夠好好打招呼的狗狗，你只要訓練牠冷靜接近另一隻狗就沒問題了。只要跟幾隻狗練習幾種合宜的接近方式，等兩隻狗狗距離夠近，讓牠們打招呼就可以了。

有些社交受挫的狗狗傾向表現唐諾森在《狗打架！》（詳見延伸閱讀）裡提到的「泰山」行為。泰山狗狗超想跟同類打招呼，但牠們偏偏缺乏避免衝突所需的微妙交涉技巧；牠們似乎很想跟同類打交道，可就是不在行。舉個例子，泰山狗狗遇到同類時並不會迂迴靠近、先聞聞對方的屁股，牠想和陌生狗狗玩時會直直衝向對方，把對方撞倒，然後可能吵起來，甚至上演全武行。我覺得唐諾森在書裡提到的幾種訓練法都不錯，比方說讓牠跟一群社會化程度非常好的狗狗互動，建立界線並加速學習。要找到足夠的助訓犬，讓牠們明白告訴泰山「退後」卻又不會真的傷害牠或打起來，確實是一大挑戰；但你如果真能幫泰山狗狗安排這堂課，幫助真的很大。如果你家有一隻社交技巧拙劣並因此挫折到不行的狗狗，絕對不要錯過《狗打架！》這本書。我特別喜歡作者使用的方法：狗狗要是做出失禮舉動，她會用「中場暫停」的方式警告狗狗、暫時中止牠和其他狗狗的互動機會，如此一來就不用靠助訓犬設立界線了，因為這對助訓犬不太公平呀。

如果社交挫折導致受訓犬不太願意跟其他狗狗交流（缺乏動機），那麼我會延長標記再走開的練習時間，藉此制衡或抵銷心理挫折，讓狗狗找回參與動機。不過要注意的是，標記再走開並非長久之計——狗狗仍需要從其他狗狗身上學會良好的社交技巧，不能總是依賴你給的零食。所以說，在泰山狗狗進行打招呼訓練的初始階段，你可以盡量使用標記再走開，藉此標記合宜的打招呼行為、帶開再強化，然後讓狗狗再試一遍。雖然泰山狗狗並無惡意甚至一心討好，但就算是耐性極佳的助訓犬仍有可能被牠們過度熱情的行為所激怒；所以在這個階段，雙方接觸的時間不要太長，程度也要拿捏恰當。用標記再走開強化狗狗打完招呼後的「走開」行為，一方面教牠們選擇合宜行為、又能學習「點到為止」，可謂一舉兩得。

社交受挫或社交技巧不佳的狗狗不見得知道要怎麼控制打招呼時的興奮程度，所以你要盡可能縮短打招呼的時間，如同對待容易驚慌或可能暴怒攻擊的狗狗。先讓兩隻狗狗短暫打招呼（大約四分之一秒），把你的狗叫回來，帶牠走開，給牠獎勵強化印象，再帶著牠走回那隻狗身邊。如果你跟狗狗現在還沒建立良好的「叫回來」默契，建議你們趕快練起來！雖然響片在標記再走開時大多能成功取得狗狗注意、也能標記你想要的合宜行為，但是能用一個口令就把狗狗叫回來，何樂而不為？

你可以參考附錄一和《不害犬訓練手冊》的響片訓練，教狗狗一聽到你呼叫就過來，甚至也可以利用響片訓練把伸懶腰邀玩變成狗狗的預設行為。如果你常常獎勵狗狗伸懶腰邀玩，狗狗就會養成習慣，碰到別的狗也會伸懶腰邀玩。狗狗一伸懶腰邀玩就等於表達善意，大多數狗狗也會予以友善回應，互動自然更順利。

你的狗狗之所以會挫折，有可能是因為牠可能不知道你什麼時候會允許牠跟別的狗狗互動、什麼時候不允許。想讓狗狗心裡有譜，出門遛狗時就絕對不該讓狗狗跟別的狗打招呼。老實說，我自己都不願意這樣做，可是絲爾凡尼和其他幾位訓練師都說這招有效，我也相信他們的專業。我個人傾向設計一個允許狗狗前去打招呼的口令，像是「去說聲嗨」，也設計一個不允許狗狗前去打招呼的口令，像是「離開」或「走囉」。

牽繩太緊、胸背帶不合身都可能導致狗狗在打招呼時出現激動反應。盡可能縮短接觸時間，不論是叫牠或使用標記再走開引導牠離開都行。

跟狗狗相處，盡量把話說清楚比較好，狗狗比較能成功做出好行為。

小空間：平行遊戲

在兒童治療或小學、幼稚園裡，老師會讓小朋友進行**平行遊戲**，意思是大家在同一處空間裡各做各的事，平行遊戲是一種形式獨立的社交行為。受訓犬和助訓犬在情境訓練剛開始時也會各自探索，這也是一種平行遊戲。當你找不到夠大的空間讓狗狗自由探索或閒晃，可以讓牠們平行遊戲，藉此分心。平行遊戲的缺點是狗狗比較不容易注意到彼此，事後你也可能得花更多力氣消除某些背景印象；但好處是它能鼓舞狗狗心情、降低情緒壓力，有助你在室內進行行為調整訓練。這招在天氣冷、住在都會區或是空間小到狗狗難以合宜應付的時候特別好用。

以下列出幾種平行遊戲選擇：

- 尋找碎屑（請見延伸閱讀）。
- 訓練平衡或**本體感覺**的活動（皮拉提斯平衡器）。
- TTouch地板運動（請見延伸閱讀）。
- 氣味遊戲（把零食藏進盒子裡或是把玩具、鑰匙、助訓者的物品等有氣味的東西藏起來）。
- 食物益智玩具（但可能引發護食行為）。
- 按摩。
- 躺在墊子上發懶。
- 狗狗平常做的運動。
- 跟飼主一起運動或玩遊戲。
- 用響片訓練新把戲。

凡是狗狗喜歡的活動都可以是平行遊戲的選項。在平行遊戲期間，狗狗一方面專注於牠自己的行動，但牠也要能察覺刺激就在附近。請密切注意牠的肢體語言，並且在不超過情緒臨界點的安全範圍內，容許雙方互動（跟典型的情境訓練規範差不多）。我個人比較喜歡選擇低警敏程度的活動，因為狗狗在這種時候的心情狀態最適合與其他狗狗互動。比起劇烈的旋風球運動，慵懶享受按摩的狗狗比較不會突然發狂吠叫。除非客戶特別要求進行跟旋風球有關的激動反應情境訓練，否則我通常不太會規畫這一類的情境訓練；即便如此，我還是鼓勵各位選擇比較不激烈的運動或者請那些非得玩旋風球不可的客戶另請高明，找別的訓練專家教他們如何玩得安全又安靜。

下面這張圖的兩隻狗狗正同時進行行為調整訓練及其他活動，中間隔著一道防護籬。請盡可能讓狗狗自由活動。舉例來說，假如狗狗原本在做敏捷訓練，但牠突然停下來看其他狗狗，請任由牠自在吸收資訊，不要馬上催促牠回頭看你。給狗狗機會四處嗅嗅、看看，牠的專注力和恢復力可能會變得更好。你只要等待、放鬆、平穩呼吸，待狗狗做出選擇，你再跟隨就行了。如果牠望向你，你可以移動身體重心（遠離刺激或干擾）、用肢體語言詢問牠是否想離開，就跟你平常做情境訓練時會做的一樣。當狗狗表現出牠蒐集夠了、想回頭繼續玩，那就重新開始平行遊戲，重拾原本的活動吧。

同樣的，當你發現狗狗警敏程度升高，並判斷牠隨時可能抓狂暴衝，那就出聲喊牠回來。不過這也表示牠離刺激太近，所以你要立刻調整環境設定。照理說，訓練時不該出現喊牠、避免情緒爆發這類情形。

小空間訓練訣竅

假如你實在找不到夠大的空間讓狗狗閒晃（像正規的情境訓練時那樣），那麼我會建議你多做幾次標記再走開。其實呢，當我意識到我選定的空間對我要訓練的狗狗來說實在太小了，我會盡力去找其他更大、更適合牠的空間做訓練。

但有時我們真的別無選擇，那麼就做平行

行為調整情境訓練：平行遊戲

遊戲吧。多加幾道屏障，同時／或做幾次標記再走開。許多狗狗在小空間常常彷彿充了電一樣，像顆子彈衝向其他狗狗進而打起來。如果你們跟刺激離得夠遠，狗狗應該會很樂意隨你走開（前提是資訊蒐集完了）；若空間狹小，狗狗又過度被刺激吸引，你可以利用響片標記一些牠們主動做出的小動作（比如眨眼、嘆氣、放鬆下巴等等）；狗狗在蒐集完資訊之前通常不願意走開，但你按響片應該能轉移牠的注意力，讓牠跟著你走。我這裡用的標記工具是響片，你也可以改用前面提過的任何一種輔助用品。

請標記狗狗的各種好行為，譬如走開或跑開（必要時請把牠叫回來），給牠零食或玩具增強印象。狗狗應該會越來越容易走開，因為走開能得到獎勵。一旦狗狗習慣走開，牠也就不會頻頻在刺激身邊打轉、黏著不走。切記，第一次一定要先退、並且退得夠遠，狗狗才會注意到牠們的行為能明顯減輕情境造成的壓力（功能性增強），然後你再給牠食物、玩具、陪牠玩等等的額外獎勵。

另外還有一種在小空間利用標記再走開的方式，不過你得先教牠聽懂「回窩裡」這個口令。在做情境訓練時，你可以在實體屏障後面擺上牠的床，如此一來，狗狗就可以自己選擇（或聽口令）退到屏障後面去。屏障可選擇不透明或半透明，後者能讓狗狗看見整個空間，但心理上會覺得安全一點。此外，屏障也不能過高，至少你得能看見屏障後方的動靜才行，以免不小心讓牠直接撞見別的狗狗。

請在安全及可行範圍內留一扇活門或將柵門打開，授權狗狗自行決定要不要離開屏障後的區域、同時不會經過或撞見刺激。切記，**務必讓狗狗在太靠近刺激時，擁有選擇撤退的空間**。我在不少課堂中看過狗狗雖大口吃著零食，卻表現得不怎麼開心，顯然牠根本不想待在那裡。假如狗狗的情緒已超過臨界點，就算你已經給了牠一大堆零食，你還是得找其他更好的辦法安撫牠。除了開一扇門這個讓狗狗安全撤退的好方法，你還想到什麼好點子？

每堂課開始前，請先在訓練場地放置幾樣有趣物品，讓狗狗盡情嗅聞探索；不論是牠一定會感興趣的東西（譬如擦過貓咪的毛巾）或普通的早餐穀片空盒都可以。如果東嗅西聞仍不足以降低狗狗的情緒壓力，請參照以下步驟進行標記再走開：

1、標記任何合宜行為。
2、帶牠離開。
3、強化印象。

比方說，你可以在訓練用的小空間裡放置牠的狗窩（用屏障擋著），另外再隨處扔幾樣有趣的小玩意兒，然後讓狗狗進來任意探索，但千萬別讓牠一下子突然靠近刺激。等牠注意到刺激存在，你要馬上使用標記再走開技巧：

1、狗狗抬頭、看見助訓者（最好讓助訓者背對狗狗，這樣會順利許多）。
2、按一下響片（標記）。
3、開心地鼓勵牠回狗窩那邊。
4、獎勵。
5、以口令暗示「結束」，同時溫和地撫摸牠（如果牠喜歡按摩）。

接下來，請繼續跟著牠四處探索。注意你的站位和行進方向，確定你不會意外帶牠走向刺激——因為你可能下意識這麼做！

對於已經聽得懂「回窩裡」口令的狗狗，你可以使用底下這個調整版步驟：把第二步的標記物從響片改成「回窩裡」口令，於是整套流程就變成：

1、狗狗抬頭、看見助訓者（助訓者背對狗狗）。
2、告訴牠「回窩裡」（狗狗跑向床墊，趴下）。

3、獎勵。

4、以口令暗示「結束」，同時溫和地撫摸牠（如果牠喜歡按摩）。

在使用標記再走開技巧時，你可以盡情發揮創意，增加訓練空間的豐富程度。但是別忘了，標記再走開只是讓狗狗能順利進行行為調整訓練的跳板，並非完整的訓練技術。如果你已經做過或完成標記再走開（而且只用零食訓練），萬萬不可以為你已經試過行為調整訓練了。根據我的經驗，如果你沒有做好情境訓練、未能讓狗狗取得完整的自主控制權，將來你的暗示、標記、零食獎勵等種種干預行為極可能拖慢整個訓練進度。行為調整訓練的目標是授權狗狗以自然方式、自主做出好選擇，請把這句話當成羅盤指標，做為你在進行行為調整訓練時的選擇依歸。

8

情境訓練的疑難雜症整理包

我在前面提過，狗狗的進步絕不可能呈直線上升。調整初期，你可能會驚嘆於狗狗的社交技巧竟如此進步神速，接下來又像往常一樣動不動就嚇個半死。所以說，你應該從激動反應的發生強度與頻率來判斷狗狗是否進步。若整體訓練時間比你預估的還要長，你可以透過以下幾個竅門了解你的訓練是否來到高原期或某堂課的表現確實退步了。

壓力越大代表牠越需要幫助

狗狗落水的深度越深，承受的壓力就越大，表示牠越需要你出手相助。你要像救生員一樣，盡可能以有效但最不驚擾牠的方式拯救牠脫離當下的情緒困境——依狗狗的心理狀態採取正確干預手段，避免密切控管，幫助狗狗練習抉擇、主動拿出對策。

狗狗卡在獎勵狀態出不來

如果狗狗整體表現不佳，進步緩慢或牠只在你注意牠的時候才有好表現，極有可能是狗狗並非真的處在行為調整訓練的狀況裡——牠只是努力想從你手中得到獎勵而已。這時狗狗的行為模式大概會像這樣：看一眼刺激，迅速轉開，然後死命盯著你、哪兒也不去。牠說不定還會主動做

持續處在獎勵狀態的狗狗不太會蒐集或注意與刺激有關的資訊。這個方法確實有助於轉移注意力、擺脫特定情境，但在情境訓練時並非好現象。

出其他行為來討好你，譬如表演把戲之類的。

狗狗需要更多指示

狗狗可能需要更多指示，你讓牠在訓練場內自由走動，牠反而覺得不尋常或不自在，這時你要：

- 引導牠接近會引起牠興趣的氣味，如此牠才會把注意力從你身上轉開；你也可以邊走邊往旁邊扔點零食，等等牠就會發現了。
- 先移除刺激，引導狗狗在場內多走幾圈並隨手扔零食，同樣也是為了讓牠自己去找，轉移對你的注意力。
- 狗狗可能不知道牠有選擇，你可以用肢體語言問牠想去哪兒——朝不同方向踩個一兩小步，看看牠最想朝哪個方向移動。慢慢教牠並讓牠明白，牠可以自由選擇要在訓練場的哪塊區域活動。
- 狗狗可能有點壓力，所以看向你、尋求協助，這時候請重新開始：讓狗狗遠離刺激或助訓者，從頭來過。

壓力破表

如果訓練期間出現以下任何一種情況，就表示你太晚才攔住狗狗——牠早已越過潮線，踩進水裡了。不論任何時候，若你必須介入並引導狗狗遠離刺激，切記要帶狗狗走得夠遠、走到牠不會回頭看的距離才行。如果你用口令喊狗狗回來，牠遠離刺激後你**每次都要強化**牠的印象（譬如扔一把零食獎勵牠）。我知道有些人不喜歡讓狗狗舔地上的東西吃，但這種吃法能拉長時間、同時鼓勵探索。我在訓練時曾經用心率監視器做過實驗，結果證明找零食的確能降低警敏程度。

狗狗即將或已經越過情緒臨界點的跡象有：

1、**你很難用緩停引導狗狗**。牠已經衝昏頭了，直接喊牠回來吧。我喜歡用的口令是「開零食派對囉！」（參考附錄二）。

2、**移開視線後立刻轉回去並走向刺激或助訓者**。馬上喊牠回來，除非你很確定牠夠放鬆，能自己處理這個情境。發生這種情況時，狗狗大多太過專注於刺激，再走幾步就要掉進水裡了。

3、**狗狗得花兩秒以上才移開視線**。牠的腳趾頭已經碰到水了！你不需要馬上採取行動，但請做好以下準備：

● 放輕鬆，等牠自己移開視線，然後引導牠離開；引導的時候要採取有效、干預程度最低的方法：

◎如果狗狗開始嗅聞空氣（蒐集資訊），肢體放鬆，你只要改變重心、以背對助訓者的動作引導牠就行了。

◎如果當下的情境不太可能直接轉身，請採取較明顯的引導方式：大聲問牠「好了沒？」再改變重心背朝助訓者。

● 如果牠在你等待期間變得越來越激動（面部肌肉繃緊、挺起身體、踮腳、呼吸或心跳變快、閉緊嘴巴、向前靠近助訓者、身體縱軸對著助訓者、胸腔鼓起、耳朵豎直、皺眉等），**馬上喊牠回來！**牠正走進深水區，你不能縱容牠繼續下去。

狗狗被助訓者吸引

大部分的狗狗或多或少都會被助訓者所吸引。對於自己害怕的事物，了解多一分、懼怕就少一分，因此狗狗有充分的理由靠近刺激，蒐集資訊。理想的訓練狀態是讓狗狗一點一點慢慢接近刺激，但過程不能太快，尤其是剛開始那幾回。有些狗狗會想直接衝上去打招呼，所以你的工作是避免發生這種情形。拿捏步調是關鍵：一開始你可能決定先從某個距離開始，幾次練習之後，你會發現你和狗狗其實得退得更遠才行；所以在訓練剛開始的時候，你要多試幾遍、找出合適的起始距離，然後持續評估整體條件和狗狗反應是否得當。「距離」是行為調整訓練的重要關鍵：要幫助狗狗克服情緒或行為問題，正確的訓練距離是最可靠的條件之一。

狗？哪裡有狗？

如果你家狗狗完全不理會助訓者，要嘛是你太靠近或離得太遠，要嘛就是牠還沒注意到附近有同類或刺激。仔細觀察牠的動作，看看牠的行為模式是否受助訓者影響，你可以這麼做：

- 引導牠往遠處走，看看牠是否回頭或開始注意助訓者。
- 如果你很確定狗狗渾然不覺附近有助訓者，你可以用以下幾種方式引起牠的注意：

◎搖搖助訓犬的狗牌或請助訓員出聲，確定狗狗知道助訓者存在。

◎偷偷扔零食，引導牠一邊嗅尋食物、一邊接近助訓者。零食的距離不能離助訓者太近，以免牠真的發現刺激時會受到驚嚇，進而狂吠大吼。

◎忽進忽退，迂迴越過訓練區，逐步靠近刺激。如果狗狗漸漸意識到刺激存在，請即刻停止引導；若狗狗已知刺激存在，請不要帶著牠直接走過去。

前方有獵物，誰還管訓練？

有時候，你選擇的情境訓練場地剛好「有味道」，導致狗狗情緒激動。我就遇過松鼠突然跑出來，結果受訓犬的注意力完全被牠帶走，助訓者整個被晾在一邊、彷彿不存在，這時你可以試試以下幾種做法：

- 把跑來跑去的松鼠當成一種平行遊戲，然後參考平行遊戲的做法。你可以選擇繼續跟隨狗狗，也可以稍微縮短與助訓者的距離。請隨時準備以「標記再走開」因應，務必留意狗狗是否露出注意力轉回刺激的徵兆或牠是否太靠近刺激。如果助訓犬和受訓犬決定「一起打獵」，你可以引導牠跟隨或平行行走，「合作抓松鼠」有助於建立狗狗的社交連結經驗。
- 在有松鼠跑來跑去的情境下，訓練狗狗把大部分注意力放在你身上，並且把這段訓練當成是一種平行遊戲。舉例來說，你原地轉身，只要狗狗上前靠近就用響片標記；或者每當牠不看松鼠，你就按響片或給零食獎勵。你得隨時注意是否需要調整狗狗和助訓者的距離，同時還要增強跟不理會松鼠有關的好選擇。狗狗起初可能只會注意到你和松鼠，等到非常靠近助訓者時才會猛然意識到對方存在，請務必留意這一點。
- 暫停訓練，移往另一個意外刺激較少、比較不會引狗狗分心的地點。如果狗狗已經進入追捕獵物的情緒狀態、松鼠嚇得到處竄或狗狗完全不想理會刺激，那麼更換訓練地點會是比較好的選擇。
- 感謝並送走助訓者，改用松鼠當刺激，練習標記再走開這一類小技巧。請使用意義或程度相當的功能性增強物，譬如毛絨絨的玩具。

狗狗滿場跑，速度飛快

有些狗狗步伐超快，有時甚至很難跟上。照理說，行為調整訓練應該是一種相當放鬆、猶如散步冥想的活動，不過狗狗各有各的步調，如果牠偏偏不喜歡像十二歲黃金獵犬那樣慢慢走、靜靜嗅，那也沒關係；但假如你家狗狗像子彈一樣橫衝直撞滿場飛，四處掃視偵查，那麼牠的警敏程度可能高到沒辦法跟助訓者產生良好互動，這時你可以：

- 把距離再拉開一點。有可能是你們太靠近刺激了。
- 暫停情境訓練。請助訓者離場，單獨做一些探索或牽繩技巧練習，讓狗狗學會並適應放慢探索節奏。換個小一點的場地，這樣你比較容易跟上牠的步伐。另請擬定一套每天都能實行的減壓計畫，譬如食物益智遊戲、按摩、改變飲食、給予營養補充品、調整作息和環境布置等等，請務必細讀第三章關於環境布置及管理的部分。
- 把牽繩放足長度使用。有些人喜歡牢牢抓緊牽繩，即使繩子足足有五公尺長，他們還是會把備留繩圈握在手裡，忘了在需要時放長使用。不過也要確保你不會一次把所有緩衝

狗狗一停下來，請移向牠、收短牽繩回到預備姿勢。

段全都放出去；就算繩子全部放出去，你的雙臂也要維持在預備姿勢的放鬆狀態。每當狗狗停下來嗅聞，請低調移向牠、收短牽繩然後再回到預備姿勢。這點非常重要。

- 尋找訓練場內的感官亮點。對大多數的狗狗來說，氣味豐富雖是好事，但牠們偶爾也會負荷不了。請找找看場內有沒有會引發情緒或激動反應的刺激，譬如訓練錐或異性狗狗的尿味？
- 你也要放鬆。深呼吸，慢慢走幾步。如果你發現狗狗走得比你快很多，請利用緩停再跟上。
- 評估獎勵程度。如果你在地上撒太多狗狗喜愛的零嘴，說不定會使牠過度激動。你可以把牠喜歡但不會發狂追逐的點心弄成碎塊，牠的反應或許會緩和一些。
- 上課前先帶牠做點運動。如果狗狗在家關了一天，出門可能會讓牠極度興奮、甚至瘋狂地跑來跑去。你可以先帶牠散散步、跑跑步機或是先讓牠在院子裡找找碎餅乾或玩具。請不要做拋接一類的運動，那會累積牠的興奮程度，所以我不會把玩具丟出去再讓牠咬回來，而是讓牠慢慢搜找玩具。

我在拍攝行為調整訓練教學影片的時候，有一段是和一隻混種比特犬合作。剛開始牠激動得一塌糊塗；牠的激動反應是挫折時會吠吼，還有過度激烈地打招呼（最後演變成狗打架）。在正式開始調整課程以前，我們先做過幾次下坡和喚回練習，幫助牠緩和情緒。接下來，我們換做「尋找碎屑」，請助訓員在場內撒一些零食碎屑然後離開，放狗狗在沒有刺激的情境下探索環境，讓剛做完喚回訓練（外加零食獎勵）的牠情緒再平靜一點。我們花了大概十分鐘讓牠調整到合適的心理及情緒狀態，使牠更容易完成訓練要求，並且能順利進展到有刺激存在的行為調整訓練課程。

狗狗被異味吸引

異味容易使狗狗分心，有些狗狗的反應是從頭到尾保持一定的行進速度，有時候會突然想加快腳步。如果你沒用牽繩，那麼在和狗狗穿過樹林時，你應該會發現牠會「小跑幾步再走幾步」，並且一再重複這個模式。如果你希望狗狗在情境訓練時認真嗅聞搜集，那麼你或許可以把牽繩放長一點或者把訓練環境弄得有意思一些，這樣狗狗就不會跑去別的地方滿足探索需求了（前提是確保狗狗不會直接奔向刺激）。

狗狗嗅聞的節奏應該跟你的行進速度差不多，假如牠走得比你快很多，把牽繩放長一點，讓牠能更接近那個氣味；但如果繩子都扯直了牠還奮力往前探，千萬別讓牠硬把你拖過去。這時你應該緩停，跟上牠再放鬆牽繩，繼續前進。如果牠的動作比較像是走走停停、停停走走，那麼請在你每一次引導牠停下來後改變方向。接下來，試著朝氣味比較濃的地方走，譬如籬笆或灌木叢，如此狗狗不必跑遠就能嗅到很棒的氣味，你也能輕鬆跟上。

狗狗看見刺激，擅自離場

狗狗擅自離場的可能原因有迴避刺激或是被場外的東西吸引，也有可能是你下意識透過肢體語言引導狗狗遠離刺激；如果你有錄影紀錄，請仔細查看有沒有上述幾種跡象。當然也有可能是氣味、聲音或視覺刺激吸引狗狗注意，促使牠遠離助訓者；這時你可以先徹底移除刺激，看看狗狗是否維持同樣的動作反應，判斷牠是否被場外刺激吸引。另一種更好的方法是參考我前面提到的小訣竅，在正式展開情境訓練前先花一堂課帶狗狗探索場地。如此一來，你可以一邊使用行為調整訓練的牽繩技巧並將其融入情境設定，一邊觀察狗狗在正常情況下的反應。經由事前場勘，你說不定會發現一些需要改進的地方（譬如必須把環境布置得更有意思），讓狗狗願意在裡頭走來走去。

假如狗狗主動迴避刺激、離開訓練場地，那就代表距離太近了。我知道我一直在重複同樣的話，但這真的很重要。人類大多非常目的導向，所以常常希望狗狗能比課程開始時再進步一些。說不定牠上禮拜已經蠻接近刺激了，所以這禮拜你就從這個已經很近的距離開始，卻沒想過牠才從獸醫院捱了一針回來或者兩次訓練已相隔一週（時間有點久）或者牠根本不認識這位助訓者等等。

課程開始的時機與地點

雖然我們已盡可能通盤考量各種問題點，但開始訓練（或其他任何技巧）的時間點仍見仁見智。我們可以只考慮狗狗心情，因為這部分可以透過外在觀察或儀器監測得知；我們也可以盡全力觀察風向、嗅聞空中氣味、感覺狗狗的腳掌是否冒汗、考慮其健康狀況、研究肢體語言等等，然而到頭來，我們依舊無法預測狗狗第一眼看見刺激時會有什麼感受。

但我們可以放鬆，配合調整，觀察狗狗的動作姿態，**讓狗狗用身體告訴你牠想往哪兒去**。適時暫停訓練或讓狗狗吃點零嘴休息一下，發揮創意思考該怎麼讓訓練過程更輕鬆自在。不論在訓練期間或狗狗與你相伴的每一刻，你都要思考「我還能怎麼改變，才能讓狗狗更安心放心？」有一次我不過是換了大一點的訓練場地，結果那堂課成功得不得了。你也可以退遠一點再開始（如果空間還夠）或者換個不同的地點。一旦雙方處於適當的距離，「社交磁鐵」就會卡進正確位置，讓狗狗想一步步接近對方。

在受訓犬第一眼見到助訓者的那一刻，若助訓者朝遠方移動，對受訓犬而言通常是最沒有壓力的，你也可以接著做前面提過的其他幾種行為調整訓練。帶上一頭勇敢又好奇的狗朋友或許也有點幫助，但要密切注意受訓犬是否突然被對方吸引並靠近，結果來到一個牠無法順利應付的近距離。

如果你們已經在超級寬闊的場地進行訓練，但狗狗還是想遠離刺激，那麼這個動作其實透露一項非常重要的訊息：牠的情緒臨界點和生活品質大有問題。在我經手的受訓犬中，鮮少遇到「場地不夠大」的案例，即使是都會犬也都能找到合適的環境。請進一步尋求抗焦慮方面的治療與協助，調配營養品，多做運動，另外TTouch、給予藥物或草本抗憂鬱補充品都是不錯的選擇。翻翻《狗狗的壓力、焦慮與攻擊行為》，看看有沒有可用的建議。狗狗在做行為調整情境訓練時若出現迴避刺激的行為，基本上跟我在第七章提到的「訓練空間太小」相似，所以你或許需要多做幾次標記再走開，一注意到牠嘗試接近刺激就立刻標記，帶開再予以獎勵。如果你做的是平行遊戲訓練（譬如找東西）、一般訓練或簡單運動，你還是要觀察狗狗有沒有意圖遠離刺激的徵兆，適時伸出援手。

如果你在做情境訓練時遇到其他我沒提到的問題，請重讀如何進行行為調整訓練的段落。許多訓練者都是在沒有完全消化、理解內容的情況下就急著開始做訓練，因而犯下錯誤。此外，你也要盡可能學習並瞭解狗狗的肢體語言，譬如錄影紀錄狗狗在各種情境中的行為表現，然後慢速播放，藉此明白牠正透過哪種行為告訴你牠的感受或是牠想往哪兒去。建議你找一位熟悉2.0版行為調整訓練的認證行為調整訓練師或其他系統的專業訓練師或行為專家當顧問，錄下你的訓練過程，加入行為調整訓練線上討論群或組成讀書會，認識更多使用行為調整訓練的朋友，另一雙眼睛常常能幫助你看清問題所在，屢試不爽。

9

非預期事件：環境突變

每當環境出現令狗狗意外的情況，牠們大多會先狂吠一陣，叫完再說。跟牠們已經意識到且在一段距離外出現的刺激相比，狗狗對突現的刺激通常會表現比較激烈的反應，這種情況其實相當普遍，不過這也表示牠們不太會應付突發情境差異——也就是「環境突變」。所謂「環境突變」是指環境在短時間內出現變化，例如小孩子突然從轉角冒出來、狗狗突然從車子鑽出來或是家裡的客人起身離開。有些狗狗今天出門散步，發現昨天看到的垃圾桶竟然出現在不一樣的地方都會緊張兮兮：「這個**不應該**出現在那裡。」就像我說過的，狗狗不太會舉一反三，概化能力不佳，不太懂得利用通則建立新環境脈絡的安全感，所以要特別訓練，才能適應突然的環境變化（附錄三整理了一些跟概化訓練有關的技術資訊）。

在行為調整訓練中，除了幾次休息時間外，狗狗通常從頭到尾都看得到助訓員或助訓犬刺激。行為調整訓練給狗狗搜集訊息的機會，主要也是以這種方式讓狗狗學會與刺激和平共處；為了達到這個目的，我們必須事前規劃、設計情境，教狗狗明白，就算刺激突然出現、突然移動，也還是原本的同一個刺激，並沒有變得比較可怕。因此，訓練的第一步就是要讓狗狗習慣跟刺激相處，再開始針對「環境突變」的問題加強訓練，可以找一位助訓員，在一堂訓練課的尾聲做額外訓練，也可以納入整個訓練課程，等狗狗適應了隔著一段距離跟刺激相處，再做環境突變的訓練，也可以單獨進行一堂環境突變的訓練課。要做環境突變的訓練，最好請狗狗沒有合作過的助訓員幫忙。

進行環境突變訓練等所有行為調整訓練時，狗狗跟刺激之間一定要保持足夠的距離。刺激如果出現變化，不管是什麼變化，狗狗都要待在離助訓員更遠一點的位置，這在環境突變訓練尤其重要。假設你的狗狗「蘿拉」對一點五公尺外、緩緩走近的助訓員沒有意見，但前方轉角突然出現助訓員牠就會失控，訓練時可以先帶蘿拉散步，再突然遇見刺激，比方說在轉角碰到好了，彼此距離十五公尺（即安心距離的十倍）。注意這個時候先不要讓助訓者朝蘿拉走去，只要站在原地就好。接下來再到幾個不同的地方訓練，每次訓練狗狗跟刺激的距離都拉近一些，狗狗才不會認為那個突然出現在第五大道跟大街交叉口的圍籬很安全，在別的地方突然出現的東西則一點都不安全。

先帶蘿拉做幾次情境訓練，等牠能適應走向「恐怖怪獸」存在的場域，就可以安排一場環境突變訓練，蘿拉可以站著不動，也可以走動，再安排刺激突然出現在牠眼前，跟牠距離十五公尺（請注意我又把距離拉遠了，因為接下來換成刺激朝蘿拉所在的場域前進）。跟狗狗做環境突變訓練時，可以連續做幾次練習，然後在練習間隔期間、趁狗狗不注意時移除刺激，也可以先做一次環境突變練習，然後讓刺激繼續留在原地，引導狗狗做正常的情境訓練探索。我覺得後者不失為一種結合環境突變訓練與一般行為調整訓練的好方法，但要小心別讓狗狗壓力太大。看完本書，你至少要記得一項觀念：**狗狗的學習脫離不了情緒**。

我訓練花生時，一開始先做幾項行為調整訓練測試：牠走在人行道上看見一段距離之外且逐漸走來的刺激，反應很正常，後來跟刺激逐漸靠近也還是很自在；可是牠要是站著不動，而刺激突然出現，情況就沒這麼和諧了。於是我為牠設計了環境突變訓練，場景是有人突然從圍籬後面走出來、突然從車裡鑽出來、突然從街角竄出來，反正就是各種突然出現的場景。你可以利用正規情境訓練做環境突變訓練，也可以在環境突變訓練時加入標記再走開。我訓練花生是好些年前的事了，那時還沒有2.0版，所以我只用了標記再走開；現在的話，我會把幾套方法結合在一起：先用標記再走開讓受訓犬認識環境突變的刺激，然後帶入正規的行為調整訓練，讓同樣的刺激在牠散步閒晃時反覆出現。

比方說，一開始，我請人突然出現在三十公尺之外，這樣的距離能引起花生的興趣，又不會嚇到牠或惹得牠汪汪叫，從這個距離開始剛剛好。牠要是轉過頭去、聞聞地面、看著我，只要做出合宜的替代行為，我就會說聲「很好」，帶牠走開並稱讚牠（以干預程度最低的方式進行標記再走開）。這時助訓員就躲到我們看不到的地方，我們再轉回頭，再朝著助訓員的方向走去。我們全程用免持聽筒的手機溝通協調。助訓員才不會突然出現在距離花生僅僅五公尺的地方，把牠嚇得大吠起來。

各位不妨試試這幾種環境突變訓練法：

- 狗狗走在路上突然遇見刺激。
- 刺激突然出現（街角、門口等等）。
- 刺激突然移動（轉身離開、背對狗狗再轉過身來、站起來、舉手撫摸、拍手、跳躍、被東西絆倒等等）。

- 刺激突然發出聲音或者突然注意狗狗。
- 原本在動的刺激突然停下來。
- 一群人或一群狗狗在一起，其中一個人或一隻狗的舉動與眾不同，比方說走到別的地方或是其他人或其他狗都在走動，牠卻站著不動。這對看管牲畜的犬種來說尤其重要，因為牠們平常就習慣盯著會走動的刺激，心裡想著：「這裡有羊，那裡有羊，汪！回去！通通回去！」

在環境突變試驗中，如果你不小心讓狗狗超出臨界點，請漸進引導牠回到「思考」狀態。這時我通常會讓刺激待在原地、而不是移開刺激；因為讓刺激消失可能會增強吠叫等行為，但我也會注意自己是否增加了狗狗的壓力、一邊設法平衡這些壓力。如果把受訓犬帶開仍不足以讓牠馬上平靜下來，我才會請刺激退後或消失。待狗狗遠離刺激、回到臨界點以下，再讓牠看看刺激，並且在牠看「第一眼」的時候立刻標記，然後遠遠帶開，再放一些零食在地上讓牠一邊嗅聞、一邊平復情緒。如果你認為牠的警敏程度能保持在臨界點以下，即可回歸「有刺激在場」的正規行為調整訓練狀態；如果你認為狗狗需要多一點幫助，那就先不要只是跟著牠走，多做幾次標記再走開。既然狗狗已經可以接受靜止不動的刺激，所以應該很快就能適應訓練情境。謹記：調整狗狗的行為當然很重要，不過重點是讓狗狗知道世界並沒有這麼可怕，也不是那麼令牠生氣。

訓練過程中，可以在狗狗跟刺激接觸的階段製造點變化，狗狗跟刺激相遇的場景就會比較自然。由於每種情境脈絡各有不同，你可能也得重新詮釋標記再走開中「走開」的定義。舉個例子，我曾在小公寓訓練一隻大丹犬，我一站起來牠就會發動攻擊。先前練習時我一直坐著，牠也願意接近我，甚至還會要我注意牠、摸摸牠（這時牠有戴嘴套）。但我分別在牠離我三公尺、四點五公尺、五公尺遠時站起來，結果這隻七十五公斤重、曾把人咬得很慘的大狗狗大受刺激，朝我撲過來，還好被牽繩拉住。

為了牠的安全著想，也為我自己著想，我們設法在牠和我之間空出最大的距離，讓牠待在公寓另一端，我也同時改變我的移動方式：牠很自然就能看見我，如果我只站起來一半，沒有完全站起來，大丹會直接轉過頭去。牠站在牆邊，身後無路可走（我也是），所以我們沒辦法帶牠走開、強化牠做出的阻絕信號（轉頭），於是牠可能認為轉頭沒效。這樣其實不太好。幸好牠可以接受我坐著，所以我「坐回去」的動作能減輕牠的焦慮。這就是牠選擇的功能性增強物。

接著我開始起身，牠看了我一下下，然後就轉過頭去。牠的主人口頭標記牠做了正確選擇，我再坐回去放鬆一下，同時牠的主人讚美牠好勇敢，牠也放鬆了。現在回想起來，如果當時我決定再做一次，我應該要請牠主人給牠一些零食獎勵才是。總之我們又重複了幾次，再把牠移到離牆壁一點五公尺遠的地方，離我近一些，我站起來一半，當作對牠的刺激，然後再坐回去。牠現在有一點五公尺的距離可以後退（現在比較有空間，所以這次的功能性增強效應比上次強）。接下來的幾次訓練，牠的抉擇點愈來愈靠近我的椅子。然後我們又拉開距離，開始新的訓練，讓我完成整個站起來的動作，為了降低刺激強度，我們讓牠待在屋子的另一端。如果牠表現良好，我就坐下來當作獎勵，牠在這堂課大有進步。

這種訓練還可以做其他變化，我可以把椅子移到外面的走廊上，如果能移師到我的訓練中心就更好了，狗狗可以學習在更適當距離適應刺激，也不用面對我這個陌生人出現在牠家的額外壓力。後來我們並未移至走廊練習，理由是我們怕亂入的鄰居會使牠壓力破表；如果是在訓練中心，我們就能移地訓練了。你可能會好奇這樣為什麼比較好？因為狗狗的壓力可能更小，也更能控制自己的行為。其結果是牠說不定會願意再向前幾步，我們也能更接近2.0版的情境訓練狀態（這同樣也是好多年前的事，那時還沒有2.0版哩）。我會在第十一章多分享一些調整領域行為的情境訓練案例。

10

每天都可以做的行為調整散步訓練

情境訓練很快就能改善狗狗的問題（如果狗狗的問題比較單純，十到二十次訓練應該就夠了），可是狗狗如果平常出門散步一再出現恐慌、攻擊或挫折抓狂等行為，久而久之就會忘掉牠們從訓練學到的新技巧。幸好，在狗狗跟刺激意外相遇等非刻意營造的情境中，標記再走開也能發揮良好效用。或者你也可以漸進採取正規的2.0版行為調整訓練——跟隨狗狗，如此一來，你平常帶狗狗出門散步時如果經常跟刺激不期而遇，就有機會在不同地點演練你們在情境設定學到的各種技巧了。但請務必確定情境訓練成果夠紮實，才好安全上路。

我對「訓練紮實」的定義是很認真的，所以萬萬不可跳過這一章、直接在散步時做行為調整訓練，這樣的前置準備肯定不夠。你必須先給狗狗機會交到朋友，不光只是點頭之交而已。

標記，移動，重新來過

說明「標記再走開」時，我提過「額外獎勵」。像零食這類的實質額外獎勵多半在散步時才用，在情境訓練比較少用。正式的情境訓練很少會用到由訓練者提供的增強物，理由是在沒有人為增強的狀態下，狗狗似乎學得更好：因為牠不需要花心思得到訓練者手中的獎勵，更能專注於環境中自然出現的增強物，尤其是眼前的社交場合。狗狗大腦如同人類大腦，會將專心吸收的資訊存檔，但不見得會留住背景資訊。狗狗要是受到食物誘惑或者有可能被主人處罰，似乎就會忽略社交場景的細節。

我在情境訓練使用的刺激如果是不會動的東西，像滑溜溜的表面、可怕的房間、上車等狗狗不需要時時留心的情境，較可能用到實質額外獎勵。這些情境不需要細微的互動行為，缺乏社交場合的天然磁吸力，所以一開始我們得先把環境變得豐富一點、讓狗狗覺得有趣；如果狗狗仍意興闌珊，這時才可能用到額外獎勵，吸引狗狗持續關注刺激。

額外獎勵會干擾情境訓練，卻很適合用在散步途中。額外獎勵主要有三種效果：(1)在狗狗近距離接近刺激時，協助牠做出好的抉擇。(2)狗狗會覺得訓練更有意思。(3)降低壓力。

舉個例子，你跟狗狗出門散步時，狗狗可能隨機在三公尺、九公尺、四點五公尺不等的距離碰上一些刺激，這跟情境訓練完全不同。在情境訓練中，你可以完全掌握狗狗跟哪些刺激接觸，也可以確保狗狗能放輕鬆。出門散步就不一樣了，你得多一些協助才能鼓勵狗狗不要恐慌，不要發動攻擊。雖然要等到你帶著狗狗離開**以後**，狗狗才會獲得額外獎勵，不過狗狗知道主人隨身帶著冷凍的乾燥肝臟零食，就不會只注意刺激，也會轉移一些注意力到你身上。我在第七章提過，這種方式對於挫折到不行、一心只想打招呼的狗狗來說特別有效，因為牠們滿腦子想著「我要過去！我要過去！」，所以拿出實質獎勵強化牠的自制力會比較有用。撇開激動反應的情緒因素不談，玩具、食物這類額外獎勵能讓狗狗在真實生活中接觸到刺激時，比較不容易失控。

狗狗聞聞嗅嗅可以緩和情緒，專心尋找零食也讓牠忙於搜尋，可以消除先前累積的壓力。如果要用氣味追蹤遊戲當作散步途中的額外獎勵，還有一個更簡單的方法，就是在狗狗專注看著刺激時，把零食丟到你身後的草叢裡，當牠一轉移視線你就要馬上叫狗狗「找出來」。如果你的狗狗還聽不懂「找出來」是什麼意思，你應該讓狗狗在轉移視線之後再丟出零食，這樣牠才會看見你的動作。

我想藉這個機會提醒各位，即使你們手邊有零食或玩具可用，標記再走開本身會延遲狗狗對刺激的反應，所以不是長期且理想的解決之道。真正的2.0情境訓練能讓你在沒準備零食的情況下，依然能引導狗狗時時留意刺激。但標記再走開確實能幫助狗狗在散步時集中注意力，這對飼主和狗狗雙方都是好事。簡而言之，無論何時都可以用冷靜讚美、撫摸之類不會讓狗狗分心的額外獎勵，只是要小心不要造成不良後果。如果你希望狗狗分心，就要用實質額外獎勵，像食物、玩具、氣味追蹤遊戲等等。

現在來看看平常出門散步或是在無法控制的環境時，該怎麼應用標記再走開技巧。你會更了解如何以及在何時給予實質額外獎勵的正確方式。

範例：看，走，賞

這是最簡單的標記再走開訓練，也是最容易

讓狗狗轉移注意力的做法，適用於應付真實生活中較大的意外事件。只要你認為狗狗隨時可能邊叫邊衝上前去或因為你任牠自由探索卻導致牠陷入恐慌，請立刻使用這套辦法。比方說，如果小朋友突然從籬笆後面衝出來，你可以按一下響片或直接喊牠，然後帶牠離開。

適用行為：狗狗盯著刺激時。
標記方式：按一下響片。
額外獎勵：零食，零食的類型與給予方式能賦予獎勵不同的意義。

狗狗只要注意到刺激，你就應該馬上強化這個行為。狗狗一發現刺激，你就按響片，一邊稱讚狗狗，一邊引導狗狗離開，然後再給狗狗實質額外獎勵。一定要按照這個順序！如果狗狗表現害怕或出現攻擊行為，零食只是給牠的額外獎勵，不是增強物——遠離刺激的「鬆了一口氣」才是；如果狗狗的反應是挫折，那麼要牠離開反而比較困難，這時就需要功能性增強了。但不論是哪一種情況，先帶牠走開再給零食的效果最理想：標記，走開（或小跑步離開），然後拿出美味零食或好玩玩具給牠驚喜，當作額外獎勵。就像我之前提到的，如果狗狗的激動反應是沮喪受挫，你也可以用之字迂迴的方式引導牠逐步遠離刺激，而不是直接帶著牠走開。

狗狗意識到刺激→按響片→走開，領賞

要注意的是這樣一來，你按響片之後，應該會延遲幾秒鐘才給狗狗額外獎勵，因為你會先給狗狗功能性增強，帶狗狗離開刺激。如果你一時無法遠離刺激，也可以想別的辦法降低狗狗的壓力來當作功能性增強，比方說盡可能離刺激遠一些，擋住狗狗的視線，不讓狗狗看見刺激，然後拚命獎賞狗狗。

如果你非常努力想在取得狗狗注意時同時標記牠的合宜行為，我會建議你使用響片，不要用口頭稱讚標記狗狗的正確行為。響片有兩個作用，不但能標記正確行為，也可以提醒狗狗轉過頭來看著你，領取額外獎勵，不看刺激，狗狗就不會大發雷霆。如果你不太會用響片或是你家狗狗害怕響片，口頭讚美就可以了，也可以呼喚狗狗的名字或者運用喚回口令、出聲提示等等。

專家密技：不必擔心響片用多了效果會減弱。只要狗狗習慣了「按響片↓走開或跑開↓領賞」模式，知道一定會拿到獎賞，就算延遲幾秒鐘，狗狗還是會把響片跟獎賞聯想在一起。何況響片一響，狗狗大多馬上就會得到獎勵，也就是功能性增強。如果你還是不放心，那按響片之後就開始小跑或是乾脆用跑的，狗狗就能快點領賞，也可以利用按響片到給賞的這段空檔時間稱讚狗狗。

這種運用標記再走開的方式跟麥克黛維特《無牽繩控制》（詳見延伸閱讀）裡的「看那

標記。狗狗一看見刺激，請立刻按一下響片。

移動。走開或小跑步遠離刺激。

額外獎勵。狗狗遠離刺激以後，給牠零食或讓牠玩玩具。

個」訓練法很像。最簡單的「看那個」訓練就是先叫狗狗看一個中性的刺激，狗狗如果照辦，訓練者就按下響片，獎賞狗狗，接著再叫狗狗看（或是聽）低階的刺激，比方說另一個人或另一隻狗，狗狗做到了就會得到獎賞。我最近發現麥克黛維特有時進行「看那個」訓練時，也會把降低社交壓力（離開刺激）當作給狗狗的獎勵。《無牽繩控制》介紹的許多訓練法都很適合搭配行為調整訓練，值得一讀。

範例：選，走，賞

這個標記再走開的範例賦予狗狗比較重的責任，但還是用得到實質額外獎勵，最常用的是食物。這個範例和前例只有一處差別，就是你要標記的行為。在這個範例中，你要等狗狗做出並標記「好選擇」，所以你要等狗狗先移開視線，而不是像前一個範例那樣，在狗狗看見刺激時立刻按響片。這種做法的干預程度也比前例小一點，讓狗狗有更多機會自主摸索學習。不過，這兩種方法的干預和誘導分心程度都比讓狗狗擁有更多自主權的正規行為調整情境訓練更明顯。帶受訓犬上街散步時，我會在牠被對街事件吸引時使用這個方法，雖然狗狗並非不可能自己選擇移開視線，但挑戰程度畢竟還是高了點。

這個範例中，在狗狗注意到刺激以後，你要等牠主動移開視線或做出其他阻絕信號，才能按下響片。流程大致是這樣的：

狗狗意識到刺激→等牠做出好選擇→按響片→走開→領賞

如果你很有把握，認定狗狗會做出好選擇，就可以使用「選、走、賞」。要是你不太有把握，那就早一點、也就是如前一個範例所述，在狗狗看見刺激時立刻按響片。如果狗狗在某種特定情境下看到刺激，而你覺得就算沒有額外獎勵，狗狗應該也會做出替代行為，請放心使用「選、走、賞」。你甚至不需要每次都打賞，說不定，來自刺激的恰當社交反應就是最自然的行為強化方式，只要你別擋牠的路、妨礙牠學習，就能幫助牠注意到這些細節。

請注意，如果每次狗狗一看到刺激你就馬上用標記再走開，此舉可能造成你對「狗狗究竟能離刺激多近」的錯誤認知。分心雖然能協助狗狗應付眼前的情境，卻同時剝奪牠搜集資訊的機會。當你覺得狗狗應該能主動轉移視線，不需要你的協助也能繼續向前走，請你拿出耐心，等牠行動。如果需要實質增強物輔助獎勵，但用無妨，不過你越能以「適當」方式進行行為調整訓練——也就是跟隨狗狗，使用自然發生的增強物——你就越不需要創造擬真情境脈絡，費心在事後移除實質強化的痕跡。

進階版行為調整訓練訣竅與散步範例

在散步時進行行為調整訓練，等於給狗狗很好的機會，運用平常在情境訓練所學。問題是狗狗要是超出臨界點，先前在情境訓練的進步在散步時可能就會還給老師了。只要你遵守第三章〈管理狗狗的生活環境〉所提供的安全祕訣，你的狗應該不容易超出臨界點。這並不是要你完全避開刺激，出門散步想完全避開刺激幾乎不可能。相反的，你說不定會發現你比以前更常帶狗狗出門散步，而且開始偷偷靠近狗狗眼中的刺激，也就是隔著一段距離跟在別的狗後面或是用別的方法進行「隱形版行為調整訓練」（又稱「潛入」或「忍者」版行為調整訓練」）。建議你們鎖定的刺激最好是比較不會動或是有固定行動模式的對象，譬如：

- 圍籬後面的狗狗

- 園丁
- 咖啡店裡的人跟狗
- 遊戲場的小朋友
- 看足球賽時被拴在一邊的狗（務必隔著一段距離！）
- 步道上的人或狗
- 訓練課堂上或寵物店的狗

範例：散步時遇見小朋友

出門遛狗該如何進行行為調整訓練？假設你的狗碰到小朋友會有激動反應，現在有個小朋友在人行道上，正朝著你們走來，你有很多選擇，所以我列了一張範例檢查表，讓你在遇到這類情境時能有個參考。下面列舉的這些範例，你看了會覺得有些根本做不到或者對狗狗不安全，有些應該辦得到；先從辦得到的做起，等到狗狗有進步再做別的；要記得，這些訓練階段得配合情境——在你認為牠需要幫助的時候，選一個你認為狗狗能做到又有強化效果的行為即可。

每次請務必選擇干預程度最小、最不容易引致分心的標記再走開方式，善用輔具（譬如嘴套）確保人犬安全。下頁的表格從干預程度最高的作為開始，依序遞減。這些範例也不是什麼標準處方，因為每一項建議作為之間必定還有其他可行步驟。表上列的都只是一些例子，讓你概略知道在真實生活中，狗狗的哪些行為可能代表牠已經準備好了。

請細讀每一項範例，想像你和狗狗練習這些技巧的情景，然後在心裡記下你認為可行或不可行的做法，如此就能在狗狗遇上小朋友時拿出來用。如果這本書是你買的，而且不介意在書上做記號，你也可以現在直接勾選底下的表格，幾個月後再回來檢查狗狗的行為是否有了變化。

請注意，如果狗狗有任何一絲可能突然咬人的機率，以上這些全都不能做，對象是陌生人時

	轉移注意力（這已是行為管控，而非行為調整訓練） 你跟狗狗無路可退，只能等他們走過去，你可以把牽繩收短一些（盡量不要拉緊牽繩），站在狗狗跟小朋友之間，在離小朋友遠一點的地上丟下零食。
	轉移注意力 你先看到小朋友，知道狗狗一看到小朋友就會汪汪叫。你緊急迴轉，離開現場，狗狗要是跟上來，你就拿零食給狗狗吃。
	轉移注意力 你因故不得不繼續往前走，所以你們經過小朋友身邊時，你不斷拿零食給狗狗吃。
	你跟狗狗走著走著，狗狗抬起頭來，看到小朋友。狗狗一看到小朋友，你就按響片，說「我們走！」，帶著狗狗反方向小跑離開，給牠吃零食。
	你跟狗狗漸漸接近小朋友，狗狗抬起頭來看見小朋友。狗狗一看見小朋友，你就按響片，再牽著狗狗走開，丟幾個零食在地上，叫狗狗「去找」。
	你不想讓狗狗太靠近小朋友，請做緩停並等待狗狗注意到小朋友。狗狗一看到小朋友，你就按響片，牽著狗狗小跑到車道上，再停下來玩拔河、讓小朋友從旁邊經過。（這對你們來說可能頗具挑戰性，因為小朋友處於移動狀態）
	狗狗一看到小朋友，你就按響片，走進車道，拿零食給狗狗吃。小朋友走過你們身邊。你稍微等一下，再牽著狗狗，隔著一段安全距離，跟在小朋友後面。你們走著走著，狗狗看了小朋友，又看他處。你一看到狗狗看他處就按下響片，再調轉方向，牽著狗狗離開小朋友，然後拿零食給狗狗吃。狗狗要想進步，就要多重複幾次成功的經驗。所以如果你可以利用公共場合遇到的刺激多做幾次練習，記得把握機會！
	緩停，等狗狗先注意到小朋友，然後再看你。狗狗一看你，你就按響片，帶著狗狗小跑到車道，再停下來玩拔河。（這個做法同樣不容易，因為小朋友還在移動。所以這個方法最好用在小朋友的行進方向與你們交錯、而非朝你們走來的時候）
	在小朋友逐漸走近的過程中，狗狗的肢體語言始終保持冷靜並逐漸停下來，所以你們停下腳步說「嗨」。狗狗先是看著小朋友，然後轉過頭去，你就按響片，帶著狗狗走開，拿零食給狗狗吃，稱讚狗狗超有勇氣。
	帶著狗狗稍微偏離人行道一些，等小朋友走過你們身邊。狗狗看著小朋友，又嗅嗅地面。等牠聞完地面之後按響片標記這個行為，然後帶著狗狗小跑離開，一邊稱讚狗狗，再拿零食給狗狗吃。
	帶著狗狗稍微偏離人行道一些，等小朋友走過你們身邊。狗狗看著小朋友，又嗅嗅地面。等牠聞完地面之後你就說「很好」標記這個選擇，帶著狗狗小跑離開，一邊稱讚狗狗。
	繼續走在人行道上，朝著小朋友走去。你們走著走著，狗狗看著小朋友，又看他處，你就說「很好」標記這個選擇，帶著狗狗走到一邊去，離小朋友遠一點（稍微拉開距離，降低狗狗的壓力，就是給狗狗的功能性增強）。
	跟著狗狗朝小朋友走去，讓狗狗跟小朋友打招呼。小朋稍微摸摸狗狗，狗狗看他處，你說「好，我們走」，就繼續往前走，稱讚狗狗真是勇敢。
	跟著狗狗朝小朋友走去，讓狗狗跟小朋友打招呼。小朋稍微摸摸狗狗，然後你請小朋友先停下來並後退一步，看看狗狗還想不想討拍。狗狗不看小朋友，自己走開。你也跟著狗狗繼續往前走。
	跟著狗狗朝小朋友走去，讓狗狗跟小朋友打招呼。小朋稍微摸摸狗狗，然後你請小朋友先停下來並後退一步，看看狗狗還想不想討拍。狗狗頂一頂小朋友的手討拍，小朋友又摸牠幾下，然後再次停下來。這次狗狗逕自走開。你也跟著狗狗離開。酷喔！是吧？

尤其不可，請保持距離或給狗狗戴上嘴套，防止不可預見的意外。

我必須再一次提醒各位這個令人難過的事實：你會在散步時碰上許多無法預知的風險，防不勝防。經過2.0版行為調整訓練後，你的狗狗應該越來越有辦法應付突發刺激，而且不需要你的幫助。然而，如果你判斷錯誤或是狗狗突然太靠近刺激，有時就連轉移注意力的方法也可能失靈，這時狗狗可能會吠叫、衝上前去。如果狗狗離刺激太近，不要因為狗狗情緒失控就對著狗狗大吼大叫，只要想辦法盡快離開現場就好（也可以參考我在第三章列出的救急技巧），之後再想如何避免事情重演。如果真的沒辦法避開刺激，應該也可以找到一個不會讓狗狗超出臨界點的地方。狗狗最好能先做些室內運動再出門，降低一些壓力（透過醫療與訓練），也許需要再多做幾次情境訓練，比較能適應真實世界。

幾乎每次出門遛狗都可以做某種行為調整訓練，也請盡量試著回歸正常的「跟隨狗狗」方

假如狗狗心中最糟糕的情境突然降臨，請立刻緊急迴轉或使用標記再走開。

式。每次狗狗接觸到刺激，你都應該留意狗狗的肢體語言，你或當下的環境都可能強化狗狗的好選擇。另外也要留意所在地點，才能知道往哪個方向撤退最好。牽狗狗離開刺激時可以完全轉身，往反方向離開，也可以轉個九十度，過馬路到對街或者走到車道上。記住，打開家門、出門遛狗的是你，所以你有責任幫助牠避開麻煩。在出門散步時做些行為調整訓練，讓狗狗知道自己擁有選擇權，生活在人類操縱的世界就比較不會有壓力——你也省事多啦。

11

愛你的鄰居：如何改善隔籬叫囂

狗狗有個看家本領，一旦發現動物入侵地盤，馬上就會大聲嚷嚷警告全家。我們之所以會養狗或多或少也是看上狗狗的「看家」本領。我知道如果有人闖進我家，我家的幾隻狗狗會啟動「防盜警報」，就覺得很安心。幾年前有個男子在半夜兩點打開我家的門，多虧了我家那幾隻加起來有九十公斤重的狗狗群起狂吠，他才沒敢進屋。就算是「友善」的狗也很重視看家護院的重責大任，問題是**很多**狗狗也認為，絕對不能讓這個家以外的任何狗或人靠近自家圍籬，尤其是住在隔壁的「入侵者」。

我認為要解決狗狗「隔籬叫囂」的問題，最好先從環境管理著手，因為改變環境很快就能降低狗狗的壓力，而且改變環境很適合搭配被動訓練或主動訓練或同時搭配兩者，我們來看看這三種訓練方法。

改變環境

狗狗如果會隔籬叫囂，這個行為可能獲得了不少次強化，尤其是對圍籬外經過人行道的狗狗。從狗狗的角度去想就知道了，你的狗看到陌生狗狗，衝上前去吠叫低吼，陌生狗狗就落荒而逃，就算陌生狗狗本來就打算離開，你的狗可能還是會認為是自己捍衛地盤成功。為了確保狗狗能有所進步，必須排除這種會「加強」狗狗吠叫行為的環境，運用下面介紹的管理方法，就能解決大半問題。

如果你家狗狗會對著圍籬另一邊的鄰居或鄰居家的狗叫囂，有個很簡單的解決辦法——錯開狗狗出來的時間，另外還要完成我在第三章「眼不見，心不煩」提到的所有步驟。

就算你家院子有圍籬，你可能還是得牽著狗在院裡走走，免得狗狗捲入「圍籬衝突」。你也可以用長牽繩拴住狗狗，讓狗狗到不了圍籬邊，狗狗離圍籬愈遠，就愈不會吠叫。千萬不要把狗狗拴在屋外就不管了，應該到屋外陪陪牠。我覺得拴住狗狗最安全的方式，是將牽繩的一端連接一個有彈性的繩子，並把牽繩固定在木樁、房屋或其他堅實的物體上。最好使用不會糾結的長繩，譬如攀岩索或塑膠外皮的金屬線都是不錯的選擇。把長繩的一端固定在狗狗胸背帶的後方，這樣如果狗狗想往前衝，拉扯牽繩的一端，也還有一個彈性的繩子可以吸收震動，胸背帶會分配剩餘的力量，狗狗就不會被頸圈勒到窒息。

可能的話，你也可以調整庭院的布置，避免狗狗直接接觸到圍籬。可以在圍籬旁邊種一些茂密或多刺的植物，不僅可以降低能見度，也能多

我比較喜歡在牽繩末端加裝彈性避震，扣在胸背帶上可以分散壓力，也能限制狗狗的活動範圍。

吸收一些「入侵者」製造的噪音，讓狗狗比較冷靜。如果你跟鄰居相處融洽，不妨也建議鄰居調整一下庭院的布置，別讓他們家的狗接近圍籬。如果兩家狗狗處不好，你跟鄰居大概也會互看不順眼，所以不妨把這個當作兩家可以一起改善的問題。如果可以的話，在你家的圍籬跟人行道之間種一些崖柏屬之類的植物，路人離你家圍籬就更遠了。如果需要更多建議，史密斯寫了一本花園造景的書，有賞心悅目的圖片，也有對狗狗有益的巧思（參考延伸閱讀）。如果此刻你碰巧跟鄰居處得不太好，請細讀講述「社交心理學」的章節，尤其是附錄三提到的「基本歸因偏誤」。

請發揮創意，分析你們家的情況，看看還有哪些地方需要改變，才能降低狗狗在後院汪汪叫的機率。改變環境（妥善管理）比訓練夠狗來得快，也比較簡單，值得你花點時間認真思考。重新思考你原本的想法。你的狗狗需要一整個院子嗎？需要前後兩個院子嗎？還是後院就可以了？狗門整天開著到底是對狗狗有益、還是給狗狗製造更多壓力？如果你家老狗狗必須得在白天出門撒尿，但你家年輕小狗卻總是隔著圍籬跟鄰居狗狗彼此叫囂，那麼有沒有辦法在門上加裝智慧感應器，只讓老狗狗能自由進出？改變環境的外在因素說不定也能讓大家的生活更放鬆。

被動訓練・懶骨頭行為調整訓練

懶骨頭行為調整訓練是一種透過事先安排、讓環境本身訓練並強化狗狗行為的訓練法，概念跟2.0的情境訓練很像，但是更簡單，因為你不用跟著狗狗走來走去。懶骨頭行為調整訓練也是一種被動訓練，利用娛樂焦點吸引狗狗注意，狗狗就很難接觸到真實生活的各種刺激。有個很簡單的懶骨頭訓練是這樣的：拿一個很容易玩但可以玩很久的食物益智玩具，塞些零食進去，給狗狗在院子裡玩，再用長牽繩扣住狗狗身上的胸背帶，避免狗狗靠近圍籬，狗狗應該就不會情緒失控（不過還是要在院子裡盯著狗狗）。

塞滿食物的益智玩具會像磁鐵一樣吸走狗狗大部分的注意力。如果安排得夠妥當，你會發現就算有別的狗路過，你家狗抬起頭來想叫、下一秒又轉回去跟益智玩具搏鬥。太好了！牠沒理會路過的狗狗，那隻狗狗也就離開了（本來就會離開）。狗狗做出你想要的行為，就會得到牠想要的功能性增強。好神奇！如果狗狗還是會叫，那就用食物益智玩具再做一次懶骨頭行為調整訓練，這次把狗狗和食物益智玩具移到離你家的房子近一些，甚至在屋裡也可以，只是要把門打開（就像正式的情境訓練增加狗狗與刺激之間的距離一樣）。你也可以訓練狗狗「去拿玩具」，要是覺得狗狗快要汪汪叫了，就叫狗狗去拿那個牠剛才在吃的食物益智玩具，這一招對我家的花生很有效。

現代人生活忙碌，根據我的經驗，製做食物益智玩具如果太耗時，大家會懶得弄。我發明了一個省時又迅速的製作方法，選擇膏狀而非塊狀食物，就很容易裝進益智玩具了。如果你真的很喜歡打理食物，也可以自己製作絞肉。譬如我會把即食燕麥片、一些食材和罐頭或脫水狗食加熱水拌在一起，這就是花生的一餐了。買個擠奶油用的圓錐袋或是用勺子把濕狗食舀進袋子裡，把袋子封起來，剪掉袋子底部的一個角落，剪出一個大約一公分寬的洞。這就是你的自製圓錐管，可以把適當分量的食物擠進每個玩具裡。裝填完畢的玩具可以裝在袋子裡，也可以放進可重複使用的容器中，再放進冷凍庫。等狗狗吃完玩具裡的食物，只要把空的玩具放回冷凍庫裡的大容器。一次準備一堆玩具可以節省時間。把用過的玩具放進冷凍庫，玩具裡的殘餘食物才不會發霉。我家冷凍庫騰出了一些空間放狗狗的東西，不但擺著一打寵物玩具，還有別的食物益智玩具。為了節省時間，也可以買一支奶瓶刷或把玩具換成可以扔進洗碗機清洗的材質也行。

一邊矯正狗狗隔籬叫囂的問題，一邊這樣餵狗狗三餐，狗狗學得最快。如果你家狗狗基於某些理由非用狗碗不可，就先在屋外給狗狗玩食物益智玩具，再讓牠進屋、用狗碗餵狗狗（讓牠覺得益智玩具更有魅力）。注意狗狗每天從益智玩具攝取多少熱量。別忘了，零食的熱量往往比狗

如果你家狗狗忙著對付食物益智玩具，牠哪有閒做這件事啊！

食來得高，你應該不想把狗狗養成鑫鑫腸吧？體重過重的狗狗身體毛病比較多，壽命也比較短，所以別餵狗狗吃太多！狗狗要是被餵得太飽，對食物比較提不起興趣，懶骨頭訓練法的效果就會打折扣。如何分辨狗狗的體重標不標準？美國大約有六成的狗狗體重過重，路上也經常看到體重過重的狗，所以不能光用「看」的來比較。你可以在狗狗做每年健康檢查時問問獸醫，甚至你現在就可以「摸摸看」：如果狗狗體重正常，你應該用摸的就能感覺到狗狗的肋骨，不必用力按下去。從上面往下看著狗狗，應該看得見狗狗的腰才對。

回過頭來談談懶骨頭行為調整訓練法。狗狗玩完了食物益智玩具，受到刺激大概又會汪汪叫，所以你應該在屋外陪著牠，才能看到狗狗何時玩完益智玩具。你在屋外時並不需要一心一意盯著狗狗，狗狗玩玩具時，你可以看看書、整理庭院，講講電話什麼的。狗狗搞定一個食物益智玩具後，你應該帶狗狗進屋或者再給牠一個食物益智玩具（也可以從一開始就給狗狗好幾個益智玩具）。進行懶骨頭行為調整訓練，除非狗狗要上廁所或是有食物益智玩具，否則不要讓狗狗到院子裡去。狗狗可能需要訓練好幾個月才不會聽到背景噪音就失控。如果狗狗是最近才開始隔籬叫囂，就不需要訓練這麼久。等到狗狗改掉壞毛病，你就可以拿掉長牽繩跟胸背帶，甚至可以漸漸縮短長牽繩，讓狗狗把牽繩拖來拖去，這樣一來被拴住就跟在院子自由活動不會感覺差太多。狗狗身上只要有牽繩，就一定要有大人盯著狗狗。

除了去院子上廁所，狗狗每次到院子去都應該有食物益智玩具作伴，要一直訓練下去，直到狗狗不會對路人或是鄰居的狗狗吠叫為止。如果狗狗連續一兩個月表現正常，你看到狗狗搞定了一個益智玩具，可以稍等一下再給牠另一個，漸漸拉長空檔，狗狗在院子裡不需轉移注意的時間就會愈來愈久。漸漸減少玩具裡的食物分量，不過還是可以在院子裡放一些玩具，萬一有陌生人或是陌生的狗狗路過你們家，狗狗就可以自己用玩具鎮靜情緒。如果是幼犬，你可以用益智玩具強化牠在屋外上廁所的行為，還可以一邊做懶骨頭訓練：跟行為調整比起來，預防的效果好又快。

主動訓練

如果你願意積極一些，不妨試試另外幾種行為調整訓練法，幫助狗狗減少或戒除隔籬叫囂的毛病。先說第一種主動訓練，你得跟鄰居合作，讓兩隻狗狗一起進行一般的行為調整訓練，讓狗狗變成朋友或至少也能認識一下，有點交情。狗狗如果互相認識，互相喜歡，就不太可能隔籬叫囂。如果兩家各有好幾隻狗，先從最敵對的那兩隻開始訓練，再依次訓練其他狗。

在處理「隔籬叫囂」時，我多半會做大量的標記再走開訓練，同樣也會選擇干預程度最低、我也能很快脫身且不讓狗狗分心的方法。在狗狗自家院子，也就是「衝突現場」進行行為調整訓練會有幾個問題：(1)能靈活運用的空間可能不大（不過也可以打開房子的門，必要時就帶著狗狗撤退到屋裡）。(2)院子是個容易引起狗狗激烈反應的地方。(3)狗狗之間的圍籬也許就是一種刺激。(4)你可能得再多添一些誘因、讓環境變得更豐富多變，藉此鼓勵狗狗探索。

我通常先跟鄰居在人行道上做情境訓練，用牽繩牽著狗狗，兩狗離得很遠且沒有圍籬隔開（若基於安全考量必須要有圍籬，我也會選擇一些中立屏障）。要訓練到兩隻狗狗可以正常散步，不會互相理睬或是能好好互動為止。如果能挑個中立的場所，像是公園或是別人家的院子，狗狗不用牽繩也能安全玩耍，那也不錯。第一次做情境訓練時，最好找個「中立」的圍籬隔開雙方（也就是別用兩隻狗共用的那道圍籬）。

專家密技：如果你十分確定，雙方的叫囂行

為是出於不能一起玩所引發的社交挫折，不妨運用附錄二的「普雷馬克法則」讓牠們一起玩，藉此強化合宜行為。先讓兩隻狗狗在「中立區」玩耍，確定「玩」這個選擇沒問題再嘗試普雷馬克法則。

等到兩隻狗狗習慣在人行道上碰面，你就可以展開另一種情境訓練，讓兩隻狗狗各自待在自家院子，中間隔著圍籬，你跟鄰居用牽繩牽著狗，要注意只要訓練你先前訓練的那兩隻狗就好，不要加入別的狗。光是到後院去狗狗就承受不小的壓力了，第三隻狗加入無疑是火上加油。先訓練最難搞的兩隻狗，再透過情境訓練兩兩捉對訓練，然後再三個一組，四個一組，依此類推，直到你們兩家所有的狗狗都結訓為止。有時候鄰居不見得願意訓練愛犬，不過應該可以接受你跟朋友或是訓練師幫忙訓練。

如果你家鄰居不願意或是沒辦法幫忙，問題就棘手多了，因為你沒辦法帶狗狗離開「壓力

狗狗離你家房子越遠，就越不容易出現激動反應或行為。

區」，也無法讓鄰居的狗遠離圍籬。也許還是可以讓隔壁院子身上沒有牽繩的狗不知不覺地充當你的助訓犬，參與你的行為調整訓練。如果你有好幾隻狗，先一隻一隻單獨訓練，再兩隻一組訓練，再三隻一組訓練，依此類推，每次都請鄰居的狗狗當刺激。如果能先布置一下庭院，架設一個結實的安全圍籬，在圍籬前面種植一些味道濃重的灌木，狗狗比較看不到鄰居的人影、聽不到鄰居的聲音，也聞不到鄰居的氣味，成功的機率最大。我有一隻狗超討厭瓢蟲的氣味，所以我其實可以在我家圍籬附近種些金盞花之類會吸引瓢蟲的植物，讓牠避開圍籬，不去聞那個方向的氣味，請盡情發揮創意吧！

萬一問題不是出在鄰居的狗怎麼辦？如果你家狗狗仇視的對象不只一個——只要有陌生人或狗狗經過你家，牠都會汪汪叫，你該找一群助訓員和助訓犬做幾次情境訓練，也要做「環境突變」訓練（見第九章）。

如果你家院子沒有地方是狗狗可以看見刺激又不會吠叫的，最好上街訓練，讓狗狗有機會適應人，但你得多做幾次標記再走開讓牠轉移注意力（譬如利用響片）或者在你家附近的街上做情境訓練。狗狗不分青紅皂白吠叫起來，通常跟環境突然改變以及捍衛地盤的心態脫不了關係，所以你除了基本的情境訓練，可能也要做環境突變訓練。如果你的狗狗純粹是因為環境突變才叫或捍衛地盤的心態並不嚴重，你可以直接請助訓員走近圍籬再遠離圍籬。如果你不用牽繩牽著狗狗，狗狗大部分訓練時間大概會一直站在圍籬邊。如果刺激離圍籬遠一點的地方走路，狗狗也不會吠叫，那你可以不牽著狗。如果不行，一開始訓練還是要用牽繩，也別讓狗狗靠近圍籬。

助訓員該走的路線就是路過你家的行人通常會走的所有路線，唯一差別是助訓員會先走上前來，再停下腳步或是緩慢移動，最後在適當時機退場，這便是你的狗狗做出正確行為得到的功能性增強。你仔細觀察狗狗，等狗狗做出合適的替代行為，就說「很好」，也提示助訓員走開（這就是狗狗的功能性增強）。助訓員沿著圍籬平行地走，走到某個點停下，等你說「很好」，再沿著原路往回走，走別的路線離開也可以。別忘了，會經過你們家的「路人」有很多種，所以也可以找小朋友、單車、拿柺杖或坐輪椅的人、開車經過你家打招呼的人，還有牽著狗或沒牽著狗的行人一起訓練，狗狗在訓練過程中最好可以接觸到各式各樣的路人。一個人若是拿著鑰匙叮叮噹噹或反覆播放狗牌錄音，狗狗可能會以為這人在遛狗，所以用這招就不必找那麼多助訓犬幫忙了。你甚至可以獨立做訓練：把藍芽音響放在圍欄外面，再用手機控制、播放預錄的音效。

你還可以用零食在院子裡做標記再走開：遙控控制的零食餵食器是不錯的選擇（譬如PetTutor或MannersMinder），你可以在三十公尺外給狗狗額外獎勵，即使中間隔著幾道牆也無所謂。按下遙控器，餵食器就會嗶嗶作響，送出零食，狗狗看了就知道自己贏得一個零食。你可以觀察狗狗在後院的舉動，狗狗做出好的替代行為，你就

遙控餵食器很適合用來發給狗狗額外獎勵，因為狗狗要跑到餵食器旁邊，才能吃到零食。

按下遙控器，狗狗聽到嗶嗶聲就知道該從圍籬奔向餵食器，迎接牠的零食。狗狗要離開刺激才能吃到零食，等於得到雙重獎勵，有功能性增強（拉開與刺激之間的距離），還有額外獎勵（零食）。你可以在屋裡拿著遙控器，訓練屋外的狗，也可以一手拿著遙控器，一手牽著鄰居的狗，等你的狗狗有好表現再按下遙控器。我發現最理想的做法是把餵食器放在後門旁邊，狗狗必須從刺激跑向屋子才能吃到零食。PetTutor有定食器和吠叫感應器，可以在狗狗保持安靜時放出零食打賞。這款搖控餵食器正在研發手機應用程式，如此就能跟攝影機結合，讓你不在家也能完成訓練。另外像是Petzi Treat Cam、iPooch、PetChatz Video Phone也都有完備的「線上打賞」技術（但我自己還沒試過）。不論你選擇哪一種設備，請善用搖控餵食器，讓狗狗遠離刺激、奔向零食的懷抱。

　　訓練狗狗遇到刺激還要舉止正常並不容易，就算狗狗沒有牽繩約束，又有自家圍籬保護，也還是不容易。但是為了往後的平靜生活，再怎麼辛苦訓練也值得！不管是主動訓練，還是被動訓練，都要保持耐心，改變一下院子的環境，把狗狗失控的機率降到最低。現在讓我們看看下一項挑戰：你真的很想把客人帶進家裡，這時該怎麼辦？

12

誰來了？讓狗狗喜歡客人來訪

每當家裡有人來訪，你希望狗狗如何反應？不論站在門外的是誰，我個人喜歡狗狗和我一起開門迎接訪客。不用說，萬一來者不善，我會很感謝有狗狗在旁邊幫我，吠叫嚇阻——這部分大概不需要特別訓練：絕大多數的狗狗本能地知道眼前是否真有威脅，所以教牠們學會歡迎「侵門踏戶」的陌生人才是最困難的。我們可以透過行為調整訓練讓狗狗們明白，牠們可以選擇和走進家門的外人建立愉快且良好的關係，進而喜歡有訪客到來。

在以懲罰為基礎的訓練系統中，**洪水法**應該是最標準的做法：安排訪客上門，當狗狗表現不安或不舒服的反應時，利用牽繩矯正或以其他方式嚇阻牠的行為；一旦狗狗不再表現激動反應，就代表你「訓練」成功了。雖然人狗殊途，但兩者都是哺乳類，故大腦構造與功能也有一定的相似程度。各位不妨想像一下：假設你看見小丑就緊張，結果有人帶著一票小丑上門，並且在你嚇到尖叫或試著保護自己的時候猛掐你脖子，讓你窒息——這根本是恐怖電影吧？你可能表面上看起來沒事，但這並不代表你對這樣的處境感到自在；患有「創傷後症候群」的人跟你在電視上看到「安靜、順從」的狗狗其實有不少相似之處。

現今的訓練概念正好相反：我們要創造讓狗狗容易並順利調整行為的環境條件。我認識的許多訓犬高手都建議飼主：「只要有陌生人踏進家門，馬上給狗狗好吃的」；更上層樓的方式則是從客人還在屋外時就開始給，一路給到進家門。這無疑是好的開始，通常也很有用，但我比較喜歡「授權」：把維護自我安全的控制權交給狗狗，做為牠們在面對變化時的主要手段，然後在需要建立良好關係時再以零食輔助。

別誤會我的意思，一如我在講述環境管理的章節所言，當狗狗還沒學會該怎麼應付眼前的狀況時，我的確會用零食、玩具以及所有手邊能派上用場的條件或物品，讓狗狗保持放鬆或更加放鬆。如果你不得不在狗狗訓練好之前就把客人帶進家門，請嚴加管控、善用安全防護措施。

至於訓練方面，我會建議找助訓員、先在屋外做行為調整訓練，然後慢慢由外而內、把助訓員往家裡帶。在屋外進行情境訓練時，請使用牽繩或圍籬保持安全距離。如果受訓犬有咬人前科或可能咬人，請追加使用嘴套、活動柵欄或安全閘門等防護措施。請先在多個不同地點讓雙方友善互動，待時機成熟再邀請助訓員上門作客。也就是說，頭幾次你帶進家裡的陌生人不是「真的」陌生人，而是狗狗已經先在外頭認識、也挺喜歡的未來客人。

對大部分的狗狗來說，沒進門的客人都是好客人；一旦進了門，麻煩就來了。

在理想情況下，剛開始你最好找狗狗已經很熟悉、也樂意讓她或他進家門的親朋好友來當助訓員，如此你就能先蒐集一些基本資訊，了解你家狗狗在情境訓練時可能表現哪些行為。拿牽繩、架圍籬並使用標記再走開可能會讓狗狗察覺情況有異，所以你也得先測試一下，看看牠會如何反應。在「正常」情境下做幾次標記再走開，防止狗狗建立錯誤關聯，誤以為你做這些動作是因為前方有危險。

現在讓我們來看看「陌生人進家門」訓練大致上會怎麼進行。一開始狗狗可能得花不少時間才能接受第一位助訓員，不過隨著訓練持續進行，助訓員從陌生人變成朋友的速度會越來越快，最後你說不定可以直接跳過屋外前置準備，直接讓助訓員走進家門；不過，一步一步來、幫狗狗做好基礎準備能讓訓練進行得更順利。我會在接下來的例子裡提到幾個特殊步驟，但這些做法對你家狗狗的進展速度可能還是太快，所以請適時多加幾道緩衝步驟，讓狗狗更容易學會接納陌生人。

首先，你有一隻準備接受訓練的狗狗「迪納莉」，而你邀請的助訓員「麥克斯」站在屋外。在這個例子裡，我假設你家有院子，但就算沒有也沒關係，請依你的環境條件自由調整；若是高樓大廈，你或許得來點腦力激盪、多花點想像力，想想該怎麼安排一個低壓力訓練環境，但這並非不可能做到。不管怎麼說，我還是建議你聘請專業訓練師當顧問，協助你執行這些步驟，因為訓練「細節」非常重要，而每隻狗、每個家庭的重點細節都不一樣。

讓我們再回頭描述訓練場景。就說「迪納莉」有咬人前科吧，而牠也已經學會並適應戴嘴套了。你們的第一堂訓練課必須讓迪納莉和麥克斯在完全中立的地方相遇，譬如公園。在公園裡，迪納莉很快就跟麥克斯變熟，於是你們結伴散步，雖然迪納莉看起來挺自在的，不過為了安全起見，你仍要為牠戴上嘴套。散步結束後，迪納莉已經能好好地、主動和麥克斯打招呼，如果牠向麥克斯討拍，這時麥克斯可以用「**五秒法則**」摸牠（參見十三章）。第二堂課，你帶迪納莉在你家附近散步（牠依舊要戴嘴套）並「巧遇」麥克斯，但麥克斯的行進方向必須是遠離、而非迎向你們倆，這時你們開始做行為調整的跟隨訓練，麥克斯可以偶爾拉開距離，然後掉頭（繞圈）朝你們倆走來。

來到你家附近，你們先休息十分鐘，這時可以撒點碎餅乾讓迪納莉聞找或拿出你事先準備好的冷凍食物益智遊戲或零食嘴套（請參考第三章）。麥克斯必須待在你們看不見的地方，但仍得以某種方式跟你們接觸，譬如講手機。等迪納莉玩完食物益智遊戲，你發簡訊給麥克斯、幫迪納莉戴上嘴套，再撒些有氣味的東西讓迪納莉嗅找；幾分鐘後，麥克斯出現了——這項安排的用意是不要讓迪納莉空等、累積壓力。當然，你也可以帶迪納莉四處走走、讓牠嗅聞這塊區域的自然環境。你們和麥克斯再挑幾種情境訓練來做，切記，麥克斯回到迪納莉的視野範圍內也算是一種「環境突變」。

前置準備到此完成，下次麥克斯就要正式進家門了。第三堂開始時，請先讓迪納莉像上次那樣在外頭散步、巧遇麥克斯，然後用幾個簡單的行為調整技術確認迪納莉還記得麥克斯，也對他感到自在。接下來，你們兩人一狗一起往你家的方向移動，麥克斯走在前面。進門前，先讓麥克斯在屋外隨處走走，你則跟在迪納莉後面，用長牽繩和2.0版行為調整技術為牠暖身。

我們之所以在屋外做這些動作，目的是為了重建待會兒狗狗會在屋裡遭遇或經歷的情境刺激。屋外能降低環境壓力，因為狗狗能自在移動，環境脈絡亦有所不同。比方說，院子裡可能有幾張鐵椅，那麼麥克斯就可以玩「大風吹」——先坐這張，等等換坐另一張。剛開始的時候，如果麥克斯要站起來，你必須先把迪納莉帶到一段安全距離之外，因為「站起來」對狗狗來說通常代表刺激。「麥克斯站起來」即是所謂的環境突變，這時請運用我們在環境突變章節提到的調整法（譬如標記再走開）。此外，你也可以請麥克斯（助訓員）做出以下這類變化：起身、繞過轉角離開，幾分鐘之後再回來（好比客人去上廁所——但剛開始只能消失一下子，然後漸漸延長，直到狗狗的表現顯示牠們已經忘記旁邊有客人了）或是請他坐在某位家庭成員旁邊，擁抱或者跟家庭成員互動等等。

做環境突變訓練時，標記再走開是很好的入門技巧，但我建議你使用標記再走開還有另一個理由：如果訓練地點離家很近，對「迪納莉」來說，在自家附近隨走隨聞沒什麼意思。無聊會導致皮質醇累積，也更容易情緒大爆發；這時不妨撒點零嘴碎屑讓牠找找，引起牠的興趣——其實你們也可以把起司或餅乾碎屑交給麥克斯，讓他來撒。假如你選擇用零食訓練，請確認迪納莉即使戴著嘴套也舔得到。如果麥克斯要扔零食給迪納莉吃，請拋得遠遠的，讓迪納莉必須跑遠一點才吃得到，因為這會給迪納莉兩種選項：決定不再繼續互動或者跑回來討更多吃的。但無論如何請小心操作：有些狗狗會誤把「拋擲」手勢視為威脅，進而出現激動反應。

麥克斯打開你家大門時，迪納莉可能突然有所警覺，故請確保迪納莉跟麥克斯保持足夠的安全距離（此時牠仍在屋外）。試著以輕快、隨興的步調進行。接下來，讓麥克斯進屋、找一處坐下，讓迪納莉跟在後面。進屋訓練時請盡可能運用平行遊戲技巧，理由是就算你們做足了前置準備，計畫之外的刺激依舊可能突然出現，而狹小的屋內空間也許會讓迪納莉不願使用牠學過的新技巧。請使用短牽繩（但要保持鬆弛）或在麥克斯四周架起移動圍欄，保護人身安全。你可以準備零食嘴套或方便透過嘴套舔食的食物益智遊戲給迪納莉玩，讓牠有事可做，而非只是緊緊盯住麥克斯。如果當下沒有咬人的疑慮或已架好實體屏障，你可以解開牠的嘴套，讓牠像平常那樣玩食物益智遊戲。

像這樣各做各的一會兒之後，人犬全部出門來到屋外，降低狗狗的警敏程度。麥克斯起身時，請務必讓迪納莉站在遠處（或乾脆先讓迪納莉先出門），因為「突然起身」對狗狗來說可能是刺激。接下來請一起散散步，路程不用太長，然後再一次進屋訓練，這回讓麥克斯換個位置坐。其實，一天有一位「陌生人」來訪對狗狗而言可能已經是極限，所以我建議你們在「院子大風吹」或開門進屋的段落或是進屋首次落坐後先等個幾分鐘，暫停訓練，觀察狗狗的警敏程度；正常來說，狗狗從第二輪訓練開始到這個階段應該都要很放鬆才對。若順利進行，下一次拜訪時就可以考慮縮短屋外前置準備，讓麥克斯進屋並坐在以前沒坐過的椅子上。請留意迪納莉平常放鬆趴臥的地點和椅子的相對位置，距離從遠到近對狗狗來說也是一大挑戰。

接下來這一回，你們要把在屋外練習過的那一套搬進屋裡實作。隨著訓練反覆進行，迪納莉「認識」客人所需的時間也會越來越短，而你使用其他技巧（譬如找碎屑）來轉移注意力的次數也會逐漸減少；不過，如果你決定讓客人待久一點，最好還是準備食物益智遊戲給迪納莉玩。試著讓食物益智遊戲在客人來訪**後**出現，而不是反過來。如果你即將進展到摘掉嘴套的階段，不妨先準備幾份食物益智遊戲、放在屋外，再讓客人順手帶進來。一開始請無條件直接把食物遊戲給狗狗玩，等牠越來越習慣客人存在，你可以先讓迪納莉坐好再把遊戲給牠，如此有助於建立並維繫雙方的正向連結。

等你們進展到準備解開牽繩這一步時，調整的技巧和方法都差不多，但仍請多加注意何時必須干預、防止警敏或激動程度迅速攀升。請務必確認你已經透過正增強的方式做足了喚回訓練，確保口令有效可行；或者你也可以用「回窩裡」這類口令支開牠、指示牠返回固定地點，好處是你並非叫牠回來找你，而是告訴牠可以去別的地方。譬如在分開兩隻有行為問題的狗狗時，叫牠們「回來」可不是什麼安全選項——因為兩隻狗都回到你身邊！你用口令指引的特定地點可以是狗窩、椅子、搖椅或其他地方。請觀察牠的肢

就算你家狗狗能與客人自在相處，還是幫牠準備幾樣啃咬玩具，讓客人來訪的額外壓力有個宣洩出口。

體語言，確認牠待在這些地方是放鬆、沒有壓力的。你也可以在標記再走開時，利用這類「指示地點」口令鼓勵牠離開現場。比方說，當你和麥克斯並肩坐在沙發上，你看見迪納莉發出阻絕信號（轉頭不看麥克斯），這時你可以說：「好，回窩裡去吧！」於是迪納莉快步遠離麥克斯、回到牠的窩，你跟著起身，走向牠的窩並給牠一些零嘴。你也可以用搖控餵食器或喊牠去叼某樣玩具給你。

一如我早先提到的，你可能得把訓練節奏放得再慢一點或者實際進展說不定比我描述的要快上許多，請密切注意狗狗第一眼見到屋外陌生人的反應。如果你催得太急、進展過快，可能會使牠對門外的訪客產生負面聯想，並且在明白這是情境訓練時，出現吠叫或狗視眈眈的反應。如果發生這類情況，請檢視你的訓練計畫，做些調整，比方說你可能得把距離再拉遠一點或是縮短課程時間。你也可以玩「偽情境訓練」——假裝你們要做帶客人來家裡的情境訓練，結果只是帶牠出門散步而已。

如果狗狗會怕人或攻擊人，成功請人進家裡作客絕對是一項了不起的成就，堪比贏得奧運金牌。你和狗狗都得花時間、謹慎練習才能完成這項艱難的訓練。古諺有云：「練習不會成就完美，唯有完美的練習才能成就完美。」為了將來的美好生活，請為狗狗打下穩固的良好基礎，耐心花時間為狗狗創造容易學習的訓練環境。除了本章談到的行為調整，也包括下一章要探討的早期社交訓練。

13

用於幼犬社會化的行為調整訓練

千萬不要跳過本章不看，就算你家現在沒有幼犬，以後說不定會養一隻或是養隻新的成犬，到時你就可以運用本章的行為調整訓練，協助狗狗順利社會化。一開始就做對，要比走偏之後再來改正容易多了！如果你是幼犬訓練班的訓練師或訓練被救來的狗狗，請務必仔細閱讀本章。如果你有一隻幼犬，這章也會告訴你如何避免牠染上激動反應的惡習。這一章的內容也提供了有用的標準，幫助你選適合愛犬的幼幼班。

養幼犬就像發射太空梭，時程緊迫——你要為這項任務（牠的一生）做好準備，但發射後的維修工作絕對比一開始的組裝過程困難許多。然而養狗跟發射太空梭不同的是：大家都認為自己知道怎麼教養幼犬。資訊與時俱進，訓練方法亦不斷翻新；再加上每隻狗狗都有不同的需求和脾性，所以我們不能墨守成規、只靠經驗養狗。

我真希望時光能倒流，讓我可以陪伴花生度過童年。我會趕在牠被送到收容所前領養牠或是拜託牠原本的飼主再等兩個禮拜就好，等牠的敏感期結束再把牠送走。最重要的是，我會把行為調整訓練納入牠的日常生活裡，我會仔細觀察牠的反應。牠需要跟刺激保持距離，我也會尊重牠的意願，一步步培養牠的勇氣。我不會再當著牠的面一鏟一鏟放飼料給牠，而是讓牠可以多多注意周遭自然發生、有利牠與陌生人互動的強化因子。所以對於家裡的新成員「豆豆」，我正在盡我最大的努力，做到以上這些承諾。

你可以觀察幼犬的行為，把行為調整訓練引入牠的社會化過程。幼犬在散步途中走上前去看看東西，你就儘管讓牠去看，同時運用牽繩技巧，不要拉緊牽繩、施加壓力。假如牠還沒滿足好奇，想再靠近一些或多了解情況，請耐心跟著牠，唯有在你認為牠可能會惹上麻煩或是注意到旁邊有人或另一隻幼犬時，再使用緩停或喊口令喚牠回來。等牠覺得看夠了，準備繼續向前走，先說聲「我們走吧」（或你設計的其他口令）再帶牠離開。請大方稱讚牠跟你一起走或是給牠零食當獎勵，也可以讚美與零食齊發。

這麼做並不是放任牠完全遠離你的腳邊，而是讓牠短暫跟著你、然後放牠自由探索新世界。當牠把時間花在你身上、只專注於你，牠在這段時間內就無法拓展學習地圖，無法累積環境中的一般「正常」資訊。即使你帶著你家幼犬四處遊歷、去過無數新地點，假如牠始終把注意力放在你身上，那麼牠依舊有可能社會化不足——這正是引發激動行為的重要原因之一。

零食是訓練狗狗的重要工具之一。但如果幼犬總是處心積慮地想從你手中獲得零食，牠們會因此失去學習與探索世界的機會。

與人互動

人們都喜歡摸摸狗，我也喜歡，坦白說我會養狗也熱愛成天與狗為伍，一起工作，多半是因為可以摸狗狗。可惜大部分人類不懂得尊重狗狗對空間的需求，逕自走上前去搓揉狗臉；有些人更糟，會興奮地把他們的「人爪」放在狗狗的頭和肩上拍兩下。幼犬們玩耍時，我們會盡量避免牠們做出「直立姿」——不讓狗狗動不動就躍起直立、撲搭在彼此肩上；諷刺的是，人類卻一天到晚這樣對待狗狗，然後百思不解牠們為什麼這麼興奮、總是跳跳跳！

小朋友會擁抱、親吻狗狗，這一類的肢體舉動對靈長類來說可以撫慰心靈，在狗狗看來則粗魯無禮。有時人類的舉動導致疼痛，小朋友拉扯牠們的尾巴、耳朵或身上的毛，獸醫拿針戳，美容師剪趾甲。我想對狗狗來說，剪趾甲大概跟被咬一樣難受。即使我們這樣對待狗狗，大多數的狗狗卻不常咬人──這是否更加難得？

雖然人類會在無意間「冒犯」幼犬，但幼犬社會化的過程有個重點是要讓牠學會喜歡跟人見面打招呼。你可以運用目前學到的行為調整訓練，讓幼犬的社會化過程更順利。遇到小朋友或成人走近你家幼犬，你可以跟狗狗說「去打個招呼」並觀察牠的行為，再決定要不要讓牠跟人互動。這個口令賦予牠選擇權，必須依狗狗當時心裡想要的、而非你極力攏絡牠去做的行為而定。如果幼犬走上前去打招呼，就讓那個人跟牠打招呼。

萬一狗狗轉過頭去不看人，請你把重心往後移或後退一步，讓出空間，讓狗狗可以選擇要不要再離那人遠一點。如果你覺得狗狗想走卻走不了，請大方叫牠回到你身邊，讓那人接觸不到狗狗。狗狗回到你身邊後，你該說幾句稱讚的話，然後再回到行為調整訓練的跟隨狗狗模式。狗狗要是想再去打招呼，就讓牠去，要是不想也沒關係，你只要保持愉快的氣氛，帶狗狗離開就好。

狗狗確實需要與牠喜愛的人親密接觸，然而小孩子對待狗狗的舉措大多有被咬的風險。

別讓幼犬在打招呼時被人類嚇著了！這隻小狗狗想逃也逃不了。

如果那人有空，狗狗也不閃躲逃跑，你們可以待在原地聊天，讓狗狗恣意探索，這樣更好（但如果狗狗想走，請立刻協助牠離開）。一邊聊天一邊等待狗狗決定要不要回頭再嗅嗅那人，如果牠願意，那就重複前述過程。狗狗要是跳起來打招呼，你就蹲下來，用手指勾住胸背帶的胸口條帶，容許牠走動但跳不起來。你可以請另外一人也蹲下來，這樣對狗狗來說比較不恐怖，而你的狗狗也比較不會頻頻想跳起來。

幼犬需要空間，你遇到小朋友時，也要教他們給狗狗空間。「犬語解譯」（Dog Decoder）這個手機應用程式相當好用，讓你能讀懂狗狗的肢體語言。讓幼犬跟小朋友互動、學習社會化，對小朋友來說也是熟悉狗狗肢體語言和「五秒法則」的好機會。其實大人也該學習並使用這套法則：跟幼犬打招呼的時間不要超過五秒，然後停下來，等牠決定要不要再重新開始這個過程。

以下這段節錄自《不害犬訓練手冊》的「五秒法則」：

拍拍牠，最多不超過五秒，然後把手收回來，看看狗狗如何反應。如果牠主動蹭你的手或盯著你瞧，那麼牠大概很享受你的撫摸；假如牠定住不動或轉身或離開，代表牠可能覺得你很煩。

你可以強化激動反應的狗狗做出阻絕信號，例如別過臉去、轉頭、轉身、嗅聞地面、甩動身體等等，也可以強化幼犬做這些行為。自然發生的增強因素最是理想，但你可能還是需要適時介入，強化幼犬保持距離的觀念。年紀很小的小狗狗平常跟兄弟姊妹打鬧或是跟別的狗狗打鬧，就會學到阻絕信號。現在狗狗到了新家，我們也可以訓練牠們做出阻絕信號，延續牠們的正常發展過程。你應該告訴小朋友，看到狗狗的阻絕信號就該冷靜往後退或是站到一邊。這是為了小朋友的安全著想，也有助於幼犬學習被授權與自主選擇。

幼犬的注意力持續時間很短，以阻絕信號「要求」距離時並不是希望永遠獨處，只是希望暫時擺脫社交壓力，稍微喘口氣。小朋友看到阻絕信號就往後退，幼犬會先暫時在原地不動，但很快又會跟小朋友玩在一起了。這種練習很有幫助，小朋友可以學習從狗狗的肢體語言判斷牠的心情，判斷牠願不願意讓自己摸，願不願意跟自己玩；小朋友也可以發明自己的阻絕信號，遇到太熱情的狗狗就能派上用場。

如果幼犬每次要求距離的行為都能如願並增強，牠會更能適應、學習對人更有耐心，也會一直用有禮合宜的行為要求保持距離。我在1.0版行為調整訓練提過，我們可以逐步戒除獎勵幼犬要求距離的強化行為；現在我明白不一定要這麼做。一方面是因為在現實生活中，我們經常不自覺地忽略這種要求，所以也沒必要刻意戒除這種習慣。如果你家小狗狗需要多一點空間、而你也能為牠做到，那就幫幫牠吧！

幼犬在你的訓練下應該會愈來愈勇敢，年幼的小狗可能會經歷一段敏感期，通常是八到十週大時（世界突然變得好恐怖！）以及六到十二個月大、歷經青春期的那幾週。如果你家幼犬突然因為小事而緊張，大概就是敏感期作祟；你應該要有耐心一點，減少狗狗受刺激的機會，狗狗才不會一不小心就變得敏感。**永遠別讓狗狗超出臨界點，務必盡可能回應牠對距離的要求，同時也要明白狗狗的臨界點會隨著年齡改變。**

如果你家幼犬真的很怕人，好不容易鼓起勇氣接觸外面的世界，卻碰到別人摸牠，牠可能會以為自己被懲罰了（牠要是怕人的話，可能會認為人家摸牠是在懲罰牠，能避開就要盡量避開）。幼犬要是願意靠近人，你就請那個人先往遠處丟一份零嘴、同時後退一步。你們可能必須重複這個過程好幾回，但這麼做很快就能建立小狗狗的信心、讓牠對人感興趣——這種做法跟蘇珊．克洛西耶的「給賞再撤退」如出一轍。這個方法不只對幼犬管用，我對怕人的成犬也常用這個技巧。其實行為調整訓練技巧在這種時候也都能派上用場：如果你不方便請陌生人後退，那就來個標記再走開吧——趕在陌生人伸手摸狗狗之前，叫狗狗回到你身邊，給牠一個零食，再讓牠再次過去調查，但記得要把你手上的零食收好唷！

與狗狗或其他動物互動

狗狗之間的互動也是幼犬社交過程的一大重點。幼犬必須和各種體型、品種的狗狗做朋友，而牠這一輩子也會遇見其他不同的動物。我把狗對人的社會化分開來談，因為在狗狗眼裡，人絕對是異類。有些狗只看人不順眼，有些狗只看狗不順眼，有些狗則是看人狗都不順眼，所以幼犬必須進行對人、狗及其他動物的社會化。請協助你家的幼犬交幾個實實在在、牠打從心裡喜歡的朋友（人或動物均可），不要只是認識對方而已，因為真朋友能與牠建立正向連結，幫助牠練習更深入、層次更高的溝通技巧。

專家密技：行為調整訓練的牽繩技巧對訓練幼犬非常實用，但請避免使用長牽繩。集體散步對幼犬來說是非常好的訓練，不論狗狗或飼主都是很正面的體驗。在此之前，請確認每一隻幼犬是否已注射疫苗。你可以帶小狗狗們做社交訓練、練習握繩與牽繩技巧、准許行動和其他在散步時可能會遇到或用上的情境及技巧。如果要打廣告收學生，你可以把訓練過程拍下來、放上社群網站或者安排會經過寵物店或其他相關店鋪的散步路線；如果狗學生的照片出現在社群網站上，要記得按讚支持。

目前，絕大多數的幼犬是到了幼犬訓練班才第一次接觸到兄弟姊妹以外的幼犬，但並非每隻小狗狗都適合上學，飼主應該考量愛犬的社交經驗，也要考量班上其他幼犬的社交經驗。我提過，大部分狗狗天生就會某種行為調整訓練；舉個例子，狗狗看到另一隻狗別過臉去，坐下或甩動身體，通常自己都會暫停一下，伸懶腰邀玩或做些其他動作，緩和一下緊張氣氛。這正是行為調整訓練的宗旨：加速自然社會化的過程。有些幼犬是從母親與兄弟姊妹身上學到肢體語言的奧妙，但有些幼犬並不擅長解讀別隻狗的肢體語言或處於成長期的肢體不協調，這時就不得不請人類出手干預幼犬打鬧了。如果班上出現幼犬霸凌行為，又或者你是經驗老到的訓犬高手，願意花時間做足安排與環境布置，那麼從迷你班開始訓練幼犬社會化應該會比同時照料一整班小狗狗好得多。

如果你家有幼犬，你一定要看懂牠的阻絕信號，才會知道狗狗何時想跟另一隻狗保持距離。假如你家幼犬處於愛玩的年紀，你卻發覺牠轉過身背對一隻母幼犬並開始慢慢遠離，母幼犬卻跟在後面，正要猛撲過去。為了愛犬的安全著想並體認牠對距離的需求，你應該引開母幼犬的注意力：你可以輕輕摸牠或叫牠過來，讓你的狗狗有機會逃跑；同時你也要讓這隻幼犬的飼主知道你正在做什麼及其用意。如果另一隻狗狗就是不死心，仍拚命追逐你家狗狗，你或另一位飼主乾脆把牠抓起來放在別的地方吧。千萬別喝斥、搖晃或甩動狗狗，也不能施以任何會令牠恐懼或疼痛的行為。

如果某隻幼犬無視阻絕信號，持續霸凌其他幼犬，為了顧及同班同學的安全，訓練者有責任為這隻幼犬設計其他能建立社交經驗的方法或課程。你可以採取以下幾種做法：分組遊戲，讓幼犬跟適合的玩伴在一起；另外給這隻狗狗可以咬的玩具，讓牠有事可忙（但也可能引發類似護食等資源保護行為，故請謹慎使用）；頻繁實施「叫暫停」阻斷交流；或者乾脆讓牠跟社交技巧成熟、打好疫苗、健康又乾淨的成犬一起玩。如果讓成犬進幼幼班的方法不可行，那麼在幼犬遊戲時段就讓這隻小狗狗跟主人玩或者做一些自我控制練習，然後再安排獨立遊戲課程，讓牠跟社交行為良好的成犬一起玩（請務必親自監督或利用「尋找玩伴」等共享資源。我曾經為不害犬訓練課程的客戶建過一套資料庫，這類資料庫就很有用）。這種獨立遊戲課程的時間不能太長，另外也可建議飼主在上課前先帶牠去運動，消耗體力。如果他們願意報名一對一課程則更好，因為有一些行為調整情境訓練絕對能幫助這樣的幼犬！請善用本書的建議方法，用替代行為調整牠的社交挫折。

專家密技：如果幼犬有攻擊行為這類問題，幼犬期是行為調整的關鍵期；身為訓練者的我們有責任讓飼主看見問題所在。你可以建議這些飼主報名一對一課程或提供其他解決激動反應的訓犬資源。這些狗狗說不定還是能以其他有限方式參與幼幼班課程，不過，萬一這對狗狗並不是最好的選擇（牠會經常超出情緒臨界點）或可能危及班上其他狗狗的安全及利益，請務必商量並找出其他解決辦法。

你家幼犬不是唯一會做出阻絕信號的小狗狗，所以請注意牠是否不尊重其他幼犬的阻絕信號，畢竟狗狗年紀小，還在學習。你可以觀察牠打招呼的對象，不管是幼犬還是成犬。如果你發現對方發出阻絕信號，先等你的狗做出恰當反應，要是沒等到，就叫狗狗回到你身邊，轉移牠去做別的事情或者把牠抱起來，給牠一點暫停時間（窩在你懷裡什麼也不做，休息十五到三十秒），當然你也可以運用第七章的標記再走開技巧。

也請讓你家小狗狗有機會認識貓咪還有其他會飛的動物，只是要小心，別把其他動物嚇跑了。舉個例子，你把貓咪放在一個平面上，例如沙發或貓跳台，並且給狗狗穿上胸背帶，繫上牽繩，這樣能讓貓咪處於相對安全的位置，讓牠願意留下來。等到狗狗研究完這個新動物，轉過頭去，請輕聲稱讚狗狗、然後退開，看看牠是否也想離開。如果牠太過投入，你可能得安排一些暫停時間，利用標記再走開讓牠多次離開再回來，同時給牠像是食物益智遊戲的東西強化印象。如此持續反覆能讓幼犬漸漸適應其他動物，也能讓

讓狗狗在幼犬期認識其他種類的動物，對牠百利而無一失。

貓咪放鬆，你甚至還可以建立「看見貓↓玩玩具」這樣的行為連結。最後請適時且盡快切回2.0版「跟隨狗狗」模式。如果跟隨狗狗不管用，那就死守「看見貓↓玩玩具」的設定並將它概化成替代行為，雖然這不算行為調整訓練，至少有用！

如果你家貓咪會怕狗，不妨也對貓咪試試行為調整訓練：一開始先讓幼犬待在圍欄裡，給牠玩食物益智遊戲、讓牠分心，這時再讓貓咪以牠自己的步調慢慢接近狗狗，你則輕輕退開。你也可以問問朋友家的貓咪是否不怕狗狗，讓你家小狗狗先認識這樣的貓咪，進而把牠們當成同伴而不是追逐的對象。你可以用響片（參考附錄一）增強幼犬的社交與自我控制行為，標記再走開也是不錯的選擇。我常常去我家附近的一間寵物店，他們有三隻店貓，很會跟狗狗打交道，牠們絕對是幼犬社交訓練的助訓好幫手。

與各種地面材質、狗籠、聲音或其他經驗的第一次接觸

幼犬除了跟人、狗和其他動物進行社會化之外，跟沒有生命的物體、聲音以及人與狗之外的一切都應該有良性接觸。牠們必須學習肢體運作方式，學會在不同種類或材質的平面上控制肢體行動。在調整幼犬激動反應時，我會在牠們不需要特別留意社交線索時多用一些零食。我訓練幼犬跟狗或人互動時，因為希望幼犬非常注意牠遇到的人或狗，會盡量避免使用零食。如果我只是要牠走在滑溜溜的地板上或是走進狗籠裡，我會比較隨意地使用零食配合標記再走開，不過我還是會試著盡快戒除零食強化的連結，讓牠們能更快明白自己的身體動作、掌握最佳移動方法。動物必須學習如何在這個世界生存活動，而本體感覺是非常重要的學習依據；如果我們老是拿零食

就像輔助輪之於小孩學騎單車，在幼犬社會化的過程中，我們必須謹慎使用零食獎勵並盡快戒除不用，讓狗狗找到自己的平衡方式。

誘牠們分心，牠們會抓不到要領，錯失良機。

我在1.0版行為調整訓練提過一個「幼犬露露」的例子。露露很怕滑溜溜的地板，如果當時的我懂得現在我知道的道理，我會稍稍改變訓練牠的方式。為了讓各位明白2.0版行為調整訓練技巧與以往有何不同，以下改編露露的例子給各位參考。

露露很喜歡響片，所以牠只要靠近廚房的磁磚地板，我就會按響片。我先在鋪地毯的走廊開始訓練，沒用牽繩牽著牠。我把一塊零食丟在廚房門邊磁磚的一角增添一些趣味，再帶著牠從走廊走向廚房。牠朝著零食的方向嗅聞，我就按下響片，帶牠遠離廚房到走廊幾公尺外，餵牠吃一塊零食。我再轉回頭，跟牠一起再次走向廚房。然而在2.0版，我會建議你靜靜站在旁邊，等牠自己轉回廚房，而不是領著牠走向廚房。

這次牠咬起地上的零食，我按下響片，喚牠離開廚房，再給牠另一塊零食。我又在廚房丟了一塊零食，這次放在距離門邊十五公分左右的磁磚地上。牠朝著零食走過去，我按下響片，離開廚房，餵牠吃零食。牠可以自行選擇跟我走或去咬零食，但我的行動（走開）給了牠離開廚房的選擇，所以牠也離開廚房。然後我又往廚房地板中央丟了一塊零食，重複了十次「響片、撤退、給零食」的流程，每次只要牠往廚房移動，我就按響片，不過我會把零食愈放愈遠。接下來的訓練，每當牠想從廚房中央叼起零食而把頭朝地板低下去時，我都會按響片。我們一起走出廚房，我再給牠一個零食。後來我又跟牠做了幾次練習，沒在地板上放零食，牠只要朝著廚房走去，我就會按響片。

經過了十五次的零食版標記再走開練習，露露的四隻腳只要踏上磁磚地板，我就會按響片，在廚房餵牠零食吃，再帶牠離開以增強印象，又做了十三次這樣的練習。請注意，這並不完全是標記再走開，但我藉此建立這個地點在露露心中的地位：對露露來說，離開廚房的輕鬆感覺愈來愈淡薄，在廚房得到零食的喜悅愈來愈濃厚。要知道，我並沒有用牽繩牽著牠，在廚房做完這十三次追加試驗，牠再也捨不得離開廚房了。我回到廚房，撒了滿地零食，讓牠一次樂翻天。

你家狗狗如果會排斥某個地方不肯接近，不管是狗籠、車子、狗狗不喜歡的表面，還是會發出可怕聲音的地方，這種訓練都能派上用場。重點是讓狗狗想離開就可以隨時離開，只是你要趕在狗狗不自在之前叫牠離開，再漸漸增加誘因，引導狗狗踏進那個可怕的地方或平面。你想訓練極度害羞（迴避型）的狗狗跟人建立社交關係，也可以使用這套訓練。

對於不喜歡雷聲、煙火聲、嬰兒哭聲的狗狗，你可以試著錄下這些聲音，讓狗狗習慣它們。萊恩錄製了一套CD，叫做《聲音社會化》，專門訓練狗狗適應這幾種聲音。動物良伴公司也發行了一張《CLIX噪音與聲音》CD，史提威的《克服聲音恐懼 狗狗專用》則錄製一系列輕柔的背景音樂（參考延伸閱讀）。你也可以上網找免費音源，比如我就訂閱英國「絢爛煙火」官方

YouTube頻道，他們每天都會上傳新短片、也會寄通知給我，剛好提醒我每天放煙火的聲音給豆豆聽。

你可以利用網路上千變萬化的煙火聲幫狗狗做減敏訓練，譬如你可以連續放好幾段不同的影片，也可以著重於某一類型的煙火。這些影片的音量有高有低，故請特別注意調整音量。就我的訓練經驗來看，狗狗最怕尖嘯型煙火聲，但你家狗狗不一定也怕這種。播放前，請先把幼犬移出房間、測試音量，如此才不會因為音量突然太大而嚇到狗狗。我通常用電腦播放，一開始會把音量調到最低，同時也會調低YouTube播放器的音量。如果你有藍芽音響，不妨把音響放在屋內不同地點（不要只是放在你旁邊或其他固定位置），讓狗狗概化並習慣這些聲音。你也可以把音響放在屋外——只要有手機和藍芽音響，街坊各處都是你的播音室！

在訓練狗狗對噪音減敏這方面，我喜歡把聲音變成行為標記，也就是透過授權進行反制

花點時間讓狗狗適應煙火的聲音，但可別直奔現場！

約，讓狗狗控制／決定噪音是否出現。換言之，你按響片標記狗狗輕易就能完成的動作（譬如坐下），但你也可以試著把響片換成這類錄音（譬如煙火）。一開始你要反複用口令喊牠做動作，絕大多數的狗狗都會聽從，這時你再標記（煙火音效）並強化動作連結；於是，這個動作就變成我所謂的**我還要信號**，讓狗狗透過這個信號表達「請再播放一次，因為我知道這樣我就能吃到零食了」。我在砌牆磚動物學院的互助成員教學影片裡談過這個概念，「我還要」信號在教狗狗配合梳毛、看獸醫時特別管用。狗狗可以透過這類信號表明牠準備好做這些反制約動作。譬如要做頸靜脈抽血時，「摸下巴」就是很好的「我還要」信號：當狗狗做出並維持伸脖子姿勢，你可以用一根手指輕觸牠的脖子、同時給牠一小塊零嘴，如此慢慢訓練成習慣，未來你就能順利抽血、狗狗也不會抗拒。

話說回來，你也不一定要用「我還要」信號做噪音適應訓練，不過這個方法比標準的反制約法容許更大的授權空間。標準的反制約法比較簡單：你只要以低音量播放錄音，同時給狗狗一樣好東西（譬如把牠的早餐放在食物益智遊戲裡），然後在牠吃完之前關掉錄音即可。

第三種方法是用比較放鬆的方法教幼犬習慣這些噪音，給牠時間慢慢消化資訊。訓練時間最好選在幼犬放鬆休息的時段（但不要選牠睡著的時候），以低音量播放錄音或你覺得牠聽得到即可。接下來，你要注意牠何時「反應消失」或「反應極小」：譬如一開始牠的耳朵會轉向聲音來源或隨意動動身子；等牠聽夠了，牠的耳朵會回到正常位置，這時你再用其他幾種聲音「過度訓練」幾分鐘。請注意，不要把「沒興趣」跟「恐懼」搞混了——如果幼犬做出迴避動作，譬如身體背離音源、耳朵折成飛機耳、呼吸變快或出現其他壓力徵兆，就表示音量太大了。

接下來請再重複播放一次，這回音量微微調高一些。經過幾次重複訓練，最後通常能開到相當大聲，狗狗也不會驚慌。這項訓練的重點**並不**

是看看你能把音量調到多高，而是盡可能漸漸調高音量，讓幼犬幾乎察覺不到音量差異，這樣的訓練才算成功；若你想用這方法訓練成犬，步驟要放得更慢才行。如果幼犬聽到一半突然站起來或顯現不愉快的徵兆，你要馬上降低一半音量，做點有趣的事轉移狗狗注意力，譬如扔一把零食讓牠去找、給牠玩食物益智遊戲或改玩簡單一點的響片訓練，然後再把音效完全關掉，等個一陣子再重新開始。這一回，請務必更加緩慢地調升音量。

幼犬的社會化重點不只是接觸成年後可能接觸到的特定刺激，也在幫助牠累積經驗、學習如何應對新事物。狗狗藉由行為調整訓練可以培養這種技能，而不是像我的狗狗花生，一開始在古典反制約階段只學到「人類給我食物，其他狗狗會讓媽媽給我食物，滑板也會讓媽媽給我食物」。牠這樣想的確可以克服很多恐懼，但我覺得，花生沒有花時間在不受我干擾的情況下，觀察那些牠恐懼的對象。現在回想起來，每次遇到牠可能會恐懼的東西，我就給牠吃零食，好像是在替牠做決定。牠沒有真正因為了解世界而信任世界，也沒學會正確判斷眼前的情況安不安全，只是建立了很多良性的聯想；結果等牠長大、遇到不同狀況時，良性聯想並未發揮太大用處。相較之下，幼犬透過行為調整訓練學習社會化，比較懂得蒐集環境的資訊，了解之後就會信任，必要時也會化解緊張情勢。你給幼犬時間研究這個世界，牠就能明白真實世界的應對之道。

14

訓練師和行為諮商師必讀：指導客戶使用行為調整訓練

我先說明一下，這一章我會引用文摘或文獻，附錄三則多放一些訓練師或行為專家會感興趣的資料，出處來源則列在本書最後的延伸閱讀部分。

在你指導客戶做行為調整訓練之前，請先觀摩我的教學錄影，了解該如何正確進行。閱讀文字描述是一回事，在每一個當下實際做決策又是一回事，但唯有後者才能真正幫助狗狗成功完成整套行為調整訓練。其實你拿起這本書來讀，我就已經很開心了，因為書本能告訴你一些理論基礎，教你如何應用知識；但實際看著訓練如何進行仍別具意義。我拍了很多教學影片，包括我放在YouTube頻道和GrishaStewart.com的免費短片，以及完整版DVD（亦可線上下載）。如果你在YouTube上找到行為調整訓練相關影片，請務必確定你看的是最近或新版教學影片。如果片中人物不是我，也請確定影片主角確實按照我建議的方式進行。網路上有許多行為調整訓練影片，但大多還有修正空間；若你無法確定影片執行的精準度，隨時歡迎你來我的臉書發文詢問。如果你想確定自己的做法到底對不對，你可以到我的網站聊天室分享訓練影片、報名線上課程或參加進階研討會，會中有實際操作練習。如果你家附近有認證行為調整訓練師，可以請他們一對一輔導並改善你的操作技巧，我個人也常透過視訊指導訓練者。

飼主想知道如何讓愛犬更安全，改善愛犬即刻發作的激動反應，而且要愈快愈好；訓練師則要評估這隻狗狗的激動反應，指導飼主擬定行為調整計畫。本章會討論到一些我在私人課程教客戶做行為調整訓練的方法，這些課程主要是幫助對狗或對人有激動反應的狗狗，我也會帶到對其他狗狗有激動反應的團體課程。至於幼犬團體班或個犬班，請參考十三章的建議來規劃幼犬社會化訓練課程。

保障客戶及狗狗安全

行為調整訓練的大方向是讓狗狗在你建立並維持的安全範圍內，擁有最大的自主控制權。在帶入刺激進行情境訓練之前，務必確認牽繩者明

如果你不能一眼看出狗狗僵硬、有壓力的姿勢和繃緊的牽繩，表示你可能還無法指導客戶做行為調整訓練。

白並熟悉所有牽繩技巧。對於講求時機和精確度的技巧，我個人喜歡用「標記教學法」；官網上也提供免費的「行為調整訓練牽繩技巧解析」，將每一套技巧拆解成幾個獨立動作，方便客戶演練。我建議從「角色扮演」開始教：你們一人扮狗、另一人扮牽繩者，然後交換，最好不要同時指導這兩個不同的物種（飼主與狗）。請客戶用響片標記你的正確牽繩技巧，然後角色對調，接著再讓飼主跟狗狗一起練習牽繩技巧。請選擇氣味豐富但看不見刺激的場地做練習，你也可以在場地各處撒點餅乾屑，讓狗狗跑來跑去。

現在請把「好奇」與「恐懼／攻擊／挫折」之間的臨界點想成海灘上的潮線。只要狗狗的情緒在臨界點以下，牽繩者就應該依隨狗狗的決定；假如狗狗越來越接近臨界點，牽繩者應該採取緩停、等牠失去興趣、讚美等做法，然後再跟隨狗狗的下一個動作。

如果狗狗在做情境訓練時超過臨界點，又或者你無法創造一個能讓狗狗保持在臨界點以下的情境訓練環境，請設法以干預程度最低的方式協助狗狗轉移注意力，讓牠不再盯著助訓者。如果你們是在狹小空間做訓練（譬如公寓內），當狗狗一看見刺激，你就要立刻按響片或喊牠，然後引導牠移動、準備重新開始或讓牠吃幾片地板上的零食。如果你在訓練時已無法慢慢調整狗狗情緒、讓牠降回臨界點以下，不得已必須採取干預手段時，請回頭檢視你的規劃與安排，做些調整與改變，讓狗狗在下一回合能順利完成訓練。比方說，如果一開始是在家裡做訓練，而你必須在狗狗一看到刺激時馬上按響片或喊牠，那麼不妨考慮反過來操作：移師戶外，如此你就不需要倉促反應，然後一步步逐漸接近家門口，最後移入室內（可參考十二章的詳細內容）。

第四章的「支援量表」從輕到重，依序列出不同程度的干預選項。身為專業訓練師的各位或許有自己慣用的介入方法，不論是轉移狗狗注意力（譬如用笑聲、嘆氣或在狗狗反應卡住時唱歌給牠聽）或強化牠們對移動、動作的印象（譬如在牠走開以後陪牠玩競速跑跳或氣味遊戲），只要記得「避免讓狗狗處於博取注意／討取物品的心理狀態」就行了。我們希望狗狗把注意力放在汲取「身為狗狗所需的資訊」上，而不是博取你的注意。

分心與零嘴

盡量減少會讓狗狗分心的舉措或食物，讓牠們能更自然地和助訓者（刺激）演練社交技巧。坊間做的減敏研究多半以人為對象，結果好壞參半，不過除了某些會實際接觸身體的舉措以外（譬如抽血），分心其實會降低減敏效果（Telch, et al., 2004; Mohlman and Zinbarg, 2001; Haw and Dickerson, 1998）。

請盡量不要讓每一次的情境訓練都用零食做獎勵，食物是相當強大的脈絡線索，而且依我在前幾章提及的經驗，當實際環境脈絡與訓練條

唯有在必須喚起狗狗注意時才使用零食，討好模式並非進行行為調整訓練的理想狀態。

件不同時，動物通常會再次感到恐懼（Thomas, Cutler, and Novak, 2012; Capaldi, Viveiros, and Campbell, 1983）。這也就是說，零食或玩具極可能變得像「小飛象的神奇羽毛」一樣，一旦消失（沒有零食或玩具），恐懼就回來了。幸好行為調整情境訓練不一定非要用零食不可，所以我們可以輕易避掉這個麻煩，不讓零食成為狗狗美好經驗的環境脈絡之一。此外，你也可以善用提示或口令，這些聲音脈絡不僅能融入環境、還能讓狗狗分心並適時干預狗狗當下的選擇。切記：唯有在必要時刻才能使用提示與口令。

行為調整訓練為訓練者所做的調整與改變

2.0版行為調整訓練提高牽繩者的角色比重，減少口令提示。如果你很熟悉1.0版操作方式，那麼請注意，新版方法不僅更加流暢，也因為讓狗狗在一定距離外做訓練，所以能真正讓狗狗情緒保持在臨界點以下。如果你已多次使用行為調整訓練幫助客戶成功解決狗狗問題，那麼你應該會非常開心地發現，原本的階段訓練方式能與新版完美結合，在狗狗超越臨界點時給予提示、敦促牠做出合宜行為：以前，我們在第三階段「狗狗做出阻絕信號後」會給予口令提示，現在你可以在狗狗「一腳踩進水裡」時（譬如牠得花兩秒以上才願意移開視線）即提醒並鼓勵牠離開現場。至於第二階段則可用在「情緒潮水已快到下巴」的情況（譬如訓練場地太小，牠應付不來）。最後當狗狗徹底被情緒淹沒時，你可使用1.0版第一階段的手法。

我會在這部分重述1.0版行為調整訓練三階段，協助各位將這三個階段與2.0版的新方法融合在一起。我個人不太建議用原本分階段的方式來定義變化版的「標記再走開」，請以最簡化的方式傳授給客戶。你可以先教他們用明確的口令和響片做標記再走開：在舊版的第一、第二階段，你會用響片標記你們喜歡或合宜的行為，但響片在這類情況下也可視為一種喚回口令。沒錯，我明白告訴各位「響片也可以做為喚回口令」，當然，它也同時標記了狗狗的可接受行為。不過響片在這種時刻的意義比較偏向救急手段，它最有用的一點就是能讓狗狗即刻返回牽繩者身邊，向他索討零食或其他增強物，故就實際操作而言無異於喚回口令。

舊版第三階段使用的提示或聲音標記也能引導狗狗離開現場，如果狗狗突然當機，不知道接下來該怎麼做，這兩種方法也很好用。方法雖好，但更好的是能設定一些不需要用到提示或口令的情境來幫狗狗做行為調整訓練。好比說當你離刺激很近或不得不在狹小空間做訓練，由於狗狗在這種情況下很容易超過臨界點，所以你可能得多做幾次標記再走開。無論如何，小心駛得萬年船，搞砸訓練的是我們，但承受後果的可是狗狗呀。

我總是一再強調，舊版「三階段」並非「按數字順序」使用，而是視情況選擇狗狗能完成的最高級數。我在新版行為調整訓練之所以不再採取階段分類，主要有幾個理由。首先，我發現大家在情境訓練時太常用到第一、第二階段技巧，這會導致訓練本身始終卡在人為控管狀態，無法貼近「真實」的行為調整訓練。更重要的是，剛開始那幾年，許多人會在狗狗超過臨界點時仍繼續使用第三階段技巧（就連我也是）。我希望新版的概念能讓使用者更實際地設計訓練情境，如此才能確保狗狗的情緒不會越過臨界點，有效控制訓練進行方向。

舊版的行為調整訓練三階段概念能讓飼主／牽繩者注意到他們必須知道的狗狗肢體語言，在正式帶入刺激做行為調整訓練以前，不妨先來一堂獨立的肢體語言技巧練習課：比方說你可以在一定的距離外放一袋零食，請牽繩者在狗狗表現「轉移注意力」徵兆或動作時按響片標記。請用響片和零食示範，標記你希望牽繩者注意到的行為，然後請牽繩者照你的方式反覆演練。

即使紀錄呈現狗狗有過敏病史，但仍請注意牠搔癢的動作：壓力也可能導致搔癢加劇。

狗狗哪兒不對勁？

取得狗狗詳盡的行為生活史

我建議各位事前盡可能詳盡掌握狗狗的生活行為史，如此你才能規劃合理目標、節省時間。取得資料後，也要盡量延伸提問，為你將來不得不採取的干預措施先做好準備。要想取得狗狗資料，最簡單的方法是在私人或團體課程開始之前，請飼主上網填表，詳細描述狗狗的過往、飼主想移除或改善的行為與訓練目標。我使用的表格項目包括狗狗重要病史、養狗原因、狗狗來歷、狗狗的日常作息及生活習慣，狗狗的訓練史等等；我跟其他訓練師如果還有其他問題，會在課程中直接問飼主。有些人不見得會誠實作答，作答也可能不夠詳盡，所以你可能需要稍微刺探一下，才能徹底了解狗狗的情況。

提問並非滿足個人好奇心，必須與改善行為、情境設計有關，所以務必將問題縮限於會影響你與飼主合作或你計畫對狗狗採取作為的範圍之內。針對飼主，你的提問要以尋找合作動機、建立關係和決定用哪些事物做為狗狗行為增強物為導向，評估他們能負荷到什麼程度（課程與回家作業），以及用什麼方式說明最能讓他們理解。至於受訓犬，你要盡可能搜集有助於你選擇干預手段的種種資訊（無論是否與行為調整訓練有關，也可能是多種技術組合），評估對受訓犬有用的行為增強物、牠在各種不同情境的情緒臨界點，以及你可以採取哪些作為以維護人犬安全並減輕動物壓力。

為了掌握狗狗的問題並客製專屬訓練計畫，以下是我在網路填表及面談時會問到的問題：

- 聯絡資訊。
- 家庭成員的姓名與年齡。
- 家裡所有動物（包括受訓犬）的名字、年齡、物種、體重與品種。

- 養狗的原因、狗狗的來歷。
- 家裡主要負責訓練狗的人。
- 狗狗是否有前任飼主，對方是否有權力安排狗狗安樂死或送走狗狗？
- 詳細描述飼主想改變的行為及其前因後果。（面談時請進一步深入了解）
- 列舉飼主最想改變的行為及其順序。
- 希望狗狗達成的目標。（通常不是能量化的目標，請協助飼主釐清想法）
- 曾與哪些專業訓練師與行為諮商師合作過，現在還有合作嗎？如果沒有，原因為何？（如果你碰巧認識客戶提及的專業人員，這個問題能給你不少額外資訊；不論客戶如何評價過去的合作對象，切莫盡信，因為這可能只是溝通不良所致）
- 以前用過哪些方法改善狗狗的問題行為，效果如何。
- 喜歡哪些關於狗狗的書籍、電視節目等。
- 以前做過哪幾種訓練：響片、P字鏈、零食、電擊項圈。
- 狗狗的藥物治療紀錄、最近一次身體檢查、是否曾由獸醫徹底檢查、疫苗紀錄。（不少行為問題與健康狀況有關，尤其是突然的行為變化，所以受訓犬必須先做健檢以利評估）
- 咬人紀錄，包括幼年時期咬人的紀錄。
- 狗狗有沒有要好的狗狗朋友？（愈多愈好）
- 狗狗對各種刺激以及情境的反應，例如遇到男人、女人、小朋友，被人抱起來、食物被拿走、梳毛、動物等等。
- 狗狗學過的行為或把戲，狗狗對這些行為的熟練度？（可以看出客戶對訓練感興趣的程度）
- 狗狗習不習慣戴嘴套？如果習慣，那是如何養成習慣，為何會習慣？如果不習慣，為什麼？
- 狗狗居住的建物類型。
- 家裡有沒有圍籬？是有形的還是無形的？多

高？是否穩固安全？

了解狗狗完整的過往，才比較知道該怎麼做。我設計的療程大多包含行為調整訓練，不過當然還有別的選項；除了行為調整訓練，總有一些管理策略或行為調整方法可以解決狗狗的其他問題。我也會改變一些前置安排作業或採用《無牽繩控制》介紹的方法、古典反制約法或響片訓練。要想妥順進行行為調整訓練或其他對狗狗友善的訓練法，你必須為每一隻狗狗量身規劃——從展開課程、如何以及何時改變訓練變因等等都必須謹慎設計，但最重要的莫過於在訓練時仔細觀察受訓犬。不論你從狗狗的生活、醫療、行為史得知任何資訊，請隨時做好準備，應付牠在訓練當天帶給你的各種驚喜。

私人課程安排重點

生活總得過下去！不論發生任何事，我們都要確保狗狗和牠的家人每天都能平平安安過日子。我在私人課程給飼主的第一個建議，幾乎離不開環境管理——設法改變居家環境，給全家一個更安全、更有品質的生活環境，所以我也在深入行為調整訓練之前，先著重於安全與環境基本要求（第三章）。要從大處著眼，檢討狗狗和全家的日常生活，看看能如何從遠因近因調整環境與妥善安排。換言之，要認真看待飲食、運動、護欄圍籬等各種日常生活及環境因素，讓狗狗能更順利達成行為調整的目標，故第一步是避免危險狀況，第二步是降低狗狗整體壓力，設計的訓練才有可能發揮作用。你要斟酌講授第三章關於環境管理的部分，但也不要講過頭，以免客戶吃不消。

我的私人顧問課程長度為九十分鐘，有些個

案的問題一目瞭然，大多都能在第一堂課很快談完狗狗歷史與居家環境管理，其他時間都在討論訓練內容；有些客戶當下的情況在我看來就有些危險，他們的居家環境管理需要很多協助。我必須全盤掌握所有細節，洞悉狗狗生活的全貌，才能和客戶一起設計出適合狗狗的二十五小時管理計畫。碰到這樣的個案，我們第一堂課大部分時間都在介紹嘴套訓練，還有如何落實家門、柵門拴緊等生活習慣。小孩通常最容易受到狗狗攻擊或是開門放狗狗到不該去的區域。家裡的狗狗們如果會打架，我們也會這麼做，總之請詳細規劃並持之以恆地執行，才是訓練成功的根本之道。

課程中的安全和管理也很重要，來上私人訓練課的狗狗多半都有跟人（包括我）相處的問題，所以我選擇透過視訊、訓練中心或其他中立地點跟他們碰面，狗狗比較沒有壓力，我的安全也有保障。為了讓行為調整訓練更順利，首次諮詢完全可以不用帶狗，而是會請飼主帶狗狗的錄影檔過來。雖然不見得每位客戶都能配合，但這個方法有其益處。

如果客戶第一堂課就帶狗來，我會請他們先把狗狗留在車上或其他安全地方，討論最佳進場方式。我大多會坐著等飼主帶狗狗進入訓練場，這樣狗狗對我比較不會反感。為顧及狗狗感受，

建議飼主使用設計更安全的嘴套與胸背帶時，請顧及飼主心情，不要讓他們因為內疚而產生防禦心態。

我跟飼主的椅子會隔得比較遠、並微微轉向側面；至於佈置訓練場地方面，我會先撒一些有味道的東西或各式物品，讓狗狗有事可做，而不是只有我這個陌生人可以關注。我可能也會準備零食，狗狗如果朝我走來，我就給牠零食。我事先看過狗狗的資料，知道狗狗的歷史，如果覺得有必要就會採取其他安全措施，例如用圍欄圍住我坐的椅子或是請飼主把狗狗拴在牆上或是請飼主第一堂先不要帶狗狗來上課。來找我的受訓犬多半不習慣戴嘴套，所以我在第一堂課只用圍欄和牽繩，不用嘴套；待狗狗心理逐漸適應，我才會訓練牠們戴上嘴套。

飼主的狗如果戴著環刺頸圈、P字鏈或其他類似轡具，我會說明我為何偏好胸背帶。請務必抱持同理心：飼主只是做了他們認為最好的選擇，他們純粹只是認為這是解決問題的好辦法，他們也想給狗狗和家人最好的生活。千萬不要因為他們用了你不會使用的工具，就讓他們覺得羞愧自責。請別數落他們這不該做、那不該做，相反的，要把重點放在他們已經知道的觀念，再把你選擇的訓練建議的優點跟這些觀念串連起來。請不要說出「我不是在批評你」一類的話，因為這句話本身就有批評的意思。人跟狗狗其實很像：當他們／牠們處於防禦心理狀態，通常不容易接納新事物。

如果飼主忘了帶狗狗的胸背帶或者沒用過、想試試看，我會借他們一副前後雙扣式胸背帶。飼主必須自己幫狗狗穿上胸背帶，確認它不會在訓練期間鬆脫；我大多從旁指導，不會出手幫忙，因為來上我的課的狗狗大多對人有激動反應，我的任何簡單動作都會給狗狗施加壓力；即使飼主再三保證狗狗對人友善，我還是會把這項任務交給飼主執行。因為飼主對狗狗的警敏程度判斷不見得正確，又或者說不定狗狗不喜歡陌生人以這種方式跟牠互動，何必徒增壓力？

若受訓對象是對人有激動反應的狗狗，那麼在正式去客戶家拜訪以前，我們會先在飼主家以外的地方完成基礎訓練，譬如牽繩技巧、行為調整訓練概述、肢體語言判讀與環境管理簡介等等。姑且不論在家門以外之處初見時，狗狗對我有沒有好感，我想只要是有激動反應的狗，應該都不會喜歡我踏進他們家。就算狗狗沒有咬人前科、「只是」對我汪汪叫，我仍會盡可能降低我帶給牠的壓力，否則壓力累積下來，狗狗到了正式上課只會更難搞，所以我前往飼主家中進行訓練時，一開始都是和狗狗去做短程散步。我抵達以後會先傳簡訊給飼主，飼主再帶著狗在外面跟我碰頭，基本上跟我在第十二章講解「適應訪客」的過程差不多。我會在離飼主家門口至少五公尺的地方等待，他們一出門，我就會走遠，所以狗狗對我的第一印象是「一個手裡拿著零食，並且放下零食、逐漸遠離牠」的人，這不是多大的威脅。我們會繼續往前走，狗狗跟飼主則漸漸跟上我的腳步（我採用克洛西耶的「給賞再撤退」法，參見附錄二）。只要確定安全無虞，最後我會伸出手，讓狗狗吃我手裡的零食。

如果狗狗有咬人或咬動物的前科，我在拜訪前都會先請飼主訓練狗狗戴嘴套，在我跟狗狗之間設置實質屏障或是請飼主在上課期間讓狗狗沒有機會碰得到我。絕對不能讓狗狗覺得非咬我不可，這一點對我來說很重要。目前我還沒被受訓犬咬過，不過我曾經被幼幼班的一隻小黃金獵犬鎖定猛攻，害我竟然跟小朋友一樣被咬到頭皮跟額頭；雖然我體驗過狗咬的疼痛，不過我最擔心的還是狗，我被咬傷會有痊癒的一天，狗狗卻會多一條無法抹滅的重大前科，這可嚴重多了。在我看來，訓練師不應該冒著讓狗開咬的風險。無論如何，你的訓練課應該要有安全措施，包括確保從訓練場到學員車上這一路沒有四處遊走、未上牽繩的狗狗，並安全護送對狗狗有激動反應的受訓犬返回車上，才算結束課程。

我在私人課程對飼主說明行為調整訓練的方法如下：我先請飼主分析狗狗做出吠叫、猛衝、逃走或其他激動行為的動機，再和飼主討論上課需求、基本安全觀念以及「拉開狗狗與刺激之間的距離」這個功能性增強的概念（但我不一定會用到這類專業術語）。我一邊介紹情境訓練，一邊畫出簡單草圖，說明原則上我們會如何使用整個訓練場地（請見第六章示意圖）。

概略介紹行為調整訓練之後，我會說明使用牽繩技巧的目的並著手練習。牽繩技巧是很實際的訓練起手式，因為這些技巧立刻就能鞏固飼主與狗狗之間的關係，降低錯誤拉扯牽繩的機率。此外，如果沒有適當的牽繩技巧輔助，你就不容易做好情境訓練，所以務必從傳授牽繩技巧開始。我總是花一整堂課講解整套技巧，而且通常沒有狗狗在場；我會先示範同時解說，然後帶著飼主同步演練，另外請助手或用玩具狗、甚至是有輪子的辦公椅充當狗狗。我知道有些認證行為調整訓練師會帶他們自己的狗來，讓飼主用他們的狗練習牽繩技巧。我的建議是，在用「真狗」練習時，請事先佈置場地、撒點食物碎屑，讓氣味豐富多變，這樣飼主才能實際演練並體會「跟隨狗狗」的概念。

有些技巧對飼主來說非常簡單，所以你只要示範、讓他們照著做就行了。至於一些帶有特殊目的的技巧，我會建議你們多費心——譬如用標記教學法，把整套技法拆解成一個個簡單動作，然後一邊做動作、一邊用響片自我標記，接著讓飼主練習標記你的動作，最後再由你標記並確認他們的動作。

在所有能協助狗狗回到臨界點以下的牽繩技巧中，「緩停」的操作時機與操作方法大概是最關鍵的一種。我會和客戶花很多時間練習緩停技巧及其使用時機，即使飼主知道怎麼動作，還是需要有人指點他們辨明狗狗的哪些行為代表他們必須執行緩停。為了在情境訓練時讓牽繩者／飼主能迅速反應過來，我發現，事先講好並演練一些口令或提示，確實有助於他們在訓練當時即刻阻止或喊狗狗回來。否則，他們經常在關鍵時刻拖太久才阻止狗狗，導致狗狗越過臨界點。請使用固定的口令，讓飼主不需要想就能反射做出你教他們的動作。

照這樣來看，我們做的基本上是某種「線

飼主和受訓犬必須充分適應長牽繩技巧，你才能開始行為調整情境訓練。

索／口令轉換」。一般人學得最快的通常是來自訓練方的口令線索（譬如「緩停」），但狗狗的動作也同樣是線索，所以在做口令轉換時，一開始你要先指出客戶不熟悉的線索（動物行為），接著說出他們已經知道的線索（你的口令）。以練習「緩停」為例，你請飼主先觀察狗狗，當你看到需要緩停的動作時請喊出「緩停」，這就等於把狗狗的肢體語言翻譯成飼主學過的聲音口令了。

新線索→熟悉的口令→動作

狗狗給的線索（直接走向刺激）→訓練者給的線索（緩停）→飼主阻止狗狗

我也會放影片給客戶看，動態呈現所謂「好的情境訓練」大概是什麼樣子。若飼主還在演練牽繩技巧的階段，實在很難要求他們同時注意狗狗發出的微小信號。實際訓練時我當然也會指出狗狗當下使用的肢體語言，不過事前看影片幫助不小。練習結束後，我們會一起看訓練影片，如此飼主也能學會更多自家狗狗的肢體語言，並學習如何給予最佳回應。正式進入行為調整訓練、談及標記再走開之後，我會再一次拿出第四章那份「好的選擇」示意圖，提醒飼主留意這些行為。

在飼主與狗狗正式配合以前，請務必先討論並告知對方：萬一狗狗的情緒越過臨界點，請他們立刻把狗狗叫回來，暫停訓練並休息。課程進行時，不要讓他們等你提示才反應；當然你也必須視情況適時提醒。請教飼主認識一些激動反應前兆，也就是狗狗在吠叫、低吼、驚慌等等之前通常會出現的動作或行為。我也會依飼主的反應與接受程度，適當地說明用牽繩校正狗狗行為或在狗狗反應過度時大聲斥喝何以會造成反效果。我通常會用一句話簡單帶過：**遏阻只會關掉牠們的警示系統，最後牠們也許會冷不防咬人一口。**我不知道你怎麼想，但我覺得不動聲色發動攻擊的狗狗最恐怖——這一秒看起來很正常，下一秒突然咬你一口。如果飼主過去接受過這類遏阻性牽繩訓練，請務必明白解釋這個觀念。

為了讓飼主徹底明白行為調整訓練的整體概念，我會把這份資料印出來或把連結寄給客戶。這份資料我放在官網上，歡迎各位列印發送或把連結放在你自己的網站上。但請不要在你的網站提供檔案下載服務，因為我只想讓客戶看到最新的資料。感謝世界各地的譯者朋友，現在行為調整訓練簡介已經有多種語言版本可供參考——如果網站上沒有你使用的語言版本、而你樂意協助翻譯，請務必與我聯繫。報名行為調整訓練的客戶可以把這份資料分享給協助情境訓練的助訓員（見延伸閱讀），讓大家在訓練開始前有個初步認知與共識，本書也是很好的參考資料。

在帶入刺激進行行為調整訓練以前，飼主必須能熟練操作牽繩技巧，確實理解每堂課大概會收得哪些成果。對於只會對狗有激動反應的受訓犬，我的第一堂情境訓練課通常會用假狗當助訓犬或者由我本人擔任助訓員（除非我已經先用「給賞再撤退」擄獲牠們的心，讓牠們喜歡上我）。訓練正式開始前，飼主必須徹底明白自己的任務與角色：(1)跟隨狗狗，(2)我一說「緩停」就要馬上動作，以及(3)當我說「喊牠回來」時，立刻把狗狗叫回來。

就這些啦，我們會在沒有刺激在場時反覆演練這三項要求，所以課程開始後，飼主只要融會貫通、把這些動作跟一隻「反應比較明顯」的狗狗連在一起就行了；如果飼主在看見狗狗直直走向刺激時能立刻緩停，那更好，整個訓練過程肯定更加順利有效率。各位也可以在正式開始情境訓練前，先用一些「超假」的刺激協助客戶演練這些技巧，譬如在地上放一袋零食或主人的背包，搭配「尋找碎屑」預先練習牽繩技巧。

進行標記再走開訓練時，我會先明白指出，這項訓練首要也最重要的目的是讓狗狗遠離刺激。一開始由我來標記，飼主只需要讓狗狗遠離刺激並稱讚狗狗（額外獎勵）。首次教學時，不需要向客戶解釋標記再走開的種種變化方案及可能性，只要告訴他們你標記的是哪個或哪些行為，以及你會以口令（譬如「很好」）做為輔助，你的「標記」動作就是給飼主的暗號，他必須立刻引導狗狗離開並給予獎勵。若受訓犬在上課時對你不懷好意，那麼這一套就很適合用來指導客戶——因為對狗狗來說你就是刺激，不僅說個不停還盯著牠看，這時候從「標記再走開」開始會比2.0版標準第一步驟「跟隨狗狗」要容易導入得多。如果客戶用的是兩公尺長的標準短牽繩，那麼即使牽繩技巧不夠完美純熟也沒關係，你可以先教一部分的標記再走開、再講授幾種牽繩技巧，如此說不定更容易讓客戶理解。不過這麼做也並非萬無一失：他們可能會拘泥於標記再走開的方式，無法完全領會並執行2.0行為調整訓練的核心意義。

飼主觀摩你做完標記練習之後，請他也照著做，最後再放手讓他自己試試看。適時給予回饋但不要太常交談，因為這樣會讓客戶分心。舉例來說，在執行標記動作的時機點或者當飼主做到放鬆抓握、在正確時刻做出緩停技巧或做了正確選擇（沒擋著狗狗的路），你都可以簡單指出來。我會告訴飼主，如果我標記動作、狗狗也很放鬆但就是不願離開，這時牽繩者必須等待——對狗狗來說，停留並蒐集資訊比遠離刺激更重要。我會請他們吐氣再吸氣，然後等待狗狗自己轉移注意力。下一輪訓練時，我會在他們離刺激再遠一點的位置就請飼主開始緩停。切記：狗狗若不願配合離開，也可能代表他們離刺激太近。請密切注意狗狗是否出現激動反應前兆，適時喚回牠的注意力。

另一種變化版的標記再走開是使用響片和零食，飼主要是還不習慣用響片，我會先教一些簡單有用的響片招式（譬如「碰手心」）；如果我們已經先用口令提示做過標記練習，導入響片和零食時會先由我來按響片，飼主給零食（而不只是帶狗狗離開後再稱讚）——這是唯一的不同點。我的客戶大多是夫妻檔，所以通常是由我先按響片，再請夫妻其中一人按響片，另一位繼續牽著狗狗，給狗狗零食吃。然後夫妻再交換角色，兩個人都有機會練習按響片以及餵狗狗吃零食。

有些飼主的問題是太早就給狗狗吃零食，這時要把原本的「標記↓移動↓零食」改成「標記↓移動＋零食」。若遇到這種情形，我會把零食放在撤退點，放在桌上或椅子上或是請另一位狗主人拿著。狗狗朝我走來，我按響片，他們跑回食物的位置吃零食。這樣他們才能明白先給功能性增強（遠離），**再給**額外獎勵的道理。如果我按響片容易使狗狗分心，我會立刻調整，讓飼主或狗狗的另一位主人（其他照顧者）負責按響片。

我用這種方法講授標記再走開，飼主一次只要學一種新東西，比較容易建立技巧。這樣教也是因為一般人習慣運用最先學到的東西，我希望飼主盡量以最少的干預手段運用行為調整訓練，只要跟隨狗狗、適時配合牽繩技巧即可。

隨著課程推進，我會慢慢放手讓學員主導情境訓練，因為比起看著訓練師示範，自己實際操作更符合成本效益。在我的課堂上，最初幾次情境訓練的「導演」基本上都是我：我負責讓訓練過程順暢進行，飼主只要聽我的指示動作就行了。第一次做情境訓練我會以假狗當刺激或是我自己上場扮演刺激，飼主大多只要負責牽好狗狗。接下來，我通常會將「真狗」導入情境設定（或由我當助訓員），選在飼主家附近訓練。到了下一堂課或再下一堂課，導演換成飼主、我則是顧問，負責觀察、回饋，留意外來刺激，在飼主需要時協助訓練或保障人犬安全。我會叮嚀飼主，「導演」最重要的工作之一是與助訓者溝通協調。飼主也必須留意助訓犬的壓力程度，適時換犬做做看。我通常跟飼主一起做五次訓練，接下來我仍會親自或透過線上學校持續跟進，協助他們解決問題。在你當面授課的幾堂課上，盡可能讓所有會實際牽到狗狗的人（包括遛狗的人或狗狗保母）全部一起參加。

我碰到的飼主無論男女，似乎都能理解行為調整訓練的概念，也很喜歡用這種自然的方法授權狗狗、強化較好的選擇。飼主多能理解行為調整訓練無關威嚇、也不全靠零食攏絡。我覺得，比起古典反制約法，飼主比較能接受用行為調整訓練導正有激動反應的狗狗，不過跟飼主解說行為調整訓練的確要花點時間。跟飼主介紹時，千萬別讓飼主覺得一下子要做一大堆沒做過的事情，也要在實際訓練時明確指出狗狗有哪些進步。

沒帶狗來上課的學員（飼主）可以跟其他組員配對，學習觀察狗狗的警告訊號。

團體課程

在團體課程設計方面，我發現最安全也最具成效的方式是只收對「狗」有激動反應的受訓犬。如果我能使用更大的訓練空間或縮小班級規模，我或許會採取不同的做法，但目前報名額度很滿，所以暫時做不到。我設計的團體班會讓每一位飼主都能看到狗狗的受訓過程，因此如果狗狗對陌生人反應不佳，那麼牠極可能直接輸在起跑點上。你當然也可以設計對「人」有激動反應的團體專班，但就我看過的例子來說，這類訓練課最後還是走上私人課程一途，因為這種狗狗在受訓時，其他狗狗都必須被遠遠晾在一邊。我必須顧及所有學員的安全，這是責任問題，所以這也是我只開設狗狗激動反應專班的原因。團體班的飼主在上課時經常讓狗狗跟其他人靠得太近，忽略牠們對距離的需求，再不然就是讓狗狗陷入危險卻不自知。如果狗狗對人沒有激動反應，那麼飼主在上課時還能互相指導學習，這是團體課的額外好處；換言之，進階班的受訓犬在做行為調整散步訓練時，就算遇到人（刺激），牠們也不會出現激動反應。

我在團體課採行過幾種不同模式，若以2.0版為本，我發現第一堂課程簡介先不要帶狗來，讓飼主們先對狗狗的肢體語言、救急技巧和行為調整訓練牽繩技巧有所認識，效果最好。因為沒有狗狗讓他們分心，為數不少的學員在兩小時左右的課程中大多能有效吸收新知。狗狗的團體訓練課為期四週，但飼主必須先報名上這堂先修課；先修課對私人課程的飼主來說也頗符合成本效益，因為他們能藉此打好技巧基礎。我會在課程簡介中讓學員看影片，了解行為調整情境訓練實際上是什麼樣子，教他們認識狗狗的各種阻絕信號與壓力徵兆，傳授環境管理訣竅，並且透過角色扮演練習牽繩技巧。

等到正式開始行為調整情境訓練時，我會請飼主帶狗狗來，牠們也同時是彼此的助訓犬。這類情境訓練課幾乎都是為新客戶開設的，場地也都在戶外。每堂課只有四組受訓學員，每週上課一小時，連續四週。飼主報名後，我會先請他們上網填資料，另外也會附贈一本行為調整訓練手冊。上課前，我建議先打電話聯絡飼主，確認他們報名的班級是否正確並分配合適的訓練搭檔。第一週上課時，只有兩組學員要帶狗狗來，另外兩組學員（飼主）負責協助並觀摩學習。第二週，觀摩組與訓練組對調。第三與第四週，每一組都要帶狗來；我會同時進行兩場情境訓練，距離不遠且都能看見彼此。之後我會另外安排實習課，讓學員複製前四週的情境訓練並反覆練習，如此才不會讓飼主覺得無聊或感覺花了冤枉錢，光做一些他們已經知道的事。

你也可以決定要不要開設經常班，因為行為調整訓練不是四個禮拜就能完成的。你得找方法維持學員的學習動力，四週一期可以讓你有機會驗收成果，讓學員看見實質進步。

激勵學員、維持學習動力

像行為調整訓練、古典反制約法或甚至其他基礎訓練這一類長期課程，維持學習熱忱至關重要。對於帶狗狗來上課的飼主而言，功能性增強絕對比額外獎勵要好得多：讓學員繼續參加訓練的最強功能性增強物就是「狗狗的行為改善了」，故請務必確保飼主真的注意到狗狗有進步。此外你還可以提供或促進某些功能性增強因素，譬如學員之間的交流、訓練主持人（你）的關注、結業證書或全勤給予課程優惠等等。

指出學員進步或表現良好的方式很多，不少人傾向私下給予評價或意見，也有人喜歡在大家面前接受表揚。如果你開設四週一期的團體班，不妨在結業那天來一場開放式討論，詢問學員「現在你或你的狗狗能完成哪些你們在課程開始時做不到的事？」或是「對於你家狗狗，有哪件事是你以前沒觀察到、現在卻能觀察出來的？」

這種分享會不僅適用於團體班，你也可以每個月或每兩個月為私人課程客戶安排這類活動，不論是面對面、視訊或電話分享都行。

課程進行期間，務必勤做筆記，這樣你才能明確指出受訓犬這幾個月來有哪些特殊或實質進步。如果你有助手，也請他們一同筆記。如果受訓犬沒有半點進步，你得想想為什麼！你可以在通知下期開課日時試著挖掘並找出問題，擬訂計畫，讓客戶明白下一期能有哪些進步。學員大多不知道訓練師袖子裡藏了多少乾坤妙招，所以萬一客戶看不到進步，他們不會主動找你解決問題或討論怎麼調整現在的做法，他們只會默默消失。

你偶爾也要個別關心團體班的學員，不妨在每堂課結束後（或經常班的每個月底）打電話或安排視訊，花十到十五分鐘討論一下；另外在安排約談時，也要反覆跟客戶確認時間。這種個別溝通其實挺耗時間的，所以我建議你依課程安排及你對每個班級的費心程度定出價格。不少訓練師常提供超值服務，因為他們大多非正職，只是做興趣的，然而這對整個產業來說並非好事。請務必牢記：個別關心或許能提高客戶續報下一期的可能性，但也要注意成本控管，讓你的付出有所回報。市場區隔也很重要，請在製作文宣品時

開視訊小聊一下能鼓勵飼主，維持學習熱情。

突顯你的特色。

另外還有一個方法可呈現訓練成果，那就是利用第六章那份紀錄表，不時與客戶檢討討論。你可以自己填，也可以請客戶填寫；在簡報個案進展時，千萬不要讓飼主因為沒有進步而感到羞愧。在衡量進步程度時，也請不要過分強調跟刺激拉近多少距離，因為這樣極可能促使飼主下意識敦促狗狗向前，直接造成反效果。舉例來說，你可以用狗狗在某特定情境下處於情緒黃區以上的次數及趨勢來呈現學習成果（次數越來越少、保持在低警敏狀態）；或者設計「牽繩技巧證書」並逐項驗收，證明飼主有進步、有能力操作並使用多項牽繩技巧。你可以一次呈現這些成果，也可以隨堂表揚或者按表驗收，逐項指出他們的進步。

再不然你還可以錄影，利用影像資料呈現實質進展。如果你已經請客戶錄下每一堂的訓練過程，不妨出一項作業——請他們找出自認為最棒的行為調整訓練瞬間或其他你想予以強化、建立信心的觀念，這同樣可以每個月做一次（適合團體班）或每堂課一次（適用於私人課程）。理論上不見得每位飼主都能配合錄影紀錄，但這個方法確實有用。你當然也可以主動錄下上課過程，不過光剪輯影片就得耗去大量時間，所以我不確定這樣做好還是不好。

尋找幫手：助訓犬與助訊員

任何行為調整計畫必須避免狗狗超出臨界點才有成功的機會，在這種情況下，尋找助訓員或助訓犬可說是一大挑戰。行為調整訓練的好處就是，不僅可用在情境訓練，出門散步與日常生活也可進行。話雖如此，狗狗如果能透過有系統、讓牠們能完全自主選擇的方式接觸刺激，比方說情境訓練，進步的速度絕對最快。

我建議你要找到一種固定方式，譬如群組或某種公佈欄，讓每一位客戶都能彼此聯繫，討

	訓練對象： 對狗狗有激動反應	訓練對象： 對人有激動反應
你家狗狗 （也有激動反應）	可以	
你家另一隻狗狗 （沒有激動反應）	可以	
你的家人		可以
你的朋友		可以

論設計情境。一堂訓練課可以有兩隻狗狗同時進行，兩隻狗狗可以各自接近再遠離，只要你能確保兩隻狗狗都處於臨界點以下就行了。根據我的經驗，自家狗狗對人有激動反應的飼主大多樂意彼此支援，互相做對方的助訓員，這也能鼓勵客戶繼續做情境訓練，畢竟社群支持是很重要的。

如果能提出互惠條件，要找到助訓犬會比較容易。本頁這張表列出能提供助訓服務的家庭成員。第一欄假設另一隻狗對狗有激動反應，第二欄則假設另一隻狗只對人有激動反應。

除非我也參與行為調整訓練，否則為了牠們著想，我不太會用自己的狗當助訓犬。真狗大小的絨毛假狗也很適合遠距離訓練，一旦近距離接觸，狗狗大概幾分鐘就看穿了，不過在遠距離倒是相當管用。從假狗開始訓練其實也有好處，因為牽繩者會比較放鬆。以前我會用假狗評估真狗的反應，但現在我不這樣做了，一來是基於安全理由，再者也無此必要，而且行為調整訓練的每一刻其實就是一次小型評估。雖然假狗大多能激發某種程度的真實反應，但有時候，接觸過假狗或大型填充玩具的狗狗再看到假狗狗，根本連理都不理。

靜止不動的助訓犬確實讓受訓犬比較容易進入訓練狀態，然而反過來要受訓犬待在同一位置或同一塊區域，說不定十分困難。我通常會請助訓犬的牽繩者跟隨狗狗在訓練場內走動，前提是他們不會突然接近受訓犬（或其他會造成壓力的接近方式）。另一個選擇是請「資深」助訓員協助標記再走開，即助訓犬的主人或牽繩者能熟練執行標記再走開，同時還能注意另一隻狗。至於受訓犬的牽繩者則按照2.0版概念，採取比較標準的「跟隨狗狗」動作。

狗狗偶爾當個動也不動的助訓犬倒也還好，時間久了可是會累的，所以最好能用行為調整訓練照顧助訓犬本身的需求，請務必讓飼主明白這一點。如果要一再出借自家的「好狗狗」協助訓練，原則上也要持續做行為調整訓練、並且在情境訓練時適當依從狗狗意志，這些好狗狗才會持續做出有效的阻絕信號。對於協助古典反制約法等其他技巧訓練的助訓犬，這套方法也一樣好用。

助訓犬的主人必須確定，他家狗狗在平日牽繩散步時仍會遇到其他沒有反應問題的狗狗，如此才能讓牠們適時放鬆。我的意思並不是狗狗得上牽繩才能出去玩，但我相信你也不希望這些助訓犬突然覺得「為什麼最近只要我一上牽繩，遇到的狗狗都對我不友善？每隻狗看起來好像都有問題欸。」這個道理同樣適用於其他技巧訓練的助訓犬。比方說，我們在做開關柵門的古典反制約訓練時，你可以根據助訓犬的行為來調整牠出現在柵門後的次數。

希望你看完這一章後，能將行為調整訓練運用自如，成為你的新法寶。如果你已經有慣用的訓練法而且效果良好，也不必刻意汰舊換新。多一樣法寶，你的訓犬事業就多一分成功機會。只要你耐心說明、反覆演練，飼主多能完全掌握2.0版行為調整訓練的概念，狗狗也會有明顯進步

（可參考附錄四的案例）。世界各地的訓練師與行為諮商師也都有類似的成功經驗，所以絕對值得一試。現在換你試試看！

結語

謝謝你願意花時間學習行為調整訓練2.0。我在本書第一版提過，行為調整訓練是一項以練習與現有最好的資訊為本、持續蛻變與進步的訓練法。請你仔細觀察自己和動物相處的每一刻，看看有沒有什麼辦法能讓你們的互動變得更好；這些辦法不只是對你而言更快、更簡單的方法，也包括更能授權狗狗（或其他動物）自主抉擇的方式。以下是行為調整訓練的重點整理：

- 創造安全、讓狗狗能透過自然發生的增強物學習新事物的生活環境。
- 一旦狗狗發現刺激所在，不要領著牠主動靠近刺激。
- 若狗狗需要你幫助，請以干預程度最小的方式即刻救援。
- 反覆演練牽繩技巧，保障狗狗的安全與自由。

如果你還沒試過行為調整訓練，現在就開始吧！找個朋友幫忙，把你們運用牽繩技巧陪伴狗狗閒晃的過程拍下來，然後反覆觀看，密切注意狗狗的壓力程度。若你和助訓員一起做情境訓練，同樣也把過程拍下來並仔細評估。如果你是訓練師，不妨免費替人訓練幾次或是先跟你自己的狗狗做行為調整訓練。砌牆磚動物學院是很好的進修管道，你也可以聽聽大家對你的影片紀錄有何建議指教。請記得要常常去我的網站逛逛，看看有沒有新的行為調整訓練影片或參考更多講解行為調整訓練的DVD或影音檔。

重點是，一定要試試行為調整訓練，而且要從牽繩技巧開始。套句老話，你看到成果就知道多有效。只要你把環境布置好、別讓狗狗超出臨界點，萬一狗狗情緒不佳，就想辦法讓狗狗冷靜下來，應該不會出錯。當然，如果行為調整訓練的細節都很完備，狗狗會進步得更快！所以千萬不要吝於找專家尋求額外協助。找朋友幫忙並／或錄下訓練過程從客觀角度評估，也是個好辦法。總之，祝好運！

附錄 1

響片基礎訓練

如果你沒看過響片，也沒試過響片訓練，現在正是學習的好機會！

響片訓練也稱為「標記訓練」，乃是利用標記信號（譬如「很好」、吹聲口哨、按下響片）指出哪項行為得到獎勵增強。響片訓練並非什麼一時流行的花俏手法，而是有科學根據、能直接應用於學習的有效方法。響片訓練效果奇佳，不管是檢測結核病或探測礦坑的南非老鼠、輔助殘障人士的狗狗、家貓、虎鯨等各種動物都適用。訓練時，清楚溝通很重要：我們利用標記信號在明確時機告知動物，牠的行為已得到強化獎勵，於是動物就會越來越常做出受到標記的行為。訓練狗狗最常用的標記信號是響片與口頭標記，響片是一種拿在手上的小盒子，會發出喀噠聲響；口頭標記則是講一句效果等同響片的話，是我們的嘴巴發出來的聲音，例如「很好」或「好」。如果你家狗狗聽不見，你可以選擇任何一種能讓牠感覺到、看到、嚐到或聞到的方式，做為你們的無聲訓練口令。同樣的，你也可以用觸覺玩具或視覺標記為聽力不佳的狗狗做標記／響片訓練。

好的標記信號必須具備以下特色：

1、狗狗能輕易偵測、感知該信號，不論視聽觸嗅皆可。

2、可靠度高，狗狗能藉此預測接下來會得到獎勵／強化。

下面列舉的幾種行為，很適合狗狗在行為調整訓練之前或是幾回訓練之間學習。我不會要求飼主先完成這些訓練，因為他們都急於處理愛犬的攻擊行為。我也不會要求飼主騰出時間做基礎訓練，因為狗狗光是做行為調整訓練就能學會這些技能，但若狗狗能學會這些基礎技能，行為調整訓練的效果會更好。

專注力

所謂專注力，並不是要狗狗一直盯著主人看，這在行為調整訓練時反倒會成為阻礙。我所謂的專注，是指主人很容易就能得到狗狗的全副注意，即使在散步時，狗狗也持續跟主人保持某種聯繫。我喜歡訓練狗狗自動看著主人，也喜歡教狗狗聽到自己的名字要趕快回應。

萊西練習

命名遊戲是我多年前向訓練高手泰瑞・萊恩學來的妙招。我之所以把這項專注力訓練稱為

為了方便起見，你可以藏一些零食在握著響片的那隻手裡。

手環訓練用響片。按下金屬片再放開，就可製造喀噠喀噠的聲響。

「萊西練習」，是因為「靈犬萊西」這隻相當出名的電視明星跟牠的家人連結十分緊密。萊西練習是為期七天、教狗狗自動注意主人的簡單快速訓練法。

專家密技：萊西練習非常適合做為團體訓練班和私人課程的第一項指定作業。你甚至可以在上課前就把這份資料寄給客戶，讓響片效果更強、狗狗更專注。

如果你的狗狗比較不專心，我建議你試試萊西練習，不過先看完這節再開始，尤其是你沒試過響片訓練的話。每隻狗狗學習速度不同，下面列出的日期僅供參考。如果你的狗是很專注的邊境牧羊犬，你大概只要很快訓練幾次就夠了；如果你要訓練的是隻剛被救出來的狗，連你是誰都搞不清楚，那恐怕得花上幾週好好訓練。

第一天至第二天：狗狗每次自動看著你，就予以標記並獎勵。狗狗只要瞄你一眼，你就給牠大大的強化獎勵。盡量在狗狗開始轉向你的那一刻做出標記，這樣才能確實獎勵狗狗做出「轉頭」的選擇。

1、如果你暫時不打算再訓練，就跟狗狗說聲「結束了」。等到你要再開始訓練時，呼叫狗狗的名字，等牠轉頭看你時就按響片，拿零食給牠吃。我建議你最好不要一邊吃晚餐一邊做這種訓練——你剛坐下來、準備開動的那一刻才是最適合跟狗狗說「結束了」的時機，這等於告訴狗狗不會有獎勵了，等你下次叫牠再說。

2、在客廳這類比較安靜的地方，可以用一般狗食做為強化獎勵。如果狗狗身旁有會讓牠分心的事物，牠卻還是看著你，你該給牠更好的獎勵，狗狗理當要拿「危險加給」。

3、如果要用響片標記，可以加裝手環掛在手腕上，要用時就不必到處找。也可以交錯運用響片與口頭標記，有哪一種就先用哪一種。狗狗對響片的印象比較深刻，所以能用響片還是盡量用響片。標記完畢之後，別忘了稱讚狗狗！

4、每次訓練盡可能使用不同的增強物，擺放位置或來源也要有所變化。譬如標記動作，然後從植栽或書櫃後面拿出事先藏好的玩具或是標記動作，再拋出小棍子讓牠咬回來；你也可以在標記之後陪牠玩一下追逐遊戲（狗追人）或是一同跑向廚房，開冰箱拿零嘴。這些都有助於將標記的動作跟你希望狗狗轉移的目標連結起來，所以不看食物依然會得到食物，不看玩具也能得到玩具，以此類推。

第三天至第四天：狗狗每兩次看著你，你再標記，給予獎勵。

現在稍微減少零食用量，但這不代表你並未強化牠注意的動作。不過狗狗轉頭或是跟你眼神交會，你還是要盡量讚美或至少表示你知道了。

1、每次標記狗狗的好表現，也要予以強化，只是標記的次數不如以往多。

2、稍微提高標準：狗狗頭轉得快一些，看你看久一些或是有「優於平均值」的表現，你才會標記及獎勵。

第五天至第七天：戒除零食。

偶爾才標記並強化狗狗的最佳反應，大概每三次獎勵一次。設法標記狗狗的最佳反應，其他時候只給予關注和稱讚做為獎勵。漸漸改成每四次獎勵一次，再改成每五次獎勵一次。要慢慢改變增強頻率，狗狗才不會覺得有異。

萊西練習非常適合在訓練第一週進行，可以搭配散步時的標記再走開一併訓練。假如家裡多了新生兒、多養一隻狗或是搬到新家，不妨帶狗狗複習一下萊西練習。

用響片訓練基礎行為

1. 萊西練習

* 訓練你的狗狗自動看著你
* 鼓勵狗狗的專注力和注意力
* 狗狗每次自動看著你，你就標記下來，給予獎勵

2. 名字遊戲

* 教狗狗聽到自己的名字 = 注意聽我說，我接下來的話是對你說的
* 善用這個訊號，千萬不要呼喚狗狗的名字卻又不理牠
* 每當狗狗跟你眼神交會或迅速轉頭看你，標記並給予獎勵

3. 緊急迴轉

* 訓練狗狗轉身走開
* 遇到緊張的狀況能快速離去，出門散步也就更安全
* 面朝著狗狗後退，狗狗一轉頭你就標記，讓狗狗跟過來才吃得到零食

4. 鬆繩散步

* 黃金定律：牽繩如果拉緊，千萬別讓狗狗往前走
* 幾種訓練方式：就定位響片練習、木頭狗、絲線牽繩訓練等
* 如果牽繩放鬆或狗狗走到正確的位置，就標記下來，給予獎勵

5. 緊急喚回

* 遇到緊急狀況，需要喚回狗狗時很好用
* 這是一種特殊的口令，講完要記得給狗狗一大堆超級好吃的零食

6. 伸懶腰邀玩

* 狗狗想要獲得關注，也可用這種姿勢（比撲跳、吠叫、坐下有趣）
* 不懂社交技巧的狗狗適合學習這種明顯表達善意的信號

名字遊戲

名字遊戲要訓練狗狗聽到你喊牠名字時，就要把注意力轉向你，然後才能聽見你接下來要跟牠說的話。

假設你的狗叫萊利。如果你常常怒氣沖沖叫牠的名字，那就改用牠的綽號好了，取個全新的綽號或用狗狗原來的綽號都可以，總之要挑個可以在公開場合叫不會覺得難為情的名字。起初找個安靜的場合練習，最好能先做過萊西練習。

1、呼喚一次狗狗的名字，再給牠零食吃。現在還不必要求狗狗看著你，只是如果你們身處安靜的環境，那狗狗大概會看著你。重複幾遍「萊利→零食」的流程，然後在狗狗沒看你時呼喚牠的名字，再給狗狗零食吃

2、在不同地點重複步驟一，室內室外都要進行。

3、開始要求狗狗看著你的眼睛才能拿到零食。先從「五秒回應」做起，也就是當你一喊牠的名字，牠只要在五秒之內看向你，就能得到零食。你可以用響片標記，也可以說聲「很好！」用口頭標記。

要是狗狗沒能及時看你，請立刻拿著零食走開（除非牠自顧自玩得很開心。若是如此，你得設法讓牠暫停玩耍）。如果牠跟著你走，你要再一次喊牠的名字、但不能回頭看牠；這時狗狗應該要繞到你面前看著你。請增強這個動作。另一種變通做法是你離開，等個二十秒，然後再玩一次名字遊戲。不管用哪種方法，如果狗狗連續幾次挑戰「五秒回應」都失敗，就表示你太操之過急了，請先回到第一個步驟或是移到狗狗比較不會分心的環境。

4、狗狗完成了五秒回應，就進階到三秒回應，再來是兩秒、一秒，最後是「立刻回應」，狗狗聽到自己的名字必須馬上看著你，才能

得到零食。

雖然我也有自己的做法，但我從尼爾森的DVD《真正可靠的召回》（參考延伸閱讀）學到這項遊戲。她也列舉了名字遊戲可能會失敗的三項原因：

1、零食太難吃。所以要用好吃的零食，狗狗才會明白你的意思。

2、練習不足。每天做十五次「名字→零食」練習，突如其來練習一下。

3、重複喚名。只叫一次狗狗的名字，然後再根據你的規則等待狗狗的反應。狗狗要是沒反應，你就把零食吃掉，如果你非得要做什麼的話，也可以發出「滋滋」聲，反正就是不要重複呼喚狗狗的名字。

如果環境有變或是你覺得狗狗很快就要看著你或你認為再試一次就能奏效，可以等上十至二十秒，再叫一次狗狗的名字。要知道就算你沒有刻意訓練，你的狗狗都會跟你學習。你每次呼喚狗狗的名字，狗狗都會學到箇中意義。

說到意義，你可千萬要弄清楚狗狗名字的意義。對我來說，狗狗名字的意義就是「注意！我接下來的話是說給你聽的」。你呼喚狗狗的名字，下一步應該要給訊號告訴狗狗該做什麼，可以告訴牠解除了或是叫牠做其他事情。你呼喚「阿福」，等阿福看著你，你就讚美牠，這樣沒有問題。你呼喚「阿福」，叫阿福「跟著我」，再讓阿福離去，這樣也沒有問題。你呼喚「阿福」，卻一直沒有下文或者更糟（像是拍拍頭這類狗狗討厭的舉動），這就有問題了，除非你存心要用「阿福」表達「不要煩我」的意思。我先前提過，我會跟狗狗說「結束了」，這個口令不搭配我的任何反應或動作，我就是這樣教狗狗聽懂這三個字的意思。我一旦說出「結束了」，就表示拒絕狗狗的要求，也是告訴狗狗不必在桌邊哀求，不必拿玩具給我，也不必表演可愛的把戲給我看。我每次訓練結束就只說聲「結束了」，然後就不理狗狗了！要善用這種提示，千萬不要呼喚狗狗的名字卻又不理牠。

我們走吧與緊急迴轉

我說過，如果遇到突發意外，帶著狗狗緊急迴轉不失為脫身的好辦法。我最喜歡用兩句口令提示狗狗緊急迴轉，一句是「唉呀，糟了！」（飼主碰到緊急狀況很容易想起這句話），另一句是「叫回你的狗！」（這個口令有雙重意義）。如果你用「叫回你的狗！」訓練你家狗狗緊急迴轉，那麼在緊急時刻，你喊出「叫回你的狗！」不僅能讓你家狗狗聽口令動作，也能同時提醒迎面走來的陌生狗狗的主人採取行動。

「叫回你的狗！」有三種作用：作用一，叫陌生狗的主人呼喚他的狗。作用二，提示你的狗轉過來，避開麻煩。作用三，陌生狗聽見你的口氣也會慢下來。這句話同樣很好記，只是萬一看到一隻沒上牽繩的黃金獵犬走過來，難免會想大罵髒話，光說「叫回你的狗！」感覺沒那麼痛快。來找我的飼主多半用「我們走吧」還有「叫回你的狗」提示狗狗緊急迴轉。

我第一次看到緊急迴轉的概念，是在麥克康諾寫的好書《激動狗》。現在來介紹我的訓練方法，一開始先在室內訓練，狗狗不用上牽繩。

1、設法把狗狗叫到你身邊，與你面朝同一方向。

2、說出指令「叫回你的狗」，然後往後退（這樣狗狗得迴轉才能面向你），丟出一個零食或玩具，讓狗狗從你身邊跑過去。這個訓練要在不同的地方重複五十次。

3、重複一次上述訓練，狗狗聽到口令轉過頭來的那一刻，你就按響片，再像以前一樣丟出獎勵。在不同地點重複這個練習，直到狗狗在家裡每一個地方（包括車庫、地下室等），聽見這句口令都會立刻轉頭。就算家裡電視開著也會轉頭，在很容易分心的人行道或公園等地方也會轉頭。在安全的場合訓練時可以不上牽繩，但在公共場合就要。

4、漸漸提高音量，拉高音調，直到跟你散步時發出的口令一模一樣。

5、練習一邊做出交通警察的手勢，一邊說（或大喊）「叫回你的狗」。

你可以在我剛才提到的訓練環境中直接開始運用口令，因為你是在安靜的場合訓練，而且狗狗已經聽得懂你的提示，做出你鼓勵牠做的行為（遠離其他狗狗）。我喜歡用玩具強化牠的印象，因為「玩」能跟你提示牠的動作建立極強大的連結。即使是不愛玩「你丟牠撿」的狗狗，往往也會喜歡追逐零食，你也可以用這種方法餵狗狗吃正餐。最好盡量在日常生活找機會訓練，平常散步也別忘了繼續練習迴轉，你跟狗狗都會更熟練。

如果狗狗已有利用正向方法訓練的「迴轉口令」，例如「我們走吧」，你可以轉換成另一個口令，不用從頭訓練起。若要改換口令，就從剛才的第二步開始做起，先說新口令，再說舊口令，還要一直重複，例如「叫回你的狗」↓暫停一秒鐘↓「我們走吧！」，然後後退幾步，按響片，丟出零食，讓狗狗從你身邊跑過去。雖然你往後退的動作可能會影響口令學習，不過你還是要往後退，才能演練真實情況的應變方法。

為了確認你了解口令轉換的概念，我們把整個流程倒過來。如果你的狗狗已經熟悉「叫回你的狗」，你希望再加一句「我們走吧」，那剛才的程序就要整個顛倒過來，變成「我們走吧」（新口令）↓暫停一秒鐘↓「叫回你的狗」（要轉移的舊口令），接下來你再後退幾步，按響片，丟出零食，讓狗狗從你身邊跑過去。

你跟狗狗學會緊急迴轉後，出門散步會比較安全，因為萬一遇到緊急情況，你可以迅速帶著狗狗離開，學習合宜的牽繩散步在其他時候也很有幫助。

我平常練習緊急迴轉時，很喜歡拿松鼠當狗狗的干擾，獎勵就是拉扯或丟出玩具給狗狗玩。很多有激動反應的狗狗也喜歡追逐獵物，去除狗狗暴衝追松鼠的機會，散步會更愉快。

牽繩散步

能夠乖乖讓人牽著散步的激動狗，我用一隻手就能數完。雖說飼主找我可能是為了對付狗狗的攻擊行為或恐懼問題，不過狗狗會拉扯牽繩，朝著刺激衝過去或是心生恐懼而往家的方向拉扯，都算是激動反應。牽繩要是拉得太緊，可能引起有激動反應的狗狗打架，所以我喜歡教飼主跟狗狗不要拉緊牽繩。我尤其想讓狗狗明白：拉緊牽繩只是要告訴牠往哪邊走，並不是要牠抓狂的信號。

這本行為調整訓練提到的牽繩技巧能讓你學會如何不拉緊牽繩，教狗狗學會讓牽繩保持鬆弛的技巧也不少。我喜歡選幾種技巧搭配使用。前面介紹的萊西練習就是個很好的開始，也可以試試底下這幾種方法（這些方法《不害犬訓練手冊》都有）。接下來我以「專心走路」做例子。

- 注意力響片練習
- 轉身響片練習
- 專心走路
- 木頭犬或後退
- 快速訓練
- 罰球線
- 絲線牽繩

專心走路（碰一下就跟著我！）

狗狗難免會遇到刺激太近或太強的時刻，即使牠已經注意到了，仍不免情緒大爆發。這時候，標記再走開完全派不上用場，因為光是初次瞄到的那一眼就已經刺激破表了。這時你當然可以用滿坑滿谷的零食轉移狗狗注意，也可以用更優雅的「專心走路」來解決，讓你在研判標記再走開可能行不通時，照樣能順利應付大型刺激或干擾。這個練習有助於教狗狗專注在你身上，不去看干擾，特別的是你一邊走，狗狗會一直看著你的手指，又稱「手指標的法」或「手掌標的法」。你跟狗狗遇到容易分心的東西時，「專心走路」這招很適合派上用場。狗狗熟練後，你們出門就不用擔心「不速之客」會毀了一次愉快的散步。

專心走路練習對狗狗來說應該是個好玩又有趣的遊戲，出門散步偶爾可以玩。我每次要展開這類好玩遊戲，都會先問狗狗「準備好好好好了嗎？」炒熱氣氛。

下頁圖片示範的行為是狗狗用鼻子碰主人的手，你也可以訓練狗狗碰觸別的標的。我在這裡用的口令是「碰」。你可以用這個口令讓狗狗移動，也可以叫狗狗乖乖在你身邊隨行。

我假設你慣用右手，訓練一開始，先用右手拿著零食跟響片，如果希望狗狗專心看著你的左手（目標），就把左手攤開來或選個你喜歡的手勢，我喜歡這樣做：左手握拳，食指和中指收起來不要突出。給狗狗看左手，狗狗大概會走向你的左手，以為有零食可以吃，別理會狗狗用腳掌撥手的動作。

狗狗的鼻子一碰到你的左手，請立刻按響片，並且把零食從右手轉至左手、再用左手（目標手）拿給狗狗吃。狗狗吃零食時，請把左手藏在背後，等到下一次做響片、零食訓練時再秀出來。說來很妙，只不過是把手藏起來，就能讓狗狗認為你的左手是「全新的」並再度對它感興趣。

重複幾次上述練習再開始教口令，等到狗狗已經熟練，你也覺得牠應該會碰觸你的手了，再繼續做同樣的練習，這次要先說「碰」再伸出左手。

一開始把零食跟響片放在右手。

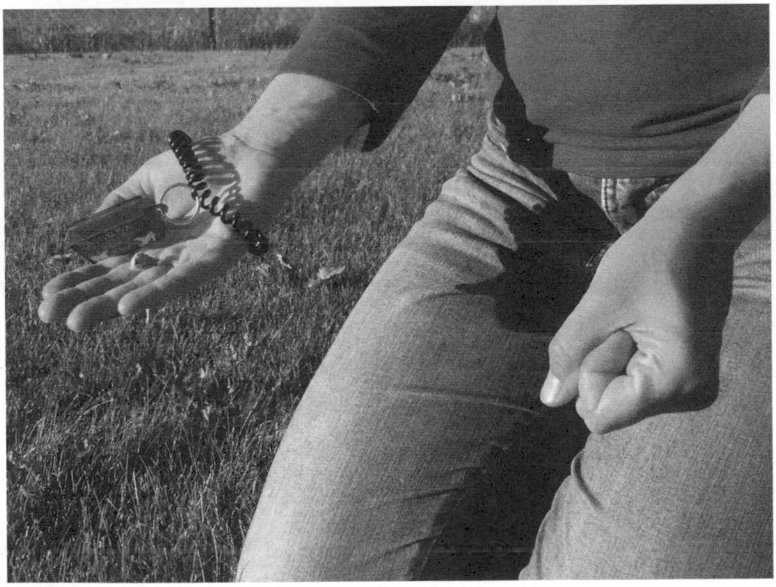

把你要狗狗碰的那隻手（空著不握東西）握成拳頭，做為目標。

萬一狗狗只是死盯著你看，不去碰觸你的左手，稍微等一下或是把手放在背後再拿出來。不要整個人靠過去狗狗那，也不要盯著狗狗看（這樣有點可怕）。如果你的拳頭在狗狗看來像是以前教過的手勢，那就換個手勢，把手平攤開來、伸出一、兩根指頭或者別的手勢也可以。萬一狗狗不是用鼻子輕輕碰觸你的手，而是一口咬下去，那可千萬不要按響片，不然就變成鼓勵狗狗咬人了。你可以趕在狗狗張開嘴巴之前按響片，給狗狗零食吃，也可以等狗狗閉上嘴巴再按響片，變換放手的位置也許會有用。

接著稍微移動左手，狗狗必須走個一兩步才能碰到你的左手。試試看把左手放在你身旁，而不是放在狗狗眼前，看看狗狗還會不會碰觸。狗狗過了這一關，就可以開始訓練「跟著我」了。

現在移動你的左手標的，你帶著狗狗做了一陣子的「碰」練習，狗狗學會碰觸你的左手，接下來給狗狗看你的左手，等狗狗靠近想碰觸，你就往後退，這樣狗狗得跟著你走幾步才碰得到你的手。狗狗碰到你的左手，你就按響片，給狗狗零食吃。你也可以伸出左手，讓狗狗跟著你走半圈，重點是狗狗要跟著標的走才能碰觸它。

現在你要把左手放在身旁，讓狗狗跟在你的左手後面走，這愈來愈像「跟著我」練習。你希望狗狗走在你左邊，就讓牠跟著你的左手，如果希望狗狗走在你右邊，就讓牠跟著你的右手。你可以左右兩邊都訓練，但一次訓練一邊就好。

一開始先在家裡練習，不要用牽繩牽著狗。說「碰」，伸出你希望狗狗碰的那隻手，手臂垂直往下，貼緊你的腿，走幾步離開狗狗。等狗狗跟上來碰觸你的手，再按響片並給牠零食——但你的手必須垂直貼在大腿後面（絕不能拿到你前面），確保狗狗不會一頭往前衝，打亂了「跟著我」姿勢。

狗狗吃完零食，你再說「碰」，繼續往前走。狗狗跟上來，又碰到你的手，你就按響片，給狗狗零食吃。這樣就是「跟著我」的行為了。

等狗狗上手以後，你可以把「碰」換成「跟

狗狗一碰拳頭（目標），就按響片。

把零食從右手換到左手（目標手）。

讓狗狗吃你用左手（目標手）拿著的零食。

著我」。狗狗要是搞不清楚，那就先說「跟著我」，再說「碰」。

現在開始「隨機賞賜」，訂出一個不固定的獎勵時間表，狗狗走幾步或隔幾秒，你才會按響片給獎勵。漸漸拉開獎勵的間隔時間。這一次拉長時間，下一次就縮短時間，把間隔時間漸漸拉長。下面的數字可以代表秒數，也可以代表步數：三、五、三、七、四、九、四、十一、五、十三、五、十五、六、十七、六、十九……（簡單、困難、簡單、更困難、不太簡單、再困難一些……）

在一段較長的間隔之後，先讓狗狗做短時間的「跟著我」，狗狗就不會發覺本來就很長的間隔時間變得更長了。要讓狗狗一直覺得「說不定只要再走兩步，就又能吃到零食了！」要注意的是不僅是長間隔要變長，短間隔也要變長。「隨機賞賜」也可以用來訓練狗狗「延長等待時間」。

你跟狗狗要是遇到較大的干擾，就回到先前

的獎勵方式，常常給獎勵或是一直給獎勵。

在家訓練順利的話，就可以出門散步訓練，一次訓練走幾條街，附近最好不要有大的干擾。萬一附近有大干擾，比方說會讓狗狗出現激動反應的刺激，你還是可以用相同的訓練方法，但你希望狗狗注意的那隻手應該抓著一些超級可口的零食。先把那隻手放在狗狗鼻子上，再把手連同零食朝你的方向移動，讓狗狗更容易跟上來。

喚回狗狗

狗狗應該學會一聽到主人呼喚，就毫不遲疑直接走向主人，這個本領能夠救狗一命。狗狗如果快跟別的狗打起來或是快咬人了，喚回狗狗也能解除危機，確保安全。倘若牽繩、圍籬之類的實體安全措施統統失靈，至少還可以喚回狗狗。很多狗並沒有嚴重咬傷人的前科，我們希望這些狗不必用牽繩，也能跟其他狗狗玩得很愉快。既然要讓牠們不用牽繩跟其他狗狗相處，就一定要訓練牠們聽見呼喚就回到主人身邊。狗狗有些時候難免遇上麻煩，這時若不想靠近狗、又想帶狗脫離險境，就只能呼喚狗狗了。

其實我已經介紹過一種取巧辦法，可以讓狗狗聽到呼喚就過來。「碰我」這個口令就是很好的辦法，因為狗狗一定要走到你身邊，鼻子才能碰到你的手。狗狗既然離你這麼近了，你一定可以抓住牠的胸背帶。如果你還想多學幾招，我的《不害犬訓練手冊》也列出幾種有效辦法，能在日常生活中喚回狗狗（每次成功喚回都要予以獎勵！）不過如果你在很多地方訓練過「碰我」，這個口令應該就夠用了。

我喜歡另外教一種緊急喚回口令，效果並不會因為常常使用而減弱，作用還是很強，因為你說出這個口令，就會拿出超棒的獎勵。我把尼爾森《真正可靠的召回》介紹的口令改編成一個特別口令，叫做「零食派對」，也常常使用。我在家裡是用尖尖的嗓門說「ㄅㄨ」，因為我家狗狗平常不會聽到這個口令，難得聽到這個口令，就表示一大堆超棒的零食即將降臨。這是很直截了當的**反應學習法**，也就是我們熟悉、能將兩種刺激或事件互相配對的「古典反制約訓練」。訓練方式如下：

1、（這個步驟可有可無）說出你平常喚回狗狗的口令，先說這個口令，之後再給牠歡樂的零食派對，讓訓練強度翻倍。

2、說「零食派對」口令。

3、把二十小塊超級美味的零食一塊塊拿給狗狗吃，小小的肉塊或剩餘的乾酪通心粉就很好。把零食放在狗狗附近的地上，讓狗狗得低頭去咬起來。你每拿出一塊零食之前，就先說「零食派對！」，在二十秒鐘內，你就會說二十次「零食派對」，狗狗又看到排山倒海的超棒零食，印象就會更深刻，從此狗狗聽見「零食派對」，就像賭城的賭徒聽到吃角子老虎機的鈴聲一樣深受吸引。不過所謂的派對也不見得非用零食不可，如果你的狗狗喜歡玩具，你也可以先說「零食派對」，再跟牠玩拔河，一邊玩一邊重述「零食派對」。如果你正確執行，那派對結束之時，你應該氣喘吁吁。

4、一天練習三次，盡量離狗狗遠一點再宣布「零食派對」或是乾脆在狗狗看不見的地方宣布。如果家裡有不辣、低鹽的剩菜，先放進冰箱冷藏，等你洗完碗再拿出來，給狗狗舉辦一場飯後零食派對。「零食派對」在室內室外都可進行，也可以在院子裡做，增添一些會讓狗狗分心的東西也無妨，任何場合都可進行。

尼爾森《真正可靠的召回》是在喚回狗狗之後，賜給狗狗大獎，把零食一粒粒餵給狗狗。我在她的版本添加了「零食派對」的口令，而不是在開派對時只稱讚狗狗，這樣你訓練了普通的喚回，也能順便教狗狗緊急喚回的口令。有飼主跟我說，他們才訓練幾個禮拜，就用「零食派對」口令讓愛犬免於一場車禍，而且辦了零食派對，慶祝狗狗逃過一劫！

我喜歡用這個蠢蠢的口令，因為飼主們會記得要一直拿出零食，強化狗狗聽到呼喚就回來的好習慣。他們說出「零食派對」就會做到，在他們看來，說了「零食派對」卻沒端出一大堆零食，會比說出其他口令又沒有拿出獎勵更像在欺騙狗狗。他們在日常生活中喚回狗狗，也不會老是用這個口令，畢竟大喊「零食派對」有點難為情。他們也記得不能在狗狗面前講這個口令，他們談論這個口令時都用「零趴」或「慶祝」代替，免得掃了狗狗的興。

伸懶腰邀玩

狗狗學會伸懶腰邀玩不僅好玩也很實用，我通常會訓練狗狗用伸懶腰邀玩做為吸引注意的預設行為，這比撲人或吠叫好太多了，也比坐下更有意思。狗狗參加敏捷犬大賽或其他運動賽事時，也可以是種不錯的伸展。對於不擅社交的狗來說，伸懶腰邀玩同樣是好用的法寶，我在第七章社交挫折的部分有詳細說明。訓練狗狗用伸懶腰邀玩吸引注意，其實是訓犬師艾芙森的構想，特別感謝她讓我借用她的巧思。

身兼作家與研究人員的霍蘿維茲發現，在狗狗的世界，狗狗往往是發覺另一隻狗狗先注意到牠之後，才會伸懶腰外加小步彈跳邀玩，所以狗狗並不會以伸懶腰邀玩吸引注意，不過伸懶腰邀玩確實是個很明顯的信號，狗狗其實是心平氣和告訴你「嘿，我在跟你說話！我們一起做些什麼吧。」

我要狗狗做伸懶腰邀玩的口令是「瑜珈」，因為狗狗伸懶腰邀玩時，臉部朝下的模樣很像在做瑜珈。

利用捕捉法教導「瑜珈」最理想，因為這時狗狗的伸展姿勢最自然。只要趁狗狗伸一個大懶腰時，說聲「很好」或是按響片標記狗狗的行為，再給狗狗零食吃就可以了。狗狗剛睡醒時常會伸懶腰，務必把握時機。如果你在狗狗面前趴在地上伸懶腰，許多狗狗也會跟進，不妨試試看。要是你能在狗狗伸懶腰時餵牠們吃東西，儘管餵吧！但餵完記得說平常說的解除口令，像「OK」、「自由」之類，狗狗才知道可以起身了。

狗狗一旦明白你喜歡伸懶腰邀玩，以後應該會愈來愈常這樣做。你要給狗狗零食、關注或是狗狗當時想要的獎勵。你可以任由狗狗自己伸懶腰，也可以用「瑜珈」口令。只要在狗狗開始伸懶腰的時候，說聲「瑜珈」，等狗狗伸懶腰伸到徹底，再標記下來，給予獎勵。

附錄 2

使用功能性增強的其他訓練法

如果你跟我一樣是訓練狂熱份子或是熟悉很多種訓練方法，想搭配行為調整訓練一併使用，附錄二應該很有幫助；如果你是訓練新手，這篇附錄讀起來恐怕會比較吃力。

行為調整訓練不是新科學，雖然如此，卻是個更能有效運用既有方法或技術的行為訓練法。整體而言，行為調整訓練剛問世時已是嶄新方法，如今的2.0版就更不用說了。不過就像所有既有行為一樣，行為訓練法並非橫空出世，而是承襲並受到各式各樣訓練法的影響，其中也包括不少運用功能性增強的技術，有些訓練法甚至會把「離開刺激」當成給狗狗的功能性增強，以下介紹這幾種訓練法。

普雷馬克法則

普雷馬克法則並不是一種訓練法，卻是很多常用訓練法的科學基礎。大衛．普雷馬克博士在一九五九年發現了這個法則，該法則闡述：在既定環境脈絡下，某種行為發生的可能性（意即這種行為有多常發生）通常與後續行為及其發生率有關。這項發現十分有意思，因為它推翻了單一事件具有持續強化力的說法。舉例來說，某項研究紀錄一年級小學生吃糖和玩彈珠的時間比例。如果小學生能自由分配時間，那麼百分之六十一的小朋友會花比較多時間玩，百分之三十九花在吃糖的時間更勝於玩彈珠。

- 貪玩組：對玩的偏好程度較高（花在玩的時間大於吃的時間）
- 貪吃組：對吃的偏好程度較高（花在吃的時間大於玩的時間）

研究人員再把貪玩組和貪吃組各分成兩小組，所以一共四個小組。他們隨機從貪玩組與貪吃組各挑一小組，讓這兩群孩子的玩耍機會由吃糖決定（即吃糖才能玩彈珠）；至於另外一半的小朋友則反過來，只要玩彈珠就能吃糖。

在這兩種情況下，假使先發生的是偏好程度較低的行為——有點像買門票——該行為的發生機率會上升。也就是說，如果貪玩組的學生必須吃糖果做為代價，最後他會吃下更多糖果：平均多吃了五到二十六顆糖。而貪吃組必須以玩彈珠為代價的情形也一樣，他們玩彈珠的時間也變長了。

另外兩小組則擁有「機會」先做喜歡的事，再做沒那麼喜歡的事。即使玩彈珠能「賺到」吃糖的機會，貪玩組的小朋友卻不怎麼想吃糖；貪吃組的小朋友只要吃糖就能玩彈珠，但他們也不怎麼想玩。換言之，這種順序並不會強化偏好程度較低的行為。

我在客戶以狗狗不喜歡的方式跟狗狗玩或是狗狗不餓卻硬塞給牠零食的時候，也發現類似情形。對狗狗來說，跟牠們原本所做的選擇相比，玩某種遊戲或吃某樣零食就是偏好程度低的行為選項。

好，所以現在我們已經知道，有機會做偏好程度高的行為具有強化意義，做偏好程度低的行為則毫無強化效果。這的確有趣，但厲害的在後頭：普雷馬克和圖恩用大鼠做實驗，並且把行為後果改成「強制」而非「獲得機會」做某件事。這些大鼠有三種可能行為：喝水（偏好程度最高），跑轉輪（偏好程度中等），按操縱桿（偏好程度最低）。

研究人員的設計是：喝水或按操縱桿才能跑轉輪。換言之，轉輪可不是大鼠想跑就可以跑的；但如果牠去喝水或按一下操縱桿，電動馬達就會啟動，大鼠也就會被迫開始跑步。由於大鼠喜歡跑轉輪更甚於按操縱桿，所以研究人員也發現跟小一學生實驗同樣的結果：大鼠按操縱桿的頻率增加了。喝水雖然也可以跑轉輪，大鼠喝水的頻率不增反減，這顯示「強迫」去做偏好程度低的活動猶如懲罰。總地來說，**動物對行為後果的偏好程度會左右行為發生率，致其升高或下降。**

另外還有一項重要因素也得一併考量：懲罰不一定來自大鼠被強迫去做某件事，而是做這件事必須付出的機會成本。當大鼠被迫開始跑轉輪，牠就必須放棄原本正在做的事：喝水的大鼠不能喝水，必須馬上開始跑步，這表示牠偏好的活動被迫中止，失去選擇權（不能選擇偏好程度高的活動）說不定才是真正的懲罰。

現在讓我們再琢磨一下，動物通常會選擇的行為（偏好行為）其實就是另一些行為的後果，所以後者（前置行為）的發生率會依前者（偏好行為）的發生頻率而定。也就是說，假如選X會得到做更多偏好行為的機會，那麼X這個選項就被增強了。換言之，在每一種情境脈絡下，「有機會」去我們做通常會做的事會強化我們去做平常比較少做的事。簡單來說就是「自由」能強化行為。如果做X這件事會限制其他行為選項，即使後者在某些情境脈絡下的偏好程度較低，X仍是一種懲罰，縮限行為範圍本身就是懲罰。

如果你媽媽曾對你說過「寫完功課就可以去跟朋友玩」，她用的就是普雷馬克法則。你訓練狗狗做出一種行為，給出的功能性增強就是允許牠去做另一種行為。舉例來說，狗狗只要乖乖散步就可以去追松鼠，這也是普雷馬克法則的實踐。

按普雷馬克法則來解釋，若**有機會去做我們偏好的行為，也會強化該行為接下來的行為**；但是被迫去做不喜歡的行為，則會對接下來的行為產生懲罰效應。關於普雷馬克法則中的強化與懲罰，我喜歡普雷馬克博士本人的說法：「懲罰與獎勵的差別到底是什麼？差在『時機』。不論懲罰或獎勵，個體都必須付出代價，換取執行其他偏好反應或行為的機會；只不過獎勵是先付出代價，懲罰則是事後才付（參見延伸閱讀）。」所以強化基本上是我們欠狗狗，懲罰則是狗狗欠我們；說不定，這就是有些人不太理性地偏好懲罰的原因吧。

普雷馬克法則可以解釋許多功能性增強何以有效，就像我說過的，頻率或機率的計算方式會因情況而異——也就是脈絡專一性。在做行為調整情境訓練時，我們會創造讓狗狗非常容易嗅聞樹木草叢的環境；至於冷靜蒐集刺激資訊雖然比較難，但仍是發生率／偏好程度較高的行為（不見得每隻狗狗都是如此，但這種情況在情境訓練時確實比較容易發生）。如果你要求狗狗把牠在情境訓練場上閒晃時的行為從「最常做」到「最不常做」依序列出來，「聞來聞去」肯定高居排行榜前幾名，「冷靜蒐集刺激資訊」應該會敬陪末座。

所以，如果你家狗狗在情境訓練時先是冷靜地保持距離、蒐集資訊（偏好／發生頻率較低），然後在一棵樹幹上聞出某種氣味，那麼**有機會**好好研究這棵樹就是自然出現／發生的增強物啦！**這是普雷馬克法則有效的最佳範例，也是訓練場地何以越有趣、越值得探索越好的最重要原因**。在做行為調整訓練的時候，我們利用前置準備創造一個讓狗狗能吸收資訊並放鬆的環境，藉此讓目標行為（狗狗能有禮地交流互動）更容易發生。我們也不限制狗狗，任由牠們做想做的事，所以，「得到機會做牠們更想做的事」就會自然增強狗狗的合宜行為（但我們一定會避免讓狗狗直直走向刺激，並且在訓練失敗、預見狗狗隨時可能抓狂時，立刻出聲喊牠回來，這些則是例外）。

話說回來，我們在行為調整訓練時使用的功能性增強手段之所以有效，不見得都是因為普雷馬克法則。功能性增強也可能是發生在狗狗周遭或牠身上的事，比方說刺激遠離或者活躍程度下降等等。

不僅如此，我們在行為調整訓練時設法教狗狗學會的社交行為，不見得都能透過普雷馬克法則進行增強。我們採取「額外獎勵」時確實會利用一些偏好程度更高的行為（譬如吃零食或撿玩具）做為狗狗的意外驚喜，這部分的確運用了普雷馬克法則，但額外獎勵與遠離刺激不同，前者在功能上跟遠離刺激的行為在功能上並無關聯。在做標記再走開時，我也總是鼓勵學員先走開（功能性增強）再給額外獎勵。換言之，標記再走開的優先順序是先讓狗狗覺得安全（降低警敏程度）再予以獎勵。我的經驗是，雖然我們能透過驚喜或效果極強的增強物建立穩固、以動機為導向的行為，但如果只用額外獎勵來強化行為印象，可能會有問題：若我們無法先滿足狗狗的安全需求，極有可能因此降低訓練的主控性和可預測性。這就好比你才度過充滿壓力的一天，滿心只想放鬆休息，回到家卻一腳踩進意外的生日派對驚喜。為了讓狗狗能更自在地和刺激共處，行為調整訓練十分依賴主控性和可預測性這兩項重要元素。

給賞再撤退

我在第十四章聊到如何讓私人課程的狗狗很快喜歡上我的時候，提過給賞再撤退的做法。「撤退再給賞」的概念其實是唐拔博士（**編注：唐拔博士在台灣的譯作《狗狗訓練完全指南》、《養狗必修九堂課》皆為貓頭鷹出版**）在一九八二年發明的，而「給賞再撤退」則是克洛西耶正式建立這套技巧時所賦予它的名字（參見延伸閱讀）。這項技巧的核心概念是「吊胃口」，所以必須由狗狗主動縮短跟你的距離才行：你先把零食扔到狗狗旁邊，然後你離開讓牠安心享受。狗狗看到你走開，就會跟在你後面，這時再重複一遍。你也可以把零食扔到狗狗後面，讓牠撤退。狗狗離開你去吃零食或是看到你往後退，心情就能輕鬆下來，這就是功能性增強。唐拔博士說他遇到一隻咬過四個男人的大型秋田犬時，就是用這個方法倖免於難。克洛西耶把這個方法予以擴大，改名「給賞再撤退」。她簡單說明一個道理，把零食丟到狗狗願意接近的地方再走開，絕對比拿零食引誘狗狗靠近你來得好，因為這樣能消除狗狗的社交壓力。

每當我必須迅速跟狗狗攀交情時，我會用給賞再撤退；如果是長期心理復健，我會用這招再追加行為調整訓練。行為調整訓練的概念更廣泛易懂，並且也有其他好處，不過給賞再撤退仍是讓你迅速進入狗狗內圈的最佳法寶。

雙重獎勵訓練法

費雪發明了雙重獎勵訓練法，專治狗狗的攻擊行為，對超黏主人的「魔鬼氈狗狗」特別有效。等你看完我接下來的描述，你會發現這套方法跟行為調整訓練法非常不同，壓力更大，不過雙重獎勵的確也使用功能性增強的概念——找出狗狗為什麼起反應，然後提供那項因素做為增強物。雙重獎勵訓練法首見於一九九七年、費雪去世後出版的《「瘋狗」醫生日記》，但其實他已行之有年。雙重獎勵訓練法使用不同的增強物，引導狗狗以冷靜的行為取代吠叫和暴衝。在訓練對人有激動反應的狗狗時，費雪把狗狗拴住，狗主人在狗狗旁邊站著或坐著，他再朝著狗狗走過去，直到狗狗對他汪汪叫，此時主人會走開（負處罰），但他仍站定不動。狗狗若能完全放鬆下來，就可得到兩種增強獎勵，一是主人回到牠身邊（也許還會餵牠吃零食），二是陌生人走開。

費雪也提到，狗狗只要稍微放鬆一點就可以施以強化，不一定得要等牠完完全全趴下來。金恩的《拋棄訓練》與建構式攻擊行為治療，都是由雙重獎勵訓練法衍生而來（請參考延伸閱讀）。

建構式攻擊行為治療

「建構式攻擊行為治療」源自行為分析師羅薩萊斯魯伊斯主持的一系列北德州大學研究計畫。費南德茲在二〇〇〇年以綿羊做為研究對象，探討「某人遠離」對綿羊來說算不算是「原地不動」的有效獎勵。摩爾罕在二〇〇五年也做過類似的研究，只是研究對象換成母牛。斯耐德在二〇〇七年研究「負強化」治療犬類攻擊行為的成效。接受建構式攻擊行為治療的狗狗通常都會被拴住，由刺激靠近再遠離，就跟雙重獎勵訓練法一樣，但刺激不會太靠近，不至於引發狗狗做出吠叫、暴衝或低吼之類的攻擊行為。萬一狗狗開始吠叫、暴衝或低吼，結果就像雙重獎勵訓練法一樣，狗狗拚命吠叫，刺激就待在原地，直到狗狗停止攻擊行為，做出合宜的替代行為為止。

在原始研究中，狗狗出現相當多「消弱爆發」（**編注：意思是行為在消弱的過程中，突然有一波比原本更強的表現**）現象。然而等待情緒反應／行為削弱的主要不利點在於，這種等待會對受訓犬、助訓犬甚至對飼主造成壓力（我會在附錄三繼續討論這個部分）。此外，在現實生活中，刺激幾乎總是在動，要刺激靜止不動等狗狗叫完，不僅不切實際，路過的行人也覺得尷尬。再者，我並不想為了戒除牠低吼或亂吠的行為，就用削弱或懲罰等方式關掉牠的內建警示系統。建構式攻擊行為治療師也開始營造比較不會引發消弱爆發的情境，不過就我所知，這個消弱過程也是建構式攻擊行為治療必定會出現的一部分。

我之所以對功能性增強感興趣，最初是因為我觀察建構式攻擊行為治療有了一些心得，進而受其啟發。我喜歡「距離強化行為」的概念，但我想降低動物的壓力程度。在我嘗試以建構式攻擊行為治療幫助狗狗期間，我發現，領著狗狗走向刺激再讓牠自己離開或遠離刺激，狗狗的壓力會比較小。不過我在2.0版修正了「走向刺激」這個做法：如果狗狗有機會選擇自己避開或遠離，牠的壓力會減輕，那麼當牠自己選擇走向刺激時，照理說並不會增加牠的壓力，結果證實「讓牠選擇」的做法明顯更有效也更有效率。如果你正在使用行為調整訓練，請仔細研究你的訓練影片，看看你是否下意識領著狗狗往刺激走——不論是身體前傾、姿勢或站位等等都有可能。我也針對訓練的主控性做了些許調整，包括授權讓狗狗自主增強、而不是由主人提供增強獎勵再鼓勵牠走開。2.0版已盡可能不讓飼主礙著狗狗的路，所以照理說，狗狗自己選擇的功能性增強物應該會對訓練目標更有效。

馬匹訓練

幾十年來，如羅伯茲與柯蘭等馴馬師訓練馬兒時，都曾以「從馬兒身邊走開」當成給馬兒的獎勵。柯蘭還曾經同時使用響片與零食。就我所知，柯蘭和布萊爾大概是唯二寫過運用標記信號與「拉開距離」等功能性增強物進行訓練的作者（參見延伸閱讀）。

若你想教狗狗某個特定行為或狗狗沒辦法把注意力從刺激身上轉開時，標記信號是非常好用的工具。就像我在第七章提過的，行為調整訓練會同時運用標記信號和標記再走開技巧；有時是口頭標記，有時以響片標記，視是否使用零食而定。如果你家狗狗無法做足阻絕信號、社交技能不佳或甚至沒辦法保持適當距離，你可以用標記再走開來形塑牠們的合宜行為。舉例來說，有些狗狗對距離的臨界點取決於視線——只要牠看得見對方，牠會立刻僵直、瞪視或做出更糟糕的反應。這時候，你說不定可以用標記再走開來重塑牠的反應，教牠轉移注意力（從標記牠「看刺激」或「眨眼」的動作開始）。但是非必要的話，也不要執著於使用標記再走開，否則你就無法體會行為調整訓練的完整力量了。上一版的行為調整訓練會在狗狗轉移視線、不看刺激時給予標記信號，但我漸漸發現，在情境訓練順暢運作時，這麼做反倒會使狗狗分心、不去注意眼前的社交情境，也會促使飼主下意識地朝刺激靠近。

馬兒之所以願意站著不動或做出友善行為，換取「陌生人走開」的增強獎勵，可能是因為馬是獵物，所以特別希望保持距離。我覺得不管哪一種動物，會出現攻擊行為多半跟距離太近有點關係，可能是想捍衛地盤、保護自己或想保護別的東西。護衛資源的行為也可以解讀為跟距離有關係，也許是想表達「離我的骨頭／床／家／媽媽遠一點！」換言之，這些行為可以被「距離」強化。這也是我們在行為調整訓練時得小心地讓狗狗接近刺激的原因，理由是距離是最自然的強化因子。

行為調整訓練演進史

除了唐拔的撤退再給賞訓練法（以及克洛西耶的版本），其他訓練法都要受訓犬不動，由刺激靠近。我熟悉的其他訓練法通常都是要刺激撤退，不然就是丟一塊零食，誘導受訓犬撤退。不管是狗狗走向刺激，還是刺激走向狗狗，教導狗狗遠離刺激且自我獎勵是很有用的訓練。行為調整訓練授權狗狗決定牠是否要主動接近刺激並持續前進或者牠何時想撤退都可以退離刺激，藉此減輕狗狗壓力。不僅如此，2.0版更近一步將功能性增強的施予者從訓練者、飼主拓展至自然發生的增強物，賦予狗狗額外的控制權同時降低干擾與分心的可能性，讓狗狗透過與刺激「對話」，學習社交技巧。

我以前處理許多狗狗的行為問題時，給狗狗的功能性增強都是「現實生活的獎勵」，但並未系統性地用功能性增強對付攻擊行為，直到二〇〇八年才有所改變。我本來用古典反制約法及「無牽繩控制」之類以獎勵為基礎的訓練法，對付有攻擊行為的狗狗。後來我聽說建構式攻擊行為治療，就開始以功能性增強處理狗狗的攻擊行為與恐懼問題。我用過古典反制約法與系統減敏法，也試過正增強的自發學習訓練；我看了建構式攻擊行為治療的DVD，覺得這種訓練法很有潛力，只是很多正向訓練師都覺得這種訓練法可能會給狗狗太大壓力，我也不例外。我一邊觀摩，一邊做一些改變與調整。

各位或許已經注意到了，我不是那種習慣照單全收、依樣畫葫蘆的人。這有一部份要歸功於我的母親——她每次看食譜都只看個大概——部分肇因於我的科學背景。我喜歡學習，也喜歡解決問題。於是我越挖越深，閱讀更多功能分析和其他使用功能性增強的訓練法。漸漸地，我開始意識到我使用的是一套截然不同的訓練技巧，而它需要一個名字；當然，我的這套技巧都是以既有技術方法為基礎所建構出來的。至於「行為調整訓練」這個名字，起初只是講好玩的，用著用著就這麼定下來了。

我一邊實際操作，一邊跟我的朋友，TTouch訓練師史蒂芬斯討論行為調整訓練需要調整的地方。她提出一些頗有建樹的問題，像是「為什麼要這樣、那樣」之類的，都是值得深思的好問題！幾年下來，我有過多次這類討論，也依循討論結果時時調整訓練方法。比如就有德國朋友問我「為什麼要用這麼短的牽繩？」因為市售牽繩的標準長度是兩公尺，所以我壓根沒質疑過長度。現在，採用2.0版行為調整訓練的狗狗可以透過更長的牽繩獲得更多自由，而我也納入更多牽繩技巧，讓飼主更安全地操作牽繩。

總而言之，行為調整訓練與其他用功能性增強對付狗狗激動反應的訓練法，都不出古典反制約法的範疇，因為這些訓練法都教狗狗新的行為，藉此改變牠們對刺激的情緒反應。操作反制約法是訓練狗狗不經人類引導就做出合宜的行為，也**可以**訓練狗狗自在與人相處，甚至漸漸喜歡跟以前看了會引發激動反應的刺激互動。不過，行為調整訓練最直接的目標是創造適合狗狗社交互動的舒適情境。藉由設計與管理環境，讓狗狗持續處在情緒臨界點以下，藉由自然發生的增強物自由自在學習如何改變行為。這些因素和其他因素相輔相成，讓人狗之間得以發展出正面且互相信賴的關係，使得行為調整訓練成為一種人道且低壓的訓練法，也因此更加有效（我會在附錄三詳述研究依據）。正如我先前所說，行為調整訓練教導狗狗自行鎮定情緒（如有必要就撤退），而不是用別的方法驅趕或無視入侵者。我覺得這是行為調整訓練跟眾多更早問世的訓練法之間，一個細微卻重要的差別。

附錄3

給訓練者和行為諮商師的補充資訊：原理說明

附錄三提到的技術或資訊都可以在「延伸閱讀」找到詳細條目。

如果你一邊讀本書，腦海一邊閃過「這套方法涉及哪些領域？」或「不過就只是應用了行為分析嗎？」或「這個方法跟系統減敏有何不同？」之類的問題，那這一章會很適合你。如果你也希望成為能想到這些問題的內行人，你大概也會喜歡這一章。訓練者與行為諮商師應該要了解訓練方法背後的科學原理，這很重要。如果能讓飼主明白訓練法的原理，對他們的狗狗一定有好處。話說回來，我還是不想用大量技術資訊轟炸各位，因為那些專業人士偏好的行話、技術爭議只會讓大多數愛狗的人感到困惑和厭煩。不過我還是得提醒讀者，這篇附錄的文字比較正式且枯燥，建議你先去吸幾口新鮮空氣或備妥一大杯特濃咖啡吧！

前置準備

我在第六章提過：狗狗激動反應的強度通常跟過去增強這種反應的事件有關，但事件發生當時的情景脈絡也會影響反應強度。**不同的情境脈絡會強化不同反應，強化／增強效應是有選擇性的。**

現在讓我們多花點時間來研究「行為」結合「情境脈絡」被增強的概念。強化會選擇特定的「刺激－反應」組合，譬如就像把「看見其他狗狗」跟「吠叫、低吼、咬牠」連在一起，但連結當下的情境脈絡很重要：增強效應會告訴狗狗，在哪些特定情境下用哪種特定行為才有效。換句話說，某些前置條件和促成行為發生的整體情境脈絡，會讓狗狗學習用行為後果來選擇行為。比方說，「拿出玩具或食盆為狗狗準備食物」是一種信號，代表「食物」會強化特定行為；「坐在沙發上」或許也代表另一組會被強化的行為，其後果可能是「獲得注意」或「摸摸頭」一類的事。厲害的訓練高手懂得同時操縱場合與時機，不會只著重強化行為本身。

杜納霍、帕默及布哥斯（Donahoe, Palmer, Burgos）在一九九七年的論文中提到「增強物不單只影響輸出的行為，也會左右『輸入－輸出』之間的關係」，以及「情境脈絡能設定反應時機，情境的影響一開始並不明顯，要到情境改變時才可能顯露出來」。透過行為調整訓練時自然發生或出現的行為增強物，我們可以事先考慮哪些情境脈絡有助於選擇（增強）我們想要的社交行為，事先為狗狗設定有利的場合與時機。我們先從極有利於社交行為、同時極不可能發生攻擊／挫折／恐懼的情境脈絡開始，隨著時程推進再慢慢改變訓練的情境脈絡，使其更貼近真實（也就是在進行行為調整之前，引發狗狗出現攻擊或其他行為的類似情境）。根據我的經驗，行為調整訓練能廣泛改變多種情境脈絡下的「刺激－反應」配對關係：

以前：看見其他狗狗↓吠叫、低吼、咬牠

現在：看見其他狗狗↓搖尾巴打招呼

或看見其他狗狗↓嗅聞，繼續往前走

行為調整訓練基本上是將已經被強化過且屬於低強度刺激（譬如其他狗狗離我很遠）的「前置條件－行為」組合加以概化，進行行為改造。行為調整訓練極度仰賴縝密的前置準備作業，故必須做到以下幾點：(1)訓練環境不能存在任何可能觸動或誘發你想降低頻率的行為的前置條件，(2)當受訓犬做出有禮貌的阻絕信號、**有利社交的行為**等等目標行為，牠即獲得授權，能自主實行及拓展這類目標行為的使用時機與場合。譬如受訓犬透過助訓員與助訓犬協助，藉由行為調整訓練建立信心並反覆演練、流暢做出有效且合宜的社交舉措。請翻到333頁弗里德曼博士設計的「行為改變手段人道分級表」，你會發現，學界普遍認為前置準備（改變環境，讓動物更容易表現合宜行為）是干預程度最少的做法，甚至比正增強的干預程度還低。在某些特定情境下，行為調整訓練的確需要借助正增強，但最基本也最主要的做法仍是事前安排，讓自然發生的增強物來強化動物行為，而非仰賴訓練者給予的人為強化。

行為分析：基本行為評估

應用行為分析假設，人或動物的任何行為都有一個功能（會達到某種目的）。應用行為分析的干預措施著重於行為的功能，而該行為的發生機率則是你要改變的目標。**功能行為評估**就是研究行為與環境事件之間的關係，藉此判斷是什麼因素增強這項行為。訓練者在考量前因、行為與後果時，會把導致該特定行為反覆出現的後果視為其功能。功能行為評估分為幾種，包括「間接功能行為評估」、「描述功能行為評估」、「功能分析」等等。接下來我會一一介紹這些名詞。我舉的例子是一隻有激動反應的狗狗的功能行為評估，當然，功能行為評估可以應用於任何物種和行為。

間接功能行為評估。行為諮商師會訪問那些在狗狗日常環境觀察過牠的行為的人，了解事情經過，也訪問狗狗的監護人（面對面或透過問卷調查），了解狗狗出現反應之前的情況（背景事件與刺激），狗狗的反應，以及反應之後的情況等等；間接功能行為評估常用於寵物犬相關問題。

描述功能行為評估。訓練師直接觀察狗狗的行為與情境，不去刻意控制後果，再分析觀察結果，判斷狗狗行為的功能。舉個例子，主人跟狗狗一起走過一隻真狗（或假狗）身邊，訓練師在旁觀察，看看是什麼引起狗狗的激動反應，狗狗的激動反應包含哪些行為，以及狗狗的激動反應對環境與主人的影響。飼主若能提供狗狗出現激動反應的實況錄影，也算是描述功能行為評估。使用這種評估方法時，訓練師與行為諮商師很少以科學方法蒐集並分析資料，而是進行非正式評估。

功能分析。行為諮商師設計情境，以評估改變激動反應的後果造成的影響。舉個例子，為了測試「達成A結果」是否就是狗狗吠叫的功能，研究人員可以透過「就整體而言，吠叫後產生A結果是否導致吠叫次數增加」來衡量。然而在與個案合作時，這種手法有道德爭議，因為如果測試「成功」，狗狗的激動反應會更嚴重。假設狗狗有機會遠離某個引發激動反應的刺激而心情得以放鬆，「心情放鬆」就是激動反應的功能，那訓練師要測試這個假設，就設計一個情境讓狗狗超出臨界點，做出激動反應，然後再安排狗狗離開刺激。我實在很不願意做這類測試，所以我會更仰賴非正式的功能性行為評估。

在此回答剛才的問題「行為調整訓練不就只是應用了行為分析嗎？」答案是「是」，如果各位打算透過放大鏡檢視行為調整訓練，那麼行為調整訓練確實會利用自然發生的功能性強化物去提高替代行為的出現機率。然而「不就只是」隱約帶著貶低用科學開發治療方法的感覺，理論與實際本就是相輔相成的：這種相互促進的關係會持續成長與改變。**訓犬從業人員採行的行為調整技術應該建立在穩固的科學研究基礎上，我也是這麼做的。**實際應用同樣也會影響科學：針對訓練者和動物行為學家開發的種種干預手段，研究人員也該拿來探討研究，確認是否有效。

行為調整訓練到底是什麼玩意兒？

內行人看細節

這一段原本收錄於二〇一四年夏季版《APDT寵物犬訓練師協會編年紀》（*2014 APDT Chronicle of the Dog*），文中引用的方法技術都可在延伸閱讀找到對應條目。

接下來這節要從應用行為分析和其他學術領域的角度來看一看，行為調整訓練究竟有哪些顯著特色。行為調整訓練是一套實用技術，著重並仰賴自然過程，所以不完全符合科學定義的步驟或過程架構。話雖如此，探討行為調整訓練和科學結果的相似與相異之處，其實也有助於我們呈現行為調整訓練帶來的改變。有一點要特別提出來的是：行為調整訓練並非「實驗室研究」。真實生活雖然經常亂糟糟，但總有方法應付。誠如史金納所言，「行動比解釋更有力」。弗里德曼博士也在研討會上引用過這句話，甚至加上「這點不證自明」。

但我要提醒各位，我的說明與解釋都是根據我當下對科學的理解所提出來的。我的專長是實務操作、實際訓練。如果讀者是行為分析學家、神經科學家或動物行為學家等等，想從各位的角度進一步探索並分析我的做法，歡迎指教！

行為調整訓練有一項明顯特色，那就是納入我為動物（不包括人）改造的低強度暴露療法。暴露療法是一種以經驗為基礎的干預手法，包含透過放鬆進行系統減敏或以讚美重塑趨向行為等多種形式（Barlow, Agras, Leitenberg, and Wincze, 1970; Marks, 1975; Wolpe, 1961），數十年來成功幫助許多人。**反應消除法**就是從系統減敏與暴露療法發想而來的（Marks, 1975; Wolpe, 1961）。

反應消除法乃從**古典制約**所創，目的是「削弱關聯性」。如果我們做出一個條件刺激（制約刺激），但不把它跟另一無條件刺激（非制約刺激）或其他條件刺激配在一起，那麼這個條件刺激誘發同一種反應的力量會被削弱，變得跟無條件刺激相近。換言之，動物的反應會逐漸變弱，因為該刺激不再預告任何具生物反應的重要性。對於反應消除法的基礎原理，學界有支持（Field, 2006）也有反對（Tryon, 2005），不過這些爭議大多比較常發生在人身上，狗狗較少見。

行為調整訓練有一部分也來自反應消除法，但必須以經驗為基礎原則。謹慎縝密的前置準備能漸進且全面地促進反應消除法訓練效果，避免誘發交感神經作用、讓狗狗不再恐懼。維持低警敏程度在某些場合尤其重要，眼前就有一例：研究指出，如果患者在進行暴露療法時出現非同步心搏加速——這是極有意義的指標——代表患者在做完整套療程後，仍有極高的機率會再度出現莫名恐懼感（Rachman, 1989）。換言之，當心跳很快，其他行為卻顯示為放鬆時，恐懼有可能捲土重來。

「狗狗一超過情緒臨界點，什麼也學不了」、「狗狗的概化能力有點差啊」，許多訓練者常把這兩句話掛在嘴邊，但實情是狗狗一旦超過臨界點，牠們學得可快了！問題在於牠們學會的並不是我們想教的——**狗狗超越情緒臨界點時，牠們對害怕的對象不僅概化能力超強、也超有效率！**就學習與概化來說，抑制恐懼的挑戰更高（Vervlie, Baeyens, Van den Bergh, and Hermans, 2013, Gunther et al., 1998）。「恐懼訓練」其實不太講究脈絡，它像野火一樣能在各種不同情境中迅速蔓延。如果你在叢林生活中學到「老虎很恐怖」，那麼即使來到平原，你最好還是繼續怕老虎，以免你無法將基因傳遞下去。不幸的是，習得恐懼的概化速度又比削弱恐懼要來得快，這也是我們在訓練時為什麼要避免使用厭惡刺激法、以及建立信心時必須在多重脈絡下進行訓練之所以如此重要的原因。

此外，動物研究更指出反應消除法能「關掉」恐懼神經元，重新組建一種特別、名為「圍胞體突觸」的抑制型聯結點（Trouche wt al., 2013）。這份研究安排兩組小鼠分別接受恐懼的條件刺激，與未進行反應消除訓練的對照組小鼠相比，實驗組小鼠杏仁核的圍胞體突觸數量變多了。進行反應消除訓練後，新增的抑制型突觸幾乎都出現在接收恐懼的神經元周圍，使其無法對外來刺激起反應。行為調整訓練的功能近似低強度反應消除法，所以這或許意味著狗狗在接受行為調整訓練後，牠們的大腦會用跟以往不同的方式處理恐懼刺激：說不定狗狗大腦中的圍胞體突觸增加了，進而抑制恐懼反應。大腦結構改變的說法不無道理，因為唯有大腦發生一定程度的變化，行為才可能真的改變。

行為調整訓練的另一項核心機制是主控性（可控制程度），舊版的行為調整訓練透過訓練者給予狗狗增強物，讓狗狗感覺受控，然而新版則是讓狗狗獲得更多的控制權，不需要訓練者予以人為增強。行為調整訓練意不在「消除行為」，**讓狗狗學會控制自己接觸刺激的能力才是訓練關鍵**。滿坑滿谷的證據顯示，可預測性和主控性會調整動物的刺激體驗，使恐懼反應起死回生（Thomas et al., 2012; Yang, Wellman, Ambrozewicz, and Sanford, 2011; Maier and Watkins, 2010; Baratta et al., 2007; Mechiel Korte and De Boer, 2003）；而「有能為力」——可以控制自己討厭的事物——不僅有助於促進消除效應，防止恐懼感重返，也能在動物**再次接觸壓力源時產生保護效應**，理由是牠們能預期下一次的壓力源也是可受控制的（Maier & Watkins, 2010; Maier, Amat, Baratta, Paul, & Watkins, 2006; Amat, Paul, Zarza, Watkins, & Maier, 2006）。這種平復心緒的控制效應也同樣適用於人類（Hartley, Gorun, Reddan, Ramirez, and Phelps, 2013）。

梅耶等人（Maier et al., 2006）也斷言，哺乳動物對主控性的理解力會主動抑制牠們對壓力源的自然反應。當動物再次經歷相同壓力，只要稍微改變主控性，牠們的大腦活動即出現明顯的不同：

(i)大腦的腹內側前額葉皮質偵測到該情境是可控制的。

(ii)偵測到主控性會活化腹內側前額葉皮質，發訊號給腦幹的壓力回應中樞和邊緣系統，主動抑制壓力在這兩塊區域誘發的活化反應。此外，成功控制壓力的初始經驗會改變腹內側前額葉皮質此後的壓力反應；即使將來遇到不可控的壓力，腹內側前額葉皮質也照樣會被活化、送出抑制訊號，賦予動物體反應彈性。

主控性能提升反應彈性，這也是我建議在幼犬生活中落實行為調整技術、引導牠們接觸新情境的諸多理由之一。讓牠們切切實實地理解情境資訊並控制自己的體會和經驗，將來在遇到不可控的情況時（譬如突然去看獸醫）牠們才能更有餘裕地應付。不過這條規則有兩項例外，即不在動物控制範圍內：牽繩者必須維護幼犬及其互動對象的身體和情緒安全，以及牽繩者可能必須同時使用正增強技術來教導幼犬控制衝動。

可預測性某種程度也是主控性的一環，理由是動物會知道牠的安全源自牠的行為。然而可預測性並非主控性能提升反應彈性的唯一理由，所以行為調整訓練的主控性才會這麼有效；若獨立比較，可預測性不如主控性有用，但提高可預測性能降低動物壓力（Maier and Warren, 1988）。如果你想為行為調整訓練計畫再多加一點可預測性，不妨先教狗狗一道暗示刺激即將出現的口令

（譬如「狗狗來了」）。你可以在狗狗低於情緒臨界點並即將看見另一隻狗狗以前，冷靜說出這個口令。對於易受驚嚇或感知能力較差、要到刺激非常接近了才察覺其存在的狗狗，這個方法特別有用。不過就實務而言，這麼做的缺點是你必須維持預警習慣；而且不論你用什麼口令示警，你在訓練後期又多了一項必須移除的脈絡因素，同時還得注意別讓狗狗進入討好模式。正因為如此，我並沒有把「用口令提示刺激出現」納入行為調整訓練標準程序。

我認為，主控性或**行動主體性——依動物本身的行動或作為來控制特定情境的能力——是整套行為調整訓練的主軸**。主控性會讓受訓犬產生明顯的學習差異，也會影響受訓成果。

進行行為調整訓練時，我們會從動物能自在探索環境、對刺激表現某種興趣（但行為不能超過情緒臨界點）的距離開始，這點非常重要：在有刺激的環境裡自由移動，動物才有機會學到「刺激不一定會挑起恐懼」，以及牠們可以控制自己接觸刺激的程度。在這類情境訓練中，動物順其自然地消除恐懼，學會以比較不激烈的方式回應刺激。譬如狗狗主動接近刺激，有時牠們好奇多一點、願意再靠近些，有時則直接轉頭離開。狗狗的每一個動作都在告訴自己：「我在這個情境下能夠有所作為。」**牠們是有選擇的：可以自主平復心緒，也可以展現好奇心。**

狗狗完成刺激背景調查之後，有時仍會選擇離開，這樣感覺比較舒服。雖然我們必須控制會引發恐懼的情境條件，但即使狗狗轉身離開也沒關係，這類情境並不會讓狗狗以為「迴避是唯一選項」。事實上，「可以離開」反而會降低下一次牠們試圖接近刺激時的壓力。譬如，假設你有幽閉恐懼症，並且才剛搬進一幢有開放式衣櫥或穿衣間的屋子；當你確知再怎麼樣都不會被鎖在裡頭，也就是你想離開衣櫥隨時都能離開，那麼你應該會比較願意走進穿衣間吧。獲得資訊是一回事，個人經驗——你能自由選擇進出——則像顆強心丸，讓你更有信心。以人的案例來說，醫師或學者曾經為了「做出使人安心的『安全行為』對治療是否有效」爭執不下；結果發現安全行為不必然會打斷療程，反而會降低壓力及恐懼感復發的機率（Goetz, 2013; Milosevic and Radomsky, 2008; Parrish, Radomsky, and Dugas, 2008）。

在跟自家狗狗互動以及偶爾為了處理牠們的恐懼而特別做調整訓練時，訓練師應明確意識到哪些處理技巧能重塑牠們的行為、哪些做不到。巴瑞許等人（Parrish et al., 2008）就曾寫道，若具備以下四項條件，個案控制焦慮的策略或方法比較不容易出現反效果：

1、傾向提升自我效能。
2、不要求過度關注。
3、能強化趨向行為的意義，充分整合透過不確定經驗所修正的資訊。
4、不會事事遷就安全，傾向錯誤歸因。

狗狗透過行為調整訓練習得的技能完全符合上述要求，如果你正在使用其他訓練技術，也請用上述準則評估你的方法是否適合狗狗：受訓犬正在學習的行為是否有助於提升自我效能（它是否切合狗狗需求）？你使用的方法是否要求狗狗必須大量轉移對環境的注意力、專注於你？它是否鼓勵趨向行為、有助於蒐集刺激相關資訊？它是否會給狗狗錯誤的安全感——即這套方法的目標是讓狗狗以為所有動物、小孩、人類都是友善與安全的，但事實卻非如此？如果你使用的方法確實有這類傾向，那麼你或許得思考是否能用其他技術調整目前的做法，讓你能用更有效率、更可靠的方法教狗狗學會符合牠需求的合宜行為。

哥耶茲（Goetz, 2013）主張，安全行為可分成兩大類：預防型安全行為和恢復型安全行為。前者的目的是避開情境或降低情境強度，後者是讓情境恢復到動物要求或希望的狀態。因此，迴避通常被列入預防行為，而逃跑則歸類為恢復行為，**預防型安全行為會破壞或打斷治療過程，恢**

復型行為則否。不僅如此，恢復型行為或許有助於治療進行，預防型行為則不利於治療，這也就是說，如果狗狗有過接觸刺激的經驗卻選擇繼續前進或不接觸，那麼你無須擔心狗狗會因此變得更害怕。相反的，完全避開刺激——譬如狗狗在少量蒐集或完全不蒐集刺激資訊後，只會盯著牽繩者討零食——就是一種預防型安全行為。訓練期間，減輕壓力能讓狗狗更傾向採取恢復型安全行為：與刺激保持適當距離，讓狗狗不需要選擇迴避，進而自在地與刺激展開互動。

我為何將這套技術取名為「行為調整訓練」，而不用改良式暴露療法、可控式減敏法或低強度反應消除法等等名稱？

行為調整訓練是一套特定用於人類以外的動物的技術，所以它需要自己的名字。它確實是暴露療法的變形，而暴露療法多用於處理人類的焦慮問題，形式包括個案談話，視覺接觸等等，但必須謹慎操作，以免造成病患壓力、降低效果。我們透過行為調整訓練降低狗狗對刺激的敏感度，不過方法非常特別——因為我們讓狗狗控制自己的行為體驗。但行為調整訓練不光是減敏，而是一套應用減敏原則、為動物量身訂製的訓練計畫，譬如響片訓練就是應用正增強原理設計出來的。

行為調整訓練和反應消除法的關係也是如此，我相信，狗狗在進行行為調整訓練時，一定有相當比例的學習**過程**可被歸納為反應消除法。可是，反應消除法的實際**程序步驟**可能會給狗狗造成極大壓力或者過度干預狗狗的行為決策，以致該學習過程對狗狗來說完全不具主控性；當然，反應消除法也跟行為調整訓練一樣，確實可透過縝密安排及大量環境控制避免受訓犬出現過度恐懼反應。因為如此，我們同樣也不能說行為調整訓練就是反應消除法。除了這些原則與程序上的差異，還有一點必須澄清：行為調整訓練並非只能消除恐懼反應——它確實能用於調整恐懼反應，但也同樣適用於處理挫折與攻擊。取名行為調整訓練並不會改變它經由反應消除和主控性所呈現的經驗法則，卻有助於界定這套方法的應用對象和技術本質。

弗里德曼博士（Dr. Susan Friedman, 2009）設計了「行為改變手段人道分級表」，協助應用行為分析師、行為諮商師和訓練者選擇調整動物行為的干預手段。這張表取代了簡單的「有效或無效」評估法，讓我們更能深入思考採行的技術是否人道。圖中的行車路線代表決策過程：最底層是干預程度最低又能影響行為改變的手段，頂端幾層設有減速路障，要求你停下來並認真思考這種程度的干預是否有其必要。比方說，在採取「正處罰」手段以前，你應該蒐集並分析數據，詢問同事意見，討論其他低程度干預手法是否確定對該個案無效。你要利用這段暫停時間好好思索如何取得協助、找到干預程度較低的解決方案。就技術而言，雖然這張表並未排除「強硬措施」這個選項，但你在實務上應該盡可能越貼近底層的選項越好，因為能改變狗狗行為的並不只有這幾套方法，你還有更多更好的選擇。

請注意，這張人道量表所列項目是專業人員改變動物行為的技術，而非我們無法提供或賦予的情境後果；也就是說，自然發生的增強因素、懲罰、消除等等皆不在所列。如果你只是帶著狗

行為改變手段 人道分級表

請選擇最正向、干預程度最低的有效方法

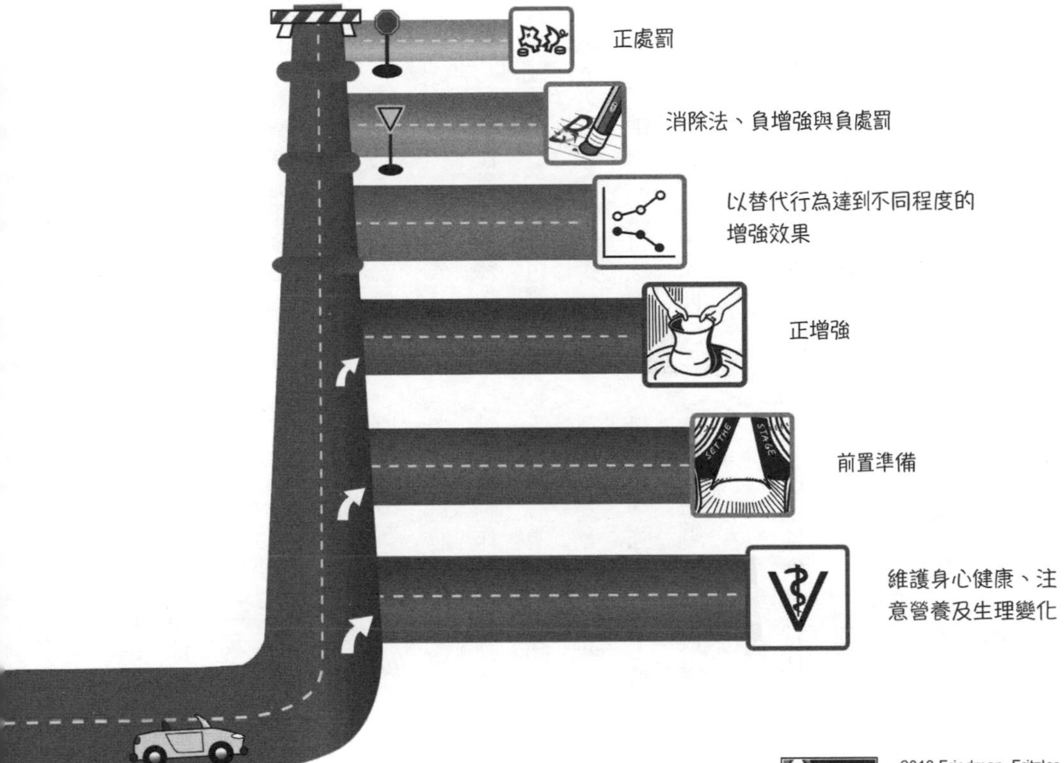

請注意，表中所列的「消除法」是指「操縱制約式消除法」，而不是文中所提的古典反應式學習消除法。

狗去散步而狗狗自己學會避開泥濘以免弄髒腳，你也不用擔心你會因此變成沒良心、不道德的訓練者。

若以這張量表來看，行為調整訓練落在「前置準備」這一層，屬於量表第二級，僅排在健康、營養、生理變化之後，而這三項原本就是進行任何行為調整之前都必須充分考慮的因素。改變前置因子意味訓練者要巧妙籌劃動物體驗，避免挑起我們想改掉的行為或情緒，如此即可讓受訓犬獲得全新的生活體驗。若我們謹慎安排這些前置條件，動物自然就能以減敏方式進行反應式學習。主控性也是行為調整訓練相當重要的一環，我們在進行行為調整訓練時雖然會採用操縱制約式學習法，但這些操縱制約大多不是來自訓練者的刻意增強，而是與環境互動時自然產生的。訓練者的主要角色是維持場地安全、克制干預，讓狗狗能自在探索。在訓練場內，狗狗被授權自由行動，由牠來控制並決定哪些才是自然增強物；若一切進行順利，「找到門路接近刺激」（R+）會是最佳自然增強物。如果情境訓練的條件安排不是那麼恰當，狗狗可能會覺得牠必須遠離刺激（R-），這個選擇也是被允許的或甚至訓練者必須採取必要但最低程度的干預措施，鼓勵狗狗離開現場（重新引導、逃離屬於R-，訓練者獎勵是R+）。最後就是牽繩者的反應也可以做為正增強物。比方說，狗狗要帶頭「跳舞」，當牠這麼動作時，牽繩者也隨之起舞；這種互動說不定會成為一種正向社交經驗。如果狗狗企求注意，牽繩者立刻看著牠並指引牠前進方向，這也是一種增強。此外，當狗狗主動轉移視線、不看刺激，牽繩者也可以偶爾稱讚獎勵牠。

區別性增強替代行為用於消除特定行為，做法是訓練者不增強某一行為，同時增強另一行為。因為行為調整訓練就是在建立替代行為，所以也可視為是一種替代行為差異增強，惟差別在於行為調整訓練的**牽繩者不會給予差異增強物**。

行為調整訓練不用操縱制約式消除法（狗

狗必須做出「正確」行為才能脫離高壓情境，做不出來就得繼續受折磨），因為這種做法不人道（神經科學家會說「沒用」）。如果狗狗會低吼，我們就讓牠遠離誘發低吼的刺激；雖然我們唯一的目的是協助牠平靜下來，但這個做法也可能增強低吼行為，雖有風險卻不見得是個壞主意。我們可以進一步微調情境，讓低吼或其他不良行為比較不容易發生。循此，狗狗會從我們希望牠做到的行為獲得大量增強，做我們試圖消除的行為則不太能得到增強物。這種做法有點類似差異增強，但我們不會給狗狗額外壓力，也不會剝奪牠自主削弱行為的控制權。

跳脫學習理論象限

我們不該單憑學習理論象限來判斷訓練方法是否合乎道德，坦白說，我覺得用象限判斷根本是偷懶。我們是有智慧、能將心比心的人類，可以再多想一想。要判斷某種涉及「厭惡刺激」訓練法是否符合人道要求，建議你衡量下列五項因素：

1、訓練完成後，厭惡刺激還會繼續讓狗狗嫌惡嗎？

2、有沒有其他訓練法既有效、又完全不會用到厭惡刺激？

3、如果沒有，那這個訓練法能不能讓狗狗有效學習、又讓狗狗與厭惡刺激之間的接觸降到最低？

4、狗狗與厭惡刺激的接觸是主動還是被動？

5、狗狗能不能隨時擺脫厭惡刺激？

我會從行為調整訓練的角度逐一回答這些問題。如果你用的是其他使用厭惡刺激的訓練法（如用牽繩行走、激動反應訓練法等等），就算你百分之百確定你的訓練很人道，最好還是思考一下這些問題。新的訓練法不斷問世，上述問題的答案也會有所不同，最好能定期重新檢視這些問題。

訓練完成後，厭惡刺激還會繼續讓狗狗嫌惡嗎？不會。行為調整訓練結束之後，厭惡刺激並不會繼續讓狗狗嫌惡。行為調整訓練的目的，就是要讓狗狗接觸到刺激也能輕鬆自在。行為調整訓練並不是為了改變不相干的行為而使用人造厭惡刺激，比方說用電擊頸圈訓練狗狗聽到呼喚要走到你身邊或是給有激動反應的狗狗戴上頭圈，拉高牠的頭，閉上嘴巴，直到牠冷靜下來為止。行為調整訓練唯一會用到並且令狗狗厭惡的只有刺激，而刺激的存在只是為了讓狗狗適應刺激，同時也教導狗狗環境中的某個厭惡刺激其實是有益或友善的。行為調整訓練也好，像是「無牽繩控制」與使用系統減敏的反制約訓練法也好，訓練結束之後，原本的厭惡刺激對狗狗來說就不再嫌惡了。我認為，這些矯正激動反應的訓練法都是「對狗狗友善」的訓練法，當然要符合這第一項標準，才算是「對狗狗友善」。

有沒有其他訓練法既有效，又完全不會用到厭惡刺激？沒有。我所知道的訓練法不管是矯正狗狗的激動反應或預防狗狗的激動反應，都會讓狗狗接觸可能引發激動反應的厭惡刺激。狗狗不會說話，當然不可能躺在沙發躺椅上跟我們傾訴牠跟其他狗或人相處的點滴，我們必須不斷在試驗中進行訓練。

如果沒有，那這個訓練法能不能讓狗狗有效學習，又讓狗狗與厭惡刺激之間的接觸降到最低？可以。在行為調整訓練中，刺激應該只能引起狗狗注意，絕對不能讓狗狗超出激動反應的臨界點，其他對狗狗友善的激動反應矯正訓練法也是如此。由於行為調整訓練的情境很少大量使用訓練者給予的食物或玩具，所以狗狗會比較注意刺激。我們希望狗狗在無干擾訓練過程中完全不會有激動反應，若跟其他對狗狗友善的訓練法相比，行為調整訓練剛開始通常會讓刺激離狗狗遠一些。

狗狗與厭惡刺激的接觸是主動還是被動？

狗狗在行為調整訓練會主動跟刺激接觸，程度超乎預期，除非訓練師希望狗狗適應刺激、刻意安排被動接觸。訓練時通常由受訓犬主導、走向刺激，而不是刺激靠近狗狗。牽繩者的主要角色是要避免狗狗過度接觸刺激，也就是太靠近刺激。當然，如果訓練重點是要狗狗適應突然的環境變化，那就會安排被動接觸（例如一隻狗從轉角走出來），不過狗狗依然可以選擇繞過去，並且隨時有機會進行主動接觸。我認為，這種主控性是行為調整訓練超越很多對狗友善訓練法的優勢。

狗狗能不能隨時擺脫厭惡刺激？

可以！行為調整訓練的一大關鍵，就是狗狗隨時可以離開刺激，狗狗永遠、隨時都可以選擇離開。這是用長牽繩引導狗狗的一大好處，要是把狗狗拴住或讓狗狗站著不動，等刺激過來接觸，就沒有這個好處了。牽狗的人要時時留意狗狗是否不自在，狗狗不會說人話，人狗之間的溝通當然不可能無障礙，但目標在於允許狗狗想避開什麼就能避開。注意：如果狗狗不看助訓員或不肯往前走，就表示牠離刺激太近了！行為調整訓練妙就妙在狗狗可以在你的監督之下，學會自己做決定，牠可以離刺激遠一些，製造緩衝空間或是出於好奇而靠近刺激，依然不超出臨界點。主控性是人道手段的基本要素，我們必須盡可能給狗狗機會，授權牠自己控制要不要以及如何與刺激接觸，如此才稱得上對狗狗友善或人道。其實不管是行為調整訓練或其他訓練法，只要是矯正激動反應的訓練，都應該給狗狗一些作主的權力，決定牠自己想承受多少壓力。狗狗能掌握自己的安全，就能培養出習得樂觀（習得無助的相反），但要留心，就算你不是有意的，仍然有可能不知不覺強迫狗狗走入不自在的狀況。把狗狗拴住、拉著狗狗走向厭惡刺激，這兩種是比較明顯的強迫方法。就算你不用牽繩拉著狗狗靠近刺激，而是用零食或你的身體移動誘使狗狗靠近刺激，這仍舊是一種相對矛盾的情境；雖說你沒有硬拉著狗狗靠近刺激，你的動作或零食誘惑還是會讓狗狗陷入天狗交戰，明明想走開，卻又忍不住靠刺激太近。

一些取材自社會心理學的實用點子

社會心理學家研究的是人類整體的行為，是比較人與人之間行為的整體趨勢，不像治療師看的是你的童年或個人境況。

社會心理學研究其他人（真實或假想的人）如何影響人類行為。現在我要介紹幾個我認為跟這本書有關的社會心理學概念，你看了應該會更了解，為何有些飼主跟訓練師會抗拒改變。

認知失調。我們同時相信兩個想法，這兩個想法卻不可能同時成立，這時我們的感覺就叫做認知失調。同時擁有兩個互相矛盾的想法，感覺並不好受。社會心理學主張人類會極力避免這種處境。以下是幾種想法矛盾的例子：

1、「我想變苗條」，「我喜歡巧克力」以及「巧克力會害你發胖」。

2、「我曾用P字鏈訓練狗」，「用P字鏈訓練狗是不人道的」以及「我是好人」。

3、「訓練不給零食很不人道」與「我喜歡行為調整訓練！」

4、「如果狗狗選擇遠離刺激，一定是牠感覺有壓力」與「人道訓練怎麼會有壓力？」

根據認知失調理論，人類有一種與生俱來的原動力會主動降低認知失調。每個人擺脫認知失調的方法都不一樣。有一種方法是不去想矛盾的問題，所以愛吃巧克力的人在吃巧克力時，乾脆不去想愛或不愛、想吃不想吃這類問題。但這人也可能改變行為或加上其他想法，讓矛盾根本不存在。譬如你會多做點運動，告訴自己「運動能消耗巧克力的熱量」或一心以為「坐著吃才會累積熱量，那我就站著吃吧！」藉此減輕矛盾。這人也可能徹底改變某個想法，「超瘦根本不重要」或調整思維「只要飲食均衡，吃一點巧克力哪會害你發胖？」人類會創造各式各樣的方法降低認知失調。有些人的做法是徹底移除，有些人則是設法降低到可控制的程度。

看看第二個例子，這是訓練師第一次接觸正向訓練後可能會面臨的窘境。他看到正增強訓練的扎實成果，也許會覺得沒必要使用P字鏈。既然這種頸圈是厭惡刺激，又不需要使用，那就等於他所用的訓練法是不人道的。只有壞人才會做不人道的事情，而自己可是個好人！他一時之間頭暈腦脹天旋地轉，一定要解決這個認知失調才能解脫。想證明自己的的確確是個好人，他至少有三條路可走，可以改弦易轍，不再使用這種頸圈；可以告訴自己這種頸圈還是有必要的；或是摒棄新學到的正向訓練，回歸原本的訓練法。（如果你也面臨這種窘境，但願你會選第一條路！）

我們再來看看第三項矛盾。我看過有人試圖用「給一大堆零食」解決認知失調。不幸的是，這樣做反而會消減訓練效果，因為狗狗沒辦法根據自然發生的增強物自由做選擇。增強物若來自訓練者，那麼你改變的僅止於狗狗給你的行為反應和行為動機。請再仔細看看人道手段那張圖，正增強並非優先選項，改變動物行為的首要做法應該以「讓牠控制自己的行為」為依歸。若要快速激勵狗狗做出某種行為，零食的確是很好的手段，卻不是改變行為的唯一途徑。其實給零食有時反而會阻礙學習，所以還有另一種處理這種矛盾的方法，就是直接剔除最初的想法：零食並不是人道訓練手段所需的輔助品。事實上，零食不見得是對動物最好的選擇。

要解決第四種認知失調，可以主張狗狗並未感受到壓力，牠純粹只是想去別的地方、聞聞其他味道而已。雖然看起來好像是這麼回事，但事實不見得真是如此。我們只知道接近或遠離都是狗狗自己的選擇，至於牠心裡是否不舒服，外表上完全看不出來。換言之，受訓犬的表現跟其他狗狗沒有兩樣。我們不可能為狗狗排除牠一生中會遇到的所有煩惱，也不可能創造恐懼本能或增加不必要的厭惡感；我們只能教狗狗如何與刺激共存。你我所能企及最人道的做法就是幫助狗狗克服恐懼——包括教牠明白，牠的行為也會帶來正面效應。另外，其實我們也可以用弗里德曼博士的一段話來取代第二例陳述。對於認知失調，博士認為，不論選擇哪種行為削減法，「保障受訓／學習者的控制程度是發展人道、有效訓練法的基本準則。」（參見延伸閱讀）

我很重視道德問題，希望狗界哪天能辦場研討會，看看狗界人士是不是挑輕鬆的路走，以學習理論象限的概念取代嚴謹分析，決定訓練法是否人道，幸好我發現大家對象限的想法正持續在改變。我覺得應該要有一套標準讓我們衡量特定情境使用的訓練法，才不會因為認知失調而認為自己的訓練法合乎人道。這套標準當然要跟得上時代，才能符合我們的道德觀。

我用來測試「使用厭惡刺激是否人道」的改良方法，前面都已經介紹過了。古典反制約法與其他對狗狗友善的訓練法使用的刺激跟行為調整訓練都一樣，只是前者的起始距離多半比較短。雖然普雷馬克法則告訴我們，狗狗完成蒐集資訊後的自然行為有負增強也有正增強，然而在人道測試方面，行為調整訓練仍比其他訓練法更獲青睞。行為調整訓練採用的刺激強度，其實跟其他對狗友善的訓練法一樣，還賦予狗狗更多自由，讓牠們選擇離開或與其他人或狗狗繼續交流。

基本歸因偏誤。所謂基本歸因偏誤，就是我們自己做了某個舉動並認定自己的舉措合情合理，即使實情並非如此（除非我們很沮喪或罹患憂鬱症）；然若是別人做錯事，我們卻覺得那是他們性格有缺陷。這就是基本歸因偏誤。

舉個例子，假設你出門遛狗，狗狗在人家院子大便，你赫然發現沒帶袋子，暗自想著等一下要回來清理。你很清楚整件事情的經過，也知道你是因為沒帶袋子才決定離去。可是你家鄰居看到你沒清理就走掉了，就罵你懶惰又沒公德心。你知道你離開現場是有理由的，但別人會覺得你有性格缺陷。

根據社會心理學家的研究，人類往往會將不良行為歸咎於性格缺陷，而不是從不良行為發生的情境找原因。這種情況似乎與功能分析相反，也是狗狗之所以被貼上「以為自己是老大」或「頑固」等標籤，而不是「社會化不足」或「動機不足」。我們對於自己或是親朋好友的行為，通常會從情境解釋（除非我們不認同親朋好友的行為），對於別人的行為，卻往往以基本上是錯一筆帶過。再舉個例子，你的狗出門散步會暴衝，你大概能找到理由；別的狗暴衝卻會被你指為壞狗一條或牠的主人有毛病，幹嘛離你們這麼近。

「撕掉我的標籤」。

在給狗狗貼上「具有攻擊性的狗」標籤，而不是用「面對刺激X、Y、Z時會吠叫、低吼或呲牙咧嘴的狗狗」來描述牠們的行為，我們很容易落入基本歸因偏誤的陷阱；前者評估狗狗的性格，後者描述了行為與情境，比較有幫助。我也會說狗狗「有激動反應」、「有攻擊性」、「有恐懼問題」的毛病，因為這樣較精簡輕鬆，只是用這種簡略的表達方式必須小心不造成誤會。弗里德曼博士、帕泰爾和拉米瑞茲在研討會上有過十分精彩的討論，並且帶到我們為什麼想幫狗狗「撕掉標籤」。弗里德曼博士甚至在她自己的網站上做了「撕掉我的標籤」活動，並準備多國語言圖檔供大家下載使用（參見延伸閱讀）。

我提到這一點有兩個原因，第一是提醒你，萬一狗狗出現不良行為，要從情境找原因（再運用這些原因訓練替代行為）。這麼做能賦予你和你的狗狗改變環境、進而改變行為的能力。江山易改本性難移，所以不用浪費力氣改變性格瑕疵。第二則是我們對其他訓練師也會產生基本歸因偏誤：「正向」訓練師多半覺得會體罰狗狗的「傳統」訓練師有性格缺陷、殘暴或不人道，笨得沒法學習好的現代訓練法。相反地，傳統訓練師看那些「餅乾利誘師」同樣不順眼，認為後者有性格缺陷，性格太軟弱，沒膽子做真正的訓練。兩個陣營都覺得自己的做法才正確、另一方的做法有害，所以我們不會同理他人，不會主動尋找交集，也不懂得應用我們千錘百鍊的行為調整技術。我雖然不見得總是認同別人對他們行為提出的解釋，但我也不會一口咬定別人有性格缺陷，這讓我更能同理他人。基於我前面提到的認知失調問題，我們每個人都有一些難以克服的理由；一旦明白這個道理，我們就能彼此同理，攜手創造一個更美好的世界。

4 附錄

訓練師與客戶經驗分享

我把這本書的最後留給這些年試過行為調整訓練也有遠見的訓練師以及真心愛狗的人士。我覺得這麼做很恰當，因為要不是我的學生們先行嘗試行為調整訓練，我哪裡會有靈感寫這本書？我請他們寫一段短文介紹他們的行為調整訓練，沒有刻意限定內容與格式，以下是他們自由發揮的結果，信件則來自世界各地。

看到這麼多人願意為了這本書，在百忙之中撥冗分享他們的經驗，我真的很感激。這裡收錄的文章都出自頂尖訓練師，不過畢竟我對他們並非百分之百熟悉，也沒親眼看過他們跟飼主合作，所以不敢貿然推薦他們的方法。認證行為調整訓練師是一群通過嚴密考核的訓練師與行為學家，所以各位可以放心和以下幾位行為調整訓練師合作或參考我在Grishastewart.com提供的名單。

請把這些文章當成別人嘗試行為調整訓練的心得，並參考別人採用的許多種成功訓練法。

艾美的行為調整是眾人齊心努力的成果

丹尼斯．費苓
認證行為調整訓練師，認證寵物犬訓練師，TTouch一級訓練師
美國奧勒岡州里奇蒙
friendsforlifedogtraining.com

自從我們授權讓艾美控制自己的行動以後，牠彷彿判若二犬。艾美是一隻體型龐大的長毛德國狼犬，牠的主人去年從華盛頓州奧林匹亞搬來，立刻開始跟我合作處理艾美對其他狗狗反應激動的問題，同時也和我太太潘配合進行K9模擬氣味偵查訓練。不論是跟我或跟我太太做訓練，艾美從一開始就進步神速。牠順利拿到二級偵查證書，也在好幾隻狗狗的協助之下調整激動反應問題。到了訓練最後幾個月，艾美甚至還能扮演助訓犬，協助我和其他客戶以及他們的狗狗做行為調整訓練。我每一次見到艾美，牠的主人都告訴我牠和其他狗狗的互動一次比一次好。牠曾三度碰上沒繫牽繩的狗狗直衝到牠面前，但牠只是靜靜轉身離開。艾美的主人也是我合作過最棒的客戶，在整個訓練期間始終非常開明好溝通。我可以誠實告訴各位，艾美在訓練期間只發作過一次——這全都要歸功於我的客戶，他們投入大量的時間和精力，盡力滿足艾美的需求。

另外我也感到非常驕傲的是，艾美去參加模擬氣味偵查訓練的時候，所有認識牠的人都說，牠跟其他狗狗在一起時有多冷靜、訓練時有

艾美在行為調整訓練中進步神速

多專注。我們在進行行為調整情境訓練時已事先規劃，盡可能安排牠跟不同體型、品種的狗狗在各種不同場地互動交流；同時我們也確保艾美在上課時擁有百分之百的主導權，甚至連何時想下課都由牠決定。我得誠心說，就是這個概念與設計讓艾美能脫胎換骨，重新做狗。艾美能有這樣的進步並持續自我復原，要感謝許多許多人和狗狗。我要謝謝吉娜和丹這對全世界最棒的客戶，謝謝我的妻子潘和她無與倫比的氣味偵查訓練教學；我還要大聲向安德莉亞．馬丁及她的兩隻狗狗致謝，謝謝她在課堂上指導吉娜和丹，謝謝勒維和夏天扮演最完美的助訓犬。艾美之所以能成為行為調整訓練的成功案例，原因很多，牠仍持續且大幅進步。最後我不免要向葛蕾莎獻上我最誠摯的敬意，感謝她把行為調整訓練這套好方法帶到世上來，讓我們多了一套能協助全球各地的狗狗（及牠們的主人）的訓犬技術。

吉娜還想補充一件事。「我們在露營時美妙驗證了艾美的行為調整訓練成果。我和我先生說，好多飼主都覺得他們的狗狗會聽話，結果一碰上什麼有趣的新鮮事，主人根本就灰頭土臉！

當時我們帶著兩隻狗在營地附近散步。一旁有人拉下帳篷拉鍊，裡頭瞬間鑽出一隻沙皮狗，全速衝向我們家艾美和崔維斯。崔維斯先跟那隻狗接觸，艾美則繼續往前走；那隻沙皮的主人給了一個很爛的藉口——他竟然說他找不到牽繩！

沙皮狗繼續走向艾美，艾美停下來，微微豎毛，短暫嗅聞那隻狗，沒叫也沒低吼。後來沙皮狗的主人終於趕到、把狗帶走，艾美繼續前進。如果這事發生在一年前，我敢說牠的反應肯定是硬拽著牽繩、低吼狂吠。我真為牠驕傲！」

和諧與溝通

卡蒂．葛利亞特
認證寵物犬行為矯正諮詢師，認證寵物犬訓練師，認證行為調整訓練師。任職於Fetch Dog Trainging and Behavior 行為訓練中心
美國明尼亞波里斯
fetchmpls.com

現在要我回想教授行為調整訓練以前的時光，實在有點困難。我們的激動反應犬復健計畫徹底脫胎換骨，給予受訓犬最好的支持。我們把行為調整訓練當成一種預防手段，納入幼犬訓練、社恐訓練、甚至也放進我們的基本禮貌訓練。行為調整訓練已然成為我們中心訓練文化的一部分，對飼主和受訓犬皆頗有益處。

在進行行為調整訓練時，我最喜歡的一刻是飼主／牽繩者和狗狗們心領神會、共享「哈！就是這樣！」的一刻：狗狗明白牠獲得授權、能選擇牠想要什麼環境——這天牠也許自信滿滿，也許想要多一點時間或空間閒晃；而牠的主人學到該如何辨別、理解狗狗給出的暗示，即使再細微他也看得出來。人犬溝通和諧，雙方共享的喜悅彷彿伸手可及。

拯救競賽犬的事業危機

茱莉．桑諾
認證寵物犬行為諮詢師，專業知識實作技術雙認證寵物犬訓練師，認證行為調整訓練師，認證吹哨召回教練
美國紐澤西州法國城
kindrecompanions.com

我首次接觸行為調整訓練的契機是和我一起參加「服從競賽」的狗狗，柴犬馬西。牠被其他狗狗攻擊過幾次，漸漸對其他參賽犬出現激動反應：即使旁邊沒有其他參賽犬，牠也會非常緊

感謝行為調整訓練，馬西拿到服從比賽冠軍了！

張，頻頻在準備區繞圈跑、到處聞來聞去，直到我們離開準備區為止；最糟糕的時候牠還會撲向盯著牠看的狗狗或者發出低吼。

時間快轉三年，馬西完全不一樣了。現在牠積極開朗，訓練時很專注，其他時候則相當放鬆。馬西很有自信，即使我躲起來、放牠跟其他十二隻狗狗一起做等待練習，牠也能自在坐好或趴下，馬西的奇蹟完全要歸功於行為調整訓練。

許多行為調整法都會用到標記工具或操縱制約技術，所以馬西總是一再落入「訓練模式」，沒辦法放鬆，也無法透過這些技術重塑行為反應。此外，由於身旁有刺激又持續處於訓練模式，馬西的壓力也越來越大。這類行為調整法不僅沒辦法幫助馬西，反而讓牠狀況越來越糟；我們就是在這時候接觸行為調整訓練的。

行為調整訓練採用自然減敏法，讓馬西能隨牠當下的步調和情緒狀態去觀察刺激，也授權牠控制自己與刺激的交流互動。漸漸地，牠越來越能放鬆地觀察環境，不再那麼在意刺激，最後甚至還會自信且好奇地上前一探究竟。採用行為調整訓練以後，我的馬西不只能再次享受比賽，也喜歡跟其他冷靜、有禮貌的狗狗為伴。這已經遠遠超出我的期望了。

行為調整訓練在山姆身上出現奇蹟

莎莉・布許華勒
專業知識實作技術雙認證寵物犬訓練師，認證吹哨召回教練
美國伊利諾州芝加哥
bushwaller.com

我曾用行為調整訓練及其他功能性增強，解決了心靈受創狗狗的行為問題，其中有一隻混種比特犬比較特別，我們就叫牠山姆好了。

我們從二〇一一年二月開始合作，山姆先前在一家不執行安樂死的收容所待了很久，也曾咬傷那裡的員工（牙齒深深咬進肉裡）。另外一位收容所志工跟山姆很有感情，收養了牠，決心將牠引上正途。山姆不僅對人類失控，對狗狗也會失控。

起初，山姆只要看到半條街外有隻狗，行為就會失控，散步途中也經常對人發動攻擊，對待「看起來很怪」的人尤其不客氣。我跟山姆還有牠的主人展開行為調整訓練，由我的狗擔任刺激。山姆每次訓練都進步很多。才經過四回合訓練，兩隻狗狗已經能平行走路，隔著圍籬或沒有圍籬都能面對面了。

後來山姆真的是一日千里，山姆接受訓練才沒多久，每天散步就可以跟一兩隻狗狗「兄弟」並肩走路，主人偶爾也拿掉牠身上的牽繩，讓牠跟鄰居的狗狗玩。

我們已經完成了十一回合的1.0版行為調整訓練，最後四個回合是在狗狗公園。我們沒有到公園裡面，而是在外面隔著圍籬訓練。只要有狗狗走上前來，山姆都能心平氣和聞聞嗅嗅，沒有失控，就算公園裡頭的狗有點愛叫，牠也無所謂。我們還在訓練牠適應突然出現的狗，牠連這方面的表現也漸入佳境。牠的主人說，行為調整訓練徹底改變了山姆，牠在短短幾個月簡直是脫胎換骨。現在出門散步冷靜多了，也輕鬆多了，幾乎都不會拉扯牽繩。看到牠大有進步，大家都很開心。

山姆出門散步只要開始盯著別人看，牠的主

人就會展開行為調整訓練，久而久之牠很少會對別人發動攻擊。山姆的主人是訓練師心中的理想飼主，時時留意山姆跟其他狗狗的互動，也願意嘗試行為調整訓練，帶山姆出門散步，只要遇到狗狗都會把握機會訓練一番。就是因為主人有愛心，願意持之以恆做行為調整訓練，超級難搞的山姆才有改頭換面的一天。

最近，我幾乎是天天幫山姆做行為調整訓練；只要我能找到夠大的空間場地，我傾向採用更「有機」的2.0版行為調整訓練。

行為調整訓練讓客戶滿意又驕傲

凱瑟琳．里斯蒙
TTouch訓練師，德國CumCane訓犬師，認證行為調整訓練師
德國布雷茨費爾德

在訓練不喜歡牽繩的狗狗時，行為調整訓練對我來說簡直完美。這套方法不用任何導航或指引方式，教狗狗重返本性做自己。不給誇張暗示，不大幅干預，就只是讓牠自在走動；飼主的牽繩技巧也越來越完美，那條繩子彷彿漸漸看不見了，最後像護衛一樣，僅僅用於維護狗狗安全。我不曾見過如此體貼、同理且充分授權的訓練法，行為調整訓練教狗狗學會掌控牠們與刺激的每一次相遇。這套方法也教人學會從狗狗的後腦勺讀懂牠的心思，一點一滴調整牽繩兩端、人與犬的行為和情緒。

自從我在訓練中心開設行為調整訓練課程以來，受訓犬激動反應的發生頻率迅速且大幅下降，客戶也因此十分滿意與驕傲——這一切只因為狗狗覺得終於有人懂牠了！

謝謝你，葛蕾莎！

行為調整訓練救了我家狗狗一命

伊芳與史丹
美國加州

我要為我這個門外漢和我家那隻原本不受控的狗狗寫下感謝之詞。差不多五年前，我先生和我從動物救援中心帶了一隻四個月大的幼犬回家。要是我們養過狗，應該會注意到牠在散步時已經出現不自在和焦慮的早期徵兆。（又或者說我有經驗的話，我就能看出鄰居狗狗的一些小動作，而不是相信鄰居所言，說他家狗狗很友善，能不能牽牠來我家門口打招呼——結果牠直接往我家狗狗臉上咬一口。）總之，接下來整個就是大災難：我家酷球會像子彈一樣衝向其他狗狗，也會不動聲色、沒有預警地撲向靠得太近的人。

對我們來說，不用牽繩完全是癡心妄想：唯有上了牽繩，牠才是酷球。有鄰居介紹我們去上很貴的訓練課，訓練師教我們用P鏈；不用說，這麼做只會讓酷球瞬間焦慮爆表，甚至讓牠學到「害怕是對的」，後來我就算用P鏈也控制不了牠。牠會猛扯硬拉，不斷乾嘔且呼吸吃力，我好怕我們傷到牠的氣管了，那感覺好痛苦，我們就這樣上了幾個月的課。後來我先生越來越討厭我家狗狗，我則是動不動就腎上腺素狂飆，有時甚至哭著帶牠去散步，酷球更是慘到不行。萬念俱灰的我再次上網搜尋解決辦法，結果我們找到了你。

若說你的方法真是幫了酷球和我們一個大忙，這頂多只能表達我們萬分之一的感謝。我發自內心覺得，行為調整訓練根本是救了酷球一命，也救了我們夫妻一命。我家這一帶有很多狗，所以以前牠總是處在情緒紅區，我完全不知道該怎麼辦。我無法想像把牠送回收容所（牠應該會被安樂死），但牠又是那麼強壯（酷球是彼特混種犬），當時我真的是束手無策。如果我有院子，我大概就不會帶牠出門散步了。我實在得想想辦法，而你拯救了我們，真的好謝謝你！

酷球以前的模樣。

我想我的感激怎麼說都說不夠。你的方法跟我至今所知、所學到的每套方法完全不同，卻非常合乎直覺也相當合理。從我們首次嘗試用行為調整訓練的那天起，我們就讓牠自己走，讓牠東嗅西聞並且愛聞多久就聞多久（常常得花好幾分鐘），熟悉完了以後，再讓牠決定牠想往哪個方向走或牠覺得哪邊最舒服自在——那一刻，我們就知道我們選對方法了。謝謝你想出這套辦法，我們永遠感激你。

米奇學會為自己做決定了

安妮塔和狗狗米奇
美國奧勒岡州本德

米奇是一隻十二歲左右的小型澳洲牧羊犬，牠是動保人員從街上帶回來的，除了牠曾經在達拉斯中途之家住過一個月，我們對牠的背景來歷一無所知。初見牠時牠很封閉，隨著牠漸漸敞開心房，我們發現牠有很強烈的「牧羊」本能，對其他狗狗的反應也很激烈：米奇會突然牛氣，衝上去對牠們狂吠。我好怕哪天哪隻狗決定反擊，直接朝牠的小腦袋咬下去！

在找到行為調整訓練這套方法以前，我們曾

經和一位獸醫背景的行為治療師合作，試過幾種最新最好的訓犬法：只要牠好好看其他狗狗，我們就給牠零食，另外也帶牠和其他有激動反應的狗狗一起上矯正行為課。某次上課時，米奇無預警地被另一隻中型犬攻擊（牠的主人碰巧掉了繩子），還受了重傷，於是我們不得不暫停訓練。幾個月後，米奇傷勢復原、我們也搬來本德鎮，朋友介紹我們去找丹尼斯．費苓並參加他的行為調整訓練課。第一次上課時，米奇對其他狗狗的戒心大概跟聖母峰一樣高吧。牠不知道該怎麼辦，就只是愣愣站著，不聞不嗅不走動，什麼也不做，只會等我們叫牠、告訴牠要做什麼。隨著課程進行，米奇漸漸學會牠可以聞、可以為自己做決定。其實牠超喜歡聞東聞西的，於是我也幫牠報了氣味偵查訓練課，結果大家都叫牠「電池兔子」，因為牠根本停不下來，不過那又是另一段故事了。

行為調整訓練讓米奇的生活大大改變了，牠出門散步的時候也更放鬆、更聽話，也能冷靜地看著別的狗狗，不會過度警戒。我們學會一些很實用的技巧，能幫助牠轉移目標或躲開一些未能預見、而且以前一定會害牠抓狂的情境。上禮拜上課時，米奇甚至放鬆到可以冷靜坐下來、和我一起共度美好時光——二十公尺外有狗喔！米奇一直在進步呢！

漫步在雲端

蘿拉．托雷利
認證寵物犬訓練師、凱倫普萊爾學院認證訓練師「動物行為訓練概念」訓練總監
美國伊利諾州芝加哥
www.abtconcepts.com
原先發表於FunctionalRewards.com雅虎論壇，經作者許可轉載
說明：本例採用1.0版行為調整訓練法

今天就跟許多日子一樣，是美好的一天，讓我想起我們熱愛這份工作的原因，想起我們為何喜歡幫助飼主跟他們的狗走上正途。

我現在充滿喜悅，好比漫步在雲端，想跟大家說說我自己，還有我在芝加哥的一位團隊成

員在訓練當中的收穫。這位團隊成員也是論壇的會員之一，她允許我發表這篇文章，為了保密起見，我不會透露她的姓名，也不透露她的狗的名字。她想透露可以自己透露。

我們在一年半前認識，她之前拯救了一隻混種脊背公犬，帶牠逃離暴虐的主人。後來他們歷經了一段暴風雨前的寧靜，狗狗搬進安全的新家，睡上安穩的覺，吃得健康，又有乾淨的水可以喝，新家人待牠很好，耐心溫和又仁慈。牠以前在舊家隨時可能「遇難」，天知道牠過了多久提心吊膽的日子，也因此養成了種種「求生」的毛病。日子一長，牠的行為問題愈來愈明顯，牠的家人只好找我幫忙。

我看錄影畫面發現，牠對人的激動反應愈來愈嚴重，心裡好難過。牠一直穿戴著約束行動的工具（到現在還是），主人也悉心管理，因為牠看到我時極快發作，還朝著我衝跳過來。我稍後再說明牠現在的情況！

狗狗的主人是個天生好老師，其實這樣說還不足以形容她的優點。光是「偉大」已經不足以形容她拯救狗狗，以無比耐心和投入善待狗狗的義舉。她在整個過程中展現的耐心與同理心，有時讓我感動到說不出話來。她的狗能有今天的成績，全是她的功勞。

我初步評估狗狗的狀況，建議她去找我們在芝加哥的獸醫行為諮商師瑟利巴西博士（John Ciribassi），瑟利巴西博士馬上開始幫忙設計訓練計畫。有了專家助陣，再加上狗狗的主人也找來獸醫幫忙，還有我從旁協助，我們就此展開緩慢卻穩健的訓練過程。

幾次訓練之後，她透露了一個關於狗狗的重要訊息，也透露了能讓狗狗在陌生人面前更自在的祕訣。原來這隻狗有一群要好的狗狗朋友，陌生人只要牽著其中一隻一起走，狗狗應該就會心平氣和。於是我們以藥物治療、響片訓練、基礎訓練多管齊下，又找來一隻很甜美的黑色混種母狗幫忙，我跟狗狗總算能前所未有的靠近。

其實我也花了很多時間才把這隻母狗訓練到

能配合我們的地步。我以前在動物園、水族館工作，也依照複雜的安全程序照顧大型動物。我們堅持，訓練時只要我出現在狗狗面前，就要盡量避免狗狗超出臨界點，我也很感激飼主願意體諒配合。我們在附近公園進行情境訓練，訓練前後都開會討論，還請一位狗狗能夠輕鬆安全相處的飼主朋友拍攝全部的過程，人員的安全措施也絕不馬虎。

我們把行為調整訓練納入整體治療計畫當中，後來證明這是飼主跟狗狗成功的關鍵，也是我們團隊得以完成任務的主因。

這個經歷我可以一直說下去，不過我們能有現在的成果，多虧了眾多關鍵因素配合得宜。

今天（這是我們相隔大約三個月之後再碰面）我們展開另一堂訓練課，在附近的公園（這次不需要黑色混種母狗助陣了！）；整個過程令人讚嘆。飼主訓練的手法堪稱藝術，她已訓練狗狗做出好的溝通行為，又不會超出臨界點，狗狗也自動做出冷靜的抉擇與得體的預設行為，避免情緒不斷升高。

訓練課結束之後，這隻狗狗允許我走進他們家，主人沒用牽繩牽著牠。牠認為現在就該躺在沙發上，玩牠最愛的球。牠選擇讓我進門，從我身邊走開，去玩牠最愛的玩具。牠在我給牠極少社會壓力之下，能做出最好的選擇，牠很放鬆。

我常常提醒我的幼犬跟成犬飼主，訓練的目標一定要有趣，我們才能享受訓練過程，也才願意一再教導狗狗，並用正向方式管理牠們的行為。有些家庭真的是心力交瘁，他們的狗有行為問題，出門遛狗對他們來說簡直是一種懲罰，他們乾脆就放棄了，自然就沒人帶領狗狗走上正確的道路。

今天的訓練課在很多方面都很美妙，基本作業、基礎訓練還有獸醫的配合都無懈可擊。

為飼主設計訓練計畫

提爾帝．安德森
認證寵物犬訓練師、凱倫普萊爾學院認證訓練師，Pawsitive Results有限公司創辦人兼訓練師、寵物犬訓練師協會前總裁，著有《教出夢幻犬：訓犬終極指南》、《動物星球101訓犬計畫》、《管好幼犬》、《籠內訓練快速上手指南》以及《輕鬆搞定居家訓練、幼犬照顧與幼犬訓練指南》
美國南卡羅萊納州萊辛頓
www.getpawsitiveresults.com
說明：本例採用1.0版行為調整訓練法

我聽過行為調整訓練，也看過訓練師用行為調整訓練成功解決狗狗激動反應的文章。我買了葛蕾莎的DVD，對能多了解一些行為調整訓練很開心。我馬上想到一個很好的訓練對象，也就是我的狗學生，一隻缺乏安全感的青春期杜賓犬。

這隻狗狗上過幾堂我的居家規矩課都很聽話，可是內心深處始終缺乏安全感。陌生人是牠的地雷，陌生環境則會讓牠反應加劇。牠看到別的狗狗也會不自在，不過只要有人介紹，牠倒是可以慢慢親近同類，跟人家一起玩耍。牠看到陌生人會先低吼暴衝，把牽繩拉扯到極限，然後再後退。牠常會利用主人隔在牠跟陌生人中間，還會對主人的幾個小女兒低吼，甚至咬過其中一個。

我們做了詳細的訪談，發現狗狗從小就有恐懼的問題，家裡幾個小女生要找牠玩時，常常把牠逼到牆角。我發覺牠每次被逼到牆角都會避開衝突，可惜主人總是沒能察覺。看來狗狗不太能容忍近距離接觸，一旦有人靠得太近，牠會先低吼示警，再努力脫身；要是脫身無望，就會衝跳輕咬對方。

牠的主人看到牠如此對待陌生人，又尷尬又挫折。但這位主人是訓練師喜歡的合作對象，真心關愛狗狗，也願意努力訓練！我覺得這是個試行為調整訓練的好機會。

第一堂訓練課，我先教飼主響片的使用方法，做個暖身練習，狗狗看著主人的眼睛，主人就按響片。接下來是第一個情境訓練，我的助理從他們家的室內樓梯走下來，以往他們家客人這樣做都會引起狗狗的激動反應。如果狗狗看到我的助理後，又看著主人，主人就會按響片，帶狗狗快速走過走廊，離開樓梯，走進廚房。我們才練習幾分鐘，狗狗就願意接近我的助理，完全沒有激動反應。

我們在後來幾堂訓練課又重複做了幾次這種練習，每次請不同的助理擔任「可怕的陌生人」；有時在屋內訓練，有時移師屋外。狗狗進步得愈來愈快，飼主也利用課外時間在家裡或住家附近進行訓練，並告訴我們狗狗進步很多。最後一堂訓練課在公園進行，那是個狗狗很容易分心的環境。我們無法完全掌控環境，所以狗狗幾度失控，還好次數不多，為時不長並很快就恢復了正常。能有這麼好的成果，我真的以我們的團隊為榮！狗狗的主人對訓練成果同樣很滿意，卻也知道改造尚未完成，仍須繼續努力。

我們發現行為調整訓練很適合這個團隊：

- 用響片標記告訴狗狗「這就是我們要的行為」是很好的辦法。對飼主來說，有了響片，標記狗狗的行為容易多了，他也有個能轉移注意力的東西，不會對狗狗的不良行為一直耿耿於懷。
- 狗狗只要看著主人，就有機會遠離「可怕的陌生人」，等於得到一個額外獎勵。畢竟對狗狗來說，能跟「危險」拉開距離總是比較安心。
- 有主人帶著牠快速走開，有時甚至是跑開，這隻活潑好動、緊張兮兮的青春期狗狗能以最理想的方式發洩精力。牠跑走時可開心了！也開始期待跑走的機會，肢體動作輕鬆了不少，有時還會做出玩耍的動作。我們在訓練初期用零食當獎勵，後來發現這隻狗狗比較想要奔跑的機會。
- 我了解這種訓練的原理，飼主就算不了解，照樣可以在家訓練狗狗，成效也不會打折扣。我很重視這一點。只有我一個人能夠訓練，對狗狗並沒有好處。雖說我身為專業訓練師，比較了解環境對狗狗的影響，布置訓練情境也比較有效率，不過行為調整訓練是一般狗主人都能進行的訓練。

我們開始行為調整訓練之前，狗狗的主人已在考慮給狗狗找個新家庭；訓練結束之後，主人明白狗狗是因為恐懼才會有攻擊行為，也學會判斷狗狗感到不自在的模樣，還可以用行為調整訓練教狗狗比較合宜的行為，他們後來一直都是最佳拍檔！

對付激動反應的首選訓練法

安德魯．尤
When Hounds Fly公司訓練師兼所有人
加拿大安大略省多倫多
www.whenhoundsfly.com

我從一開始就用2.0版行為調整訓練，我第一次接觸行為調整訓練是在二〇〇九年秋季，當時我正為了公爵（我家那隻被人救出來的米格魯犬）的問題傷腦筋，就算用牽繩牽著牠，牠還是會出現激動反應，三年多來，我始終束手無策。

在接觸行為調整訓練之前，我主要採用以食物強化狗狗行為的操縱制約訓練法，例如「看我」還有「看那個」，只要公爵客客氣氣跟別的狗狗打招呼，就會得到獎賞。這些方法這二年來頗有成效，那一陣子公爵還參加了團體訓練課，跟一大群狗狗在室內訓練場地一起訓練，行為也很正常，當然我們也準備了嚴密的安全措施。

後來我自行開設訓練課程，把我會的那一套訓練方法，也就是用食物強化理想行為的訓練法，照樣教給有反應激動犬的飼主。對於訓練結果，飼主多半是喜出望外，有些狗狗短短幾週就進步神速，主人又可以帶著牠們到處跑，再也不必擔心牠們會出現激動反應。我一方面替他們開心，一方面也覺得奇怪，怎麼這一套用在公爵身上就沒那麼有效呢？我只好繼續尋找答案。

沒想到我找著找著，偶然發現行為調整訓練這個寶藏。我在凱倫普萊爾學院工作坊的午休時間大致聽說了行為調整訓練，後來上網搜尋，找到葛蕾莎的網頁，接下來的事情都寫在這裡了。

自從多了這項利器，只要碰到有激動反應的狗狗，我第一個開出的藥方就是行為調整訓練。我用行為調整訓練對付有激動反應的狗狗，狗狗的進步是前所未有的快。我想，如果純粹的古典反制約法、用食物強化的操縱制約法都不見效，行為調整訓練應該就是終極解藥了。

我認為行為調整訓練最大的優勢是，狗狗可以重新學會「告知對方拉開距離」的天生行為。這些年來，我訓練狗狗都是用食物強化狗狗的行為，有食物當獎勵，有激動反應的狗狗也會乖乖跟在主人身旁，走過一個又一個的刺激。這對主人來說當然很省事，可是我總覺得對狗狗來說有點單調。行為調整訓練就不一樣了，我們才做了一兩次訓練，已經目睹了多采多姿的狗狗行為，例如轉頭、舔嘴唇、嗅聞、打哈欠、搔抓、坐下、趴下，還有好多好多。而且訓練過程不用食物，主人就不得不誠實面對狗狗真正的臨界點，從這個點開始訓練，而不是從食物營造出來的「人工臨界點」開始訓練。

這幾年，我跟飼主們經歷了許多行為調整訓練的豐碩成果。有隻迷你雪納瑞兩年多來都沒見過別的狗，現在願意跑到附近的狗欄，跟別的狗狗做朋友。還有一隻混種馬爾濟斯，以前只要看到別的狗就一直在空中打轉，現在就算經過吠叫怒吼的狗狗身邊依然泰然自若。還有我的愛犬公爵，牠可以在牠以前討厭的狗狗經過時繼續開心嗅聞地面。

行為調整訓練創造人犬的互信關係

卡西．羅蒙納可
凱倫普萊爾學院認證訓練師、寵物犬訓練師協會，任職於Rewarding Behaviors Dog Training訓練中心
美國紐約州安地考特村
www.rewardingbehaviors.com

這一篇最初是為1.0版行為調整訓練所寫的，但也同樣適用於2.0版。我為什麼這麼喜歡行為調

整訓練？那天葛蕾莎告訴我她的新書要出版了，我就想起這個問題。我很喜歡為我的狗和飼主的狗安排行為調整訓練，原因有很多：

飼主比較有動機去讀懂狗狗的肢體語言，任何一位訓練師都會告訴你，懂得解讀動物的肢體語言非常重要，是體察動物心境、培養跟動物關係的關鍵。很多學員都跟我說過：「狗狗要是能講給我聽就好了。」行為調整訓練讓這些飼主明白，狗狗真的會說話，只不過是用另一種語言，飼主如果能學會這種語言，訓練效果就會更好。

行為調整訓練能創造人狗之間的互信，就跟其他對狗友善的行為改變訓練法一樣，擺脫了傳統訓練的對立障礙，狗狗和飼主都有自主行動的空間。飼主有實際辦法立即降低狗狗的壓力、激動度和挫折；狗狗也有自主權，可以向飼主表達需求，藉此控制所處的環境，這就是雙贏！

馬上就能進入主題開始調整狗狗的行為，不必浪費時間等待。我的訓練師生涯中，常常會遇到胖到極點、激動反應很嚴重的狗狗。一開始往往很難用食物打動這種狗，但我也從來不想跟飼主說：「你家狗狗還是先減肥再來訓練吧！」行為調整訓練可以馬上開始，用的是狗狗已經從環境得到或是希望從環境得到的獎勵，這對狗狗的心理（降低壓力）及生理（主人有了遛狗與跟狗狗生活所需的工具，狗狗多了運動的機會，就會開始減重）都有利！

透過行為調整訓練，照顧狗狗的人較能了解並體會普雷馬克法則的重要概念。很多新手飼主無法從環境找出增強物，也不懂得將這些因素搭配初級增強物（多半是食物），用以培養並維持行為。飼主學會行為調整訓練後，比較懂得帶狗狗，因為行為調整訓練可以直接運用在生活的其他層面，比方說微調狗狗「日常生活」的行為舉止。

行為調整訓練很靈活。我曾用行為調整訓練搞定那些有激動反應、想遠離刺激的狗狗。有些挫折狗想要靠近刺激，但又無法自制，這時行為調整訓練就能派上用場。

行為調整訓練可以搭配其他訓練法！完全沒有排斥的問題，很多來找我的飼主都用行為調整訓練搭配「看那個」之類的「無牽繩控制」遊戲或是搭配簡單的「酒店開張，酒店打烊」古典反制約訓練，這些訓練法可以統統用在同一堂訓練課裡！

行為調整訓練很好玩！對狗狗來說很好玩，對主人來說也好玩。最重要的是訓練一定要有趣又有效，飼主才會確實進行，也才能持之以恆，這是訓練師都明白的道理。不管是傷透腦筋的飼主或反應激動犬的飼主，都會發現行為調整訓練有效又有趣！

收容所訓練師的行為調整訓練經歷

艾莉絲・唐恩
認證寵物犬訓練師、凱倫普萊爾學院認證訓練師，任職於Choose Positive Dog Training訓練中心
美國加州奧克蘭
choosepositivedogtrainin.com

我是收容所訓練師，曾經見過很多狗因為害怕成人、兒童和其他狗狗而有激動反應。收容所的訓練時間與空間有限，又充斥著噪音與壓力，所以狗狗必須盡快解決行為問題，調整到可以讓人收養的地步。使用葛蕾莎的行為調整訓練後，狗狗的問題行為很快就改善了，學會發出（有時候是重新學習）安定信號，不僅更有信心，社交能力也更好，因為牠們知道自己很安全、也可以冷靜選擇，不需要過度反應。以前在收容所有不少「中立狗狗」，可以充當訓練的好助訓員，所以一個禮拜可以跟同一隻狗狗訓練好幾次，而不是只有一次。很多收容所的狗都是一踏出籠子就馬上遭遇過度刺激，但牠們對行為調整訓練的反

應都不錯，訓練過後心情往往也比較輕鬆。

行為調整訓練也提升了我的專業能力，我現在比以前更懂得觀察狗狗的肢體動作與臉部表情的細微變化，懂得體諒狗狗的感受，確保牠們在訓練期間真的都沒有超過情緒臨界點。狗狗的頭轉動一絲一毫，眉毛肌肉稍稍抬高，呼吸加快，這些細微的動作可能都是訓練師應該察覺的重要信號，也會影響狗狗進步的快慢。收容所裡有這麼多狗狗需要關照，有了行為調整訓練，我可以透過狗狗偏好的阻絕信號，「傾聽」狗狗的肢體語言，自然而然了解每隻狗狗的個性。只要我能解讀狗狗發出的信號，就可以放手讓狗狗自然開始行動，不需要指令訓練帶來的管理。多虧了行為調整訓練，收容所那些原本有激動反應的狗狗現在更有自信，更有安全感，比較不會恐懼，再也不需要訴諸攻擊行為及激動反應。現在，不僅更多訓練師與收容所員工採用行為調整訓練，一般的飼主也跟進了，我覺得好開心。行為調整訓練教導飼主「聽懂」狗狗說的話，而狗狗似乎也覺得有人了解牠，並且被授權控制自己所處的環境。

湯瑪斯：值得警惕的故事

丹尼爾・韋恩伯格博士
Dogs & Their People 合格犬類行為顧問、凱倫普萊爾學院講師、《指導人類指導狗狗》作者
美國新墨西哥州阿布奎基
home.earthlink.net／~hardpretzel／DaniDogPage.html

說明：文中出現的狗名與人名均為虛構。本例採用1.0版行為調整訓練法。

這是湯瑪斯的故事。牠是一隻已結紮過的比特犬與澳洲牧牛犬的混種，主人是位忙碌的職業婦女。這個故事告訴我們，一個成功的行為調整訓練為何會出錯，不是因為訓練師技術不佳，也不是因為狗狗有激動反應，而是因為主人不夠投入。我曾經跟願意配合、又很感激訓練師幫忙的飼主合作，一起進行行為調整訓練。有這樣的飼主，狗狗總能學會更好的應對策略去對付「可怕的東西」，這樣的飼主也很好教，馬上就能著

手開始訓練，所以湯瑪斯的事情對我來說是個警惕。

我第一次遇見湯瑪斯時牠十九個月大，牠的主人戴莉雅在我們當地的民間收容所收養牠時，牠大概六個月大。戴莉雅對湯瑪斯幾乎一無所知，只知道牠以前待過另一間收容所。

戴莉雅習慣讓湯瑪斯隨意隨量吃「胃部敏感專用狗食」，後來按照我的建議，換成品質較佳的狗食，湯瑪斯也能適應。湯瑪斯會按表操課，定時運動，每天都出門散步，每週日必去健行。戴莉雅以前帶牠上過傳統訓練學校。她說她在那裡學到一些訣竅，才有辦法帶湯瑪斯出門散步。為了要「把牠管好」，還特意給牠戴上P字鏈。

湯瑪斯是隻活力四射的年輕狗狗，完全符合唐諾森的《狗打架！》中形容的「泰山」狗狗。她在那本書的第十二頁寫道：「狗狗（對其他狗狗）表現得太熱情，太過積極，社交技巧不夠細膩。」

戴莉雅剛收養湯瑪斯的那段日子會帶牠去狗狗公園，不久之後湯瑪斯變得過度激動，從玩鬧演變成攻擊，就不敢再帶牠去公園了。現在只有偶爾會跟一隻母狗相約玩耍，而且還會戴上嘴套，免得牠興奮過頭咬傷人家。

戴莉雅最大的困擾在於，湯瑪斯會攻擊他們家的客人，會吠叫、低吼、拉扯牽繩（家裡只要有客人，牠就一定會被牽繩拴住）、哀鳴、甩動身體，逮到機會還會咬客人。牠戴著P字鏈與嘴套，主人會用牽繩牽牠到前院，「介紹」給客人認識。戴莉雅會「硬要」牠先坐下再趴下，等牠「冷靜下來」，如果客人要繼續留下，她會把湯瑪斯帶到後院去，免得影響客人或者帶牠出去，就可以跟客人一起散步。只要出門散步，湯瑪斯就很正常，還願意讓客人摸摸牠。

第一堂訓練課

我到他們家拜訪前，先請戴莉雅把湯瑪斯帶到後院，免得牠看到我就行為失控。戴莉雅跟我坐在廚房談了一陣子，她才把湯瑪斯帶進來。她按照我的要求，用牽繩牽著湯瑪斯，沒有給牠戴嘴套。湯瑪斯一看到我，一如往常發動攻擊。我想多了解牠一些，就做了幾個簡單的訓練。我本來想訓練牠自動看著我的眼睛，牠卻依然怒氣沖沖，我只能按響片，給牠吃零食。牠對食物很感興趣。我只要一直拿出食物牠就會冷靜些，可是我若暫停一下下，牠就再度開始吠叫暴衝。接下來，我訓練牠看著我的手，牠學得很快，可是我必須不停拿出零食，不然牠又會開始攻擊。

我教戴莉雅跟牠玩「看那個」。湯瑪斯馬上就學會了。我要戴莉雅常常跟牠玩這個遊戲，但是千萬要避開會引發激動反應的刺激。我打算在下一堂訓練課用「看那個」做為行為調整訓練的開頭。

第二堂訓練課

戴莉雅依照我的叮嚀，請她的朋友如詩一起訓練。湯瑪斯曾在自家前院對著如詩發飆，不過出門散步時對待如詩的態度又很正常。湯瑪斯認識如詩，如詩又是他們家的常客，所以我才會請她擔任我們的第一位助訓員。

我們先從「酒店開張，酒店打烊」開始，如詩跟我躲在一道大約四點五公尺遠的牆後，輪流走出來。這種簡單的反制約訓練很適合充當行為調整訓練正式開始前的基礎訓練。湯瑪斯很快就做出我們想要的反應，會先看著我們，又馬上看著牽牠的人要零食吃。戴莉雅對牠很粗暴，每隔幾秒就猛拉牽繩，大吼大叫要牠坐下，不過牠好像不為所動。

我們又帶湯瑪斯出門散步休息一下，順便討論剛才的情形。下一次訓練，我連續幾次從牆後走出來，決定要離湯瑪斯稍微近一點。我從牆後走出來，朝牠走了幾步，把我跟牠之間的距離快速縮短到一點五公尺左右。後來我再次出現，直接走向牠，拿了一些零食給牠吃。牠乖乖吃掉沒有失控。我下次出現時又重複了一次，他也再次吃了零食，然後卻突然開始吠叫、暴衝，還想咬我。顯然我離牠太近了，一不小心就超出牠能容忍的極限。狗狗如果突然發覺有人離牠太近就會這樣，會開始焦慮，也會故態復萌。

我們再次帶湯瑪斯出門休息，我一邊解釋行為調整訓練的目的與方法。他們家的前院不大，我們還是整理出一條訓練用的步道。戴莉雅負責牽著湯瑪斯，如詩和我則躲在屋子角落，輪流出現在湯瑪斯眼前，玩「看那個」遊戲。我們一開始設定的距離是十公尺左右，如果順利的話，接下來戴莉雅跟湯瑪斯每次都會離我們近一些。

讓我欣慰的是，湯瑪斯表現很好，一直保持冷靜，心情也很輕鬆，直到距離我們三公尺左右才改變。我想還是就此打住，不要超出牠能容忍的極限比較好，因此我們停止訓練，把湯瑪斯帶到後院休息，再到屋裡討論剛才的訓練。

那天我告辭之前，告訴戴莉雅出門散步該怎麼練習「酒店開張，酒店打烊」以及「看那個」，並特別提醒她要排除會讓湯瑪斯失控的刺激。我們打算下一堂訓練課要請鄰居保羅當助訓員。

我踏出他們家之前，跟戴莉雅說湯瑪斯會有攻擊行為可能是甲狀腺機能亢進，建議她找獸醫仔細檢查湯瑪斯的甲狀腺。我也建議她給湯瑪斯服用茶胺酸，那是一種天然的鎮靜劑。我後來發現她沒帶湯瑪斯去做檢查，也沒給牠服用茶胺酸。我教她的那些訓練方法，她大概都沒練習。

我們本來約好了下次訓練的時間，戴莉雅說她工作太忙要改期。從此就再也沒約時間了，表面上是因為她的工作真的忙不過來。

湯瑪斯的行為調整訓練明明成效很好，在我看來戴莉雅好像覺得沒用。她認為只有她那種強勢「訓練」才能改正湯瑪斯的攻擊行為。她從一開始就不信任我的訓練方法，卻說願意試試看，我也就相信了。

應該說一下她給湯瑪斯設定的行為目標。我們初次見面之前，我請她填寫行為問卷，她寫道：「我希望湯瑪斯能開開心心，跟其他動物盡情玩耍做朋友，希望我的親朋好友能跟牠和平相處，他們就能跟我一樣，了解牠是隻多麼可愛的

艾姆希、哈利出門探險。

狗狗……我相信湯瑪斯一定會成為一隻無懈可擊的狗狗。」

她的目標不切實際，訓練方法又太粗暴，這些都是行為調整訓練的大忌。行為調整訓練需要狗狗全心投入，才能學會做出正確的決定，飼主也同樣要全力配合。整件事情最悲哀的地方是，明知道湯瑪斯做好準備，也願意訓練，牠的主人卻不願意。

狗狗和我的刺激探索旅程

黛比．卡本特及愛犬艾姆希與哈利
美國

我和艾姆希、哈利用行為調整訓練已經有四年了。當初我是想解決哈利怕生、艾姆希面對眾多刺激時（譬如某些類型的狗和人）的恐懼症。

自從開始接觸行為調整訓練以來，我才明白狗狗個性百百種，而世界各地的飼主們也有各式各樣不同的困擾和煩惱，幾乎每天、每次散步都可能遇到這些問題；我持續運用行為調整訓練，也因為運用這些訓練技巧而更能察覺狗狗的情緒狀態，於是我漸漸覺得，每一次的人犬相遇都是我和牠倆共享的刺激冒險，不再是需要避開的負面經驗。

現在我可以從狗狗和飼主的表現去理解狗狗行為，而且這份領會時時在變、複雜得要命。幾乎每一次帶牠們出門散步我都能反覆印證一件事，那就是不給狗狗上牽繩的飼主都抱著「別擔心，我家狗狗很友善」的心態，但接下來牠們大多會失控——有些確實非常友善，有些則否；牠們會衝向哈利或艾姆希，於是每一次我都不得不先考量哈利和艾姆希的福祉，介入並設法排除這種狀況。我學到行為調整訓練不只適用於哈利、艾姆希和我，所有狗狗和飼主都適用；而且在這個必須很快為狗狗做出社交選擇而且還要盡可能正向且降低干預程度的世界裡，行為調整訓練實在是一套符合直覺的好辦法。

哈利和艾姆希現在非常享受划獨木舟、單車兜風、游泳和短板衝浪的生活。牠們喜歡的活動遠遠不只這些，不難想像，這些活動鐵定會遇到非常多的人和狗狗，環境條件也大不相同；我會讓牠們用牠們感覺安全、有信心和穩當的方式盡情探索，滿足牠們蒐集資訊的需求。經過這幾年的訓練，哈利和艾姆希已經能自在遊走於各種情境環境，就算遇到可能會逼牠們超出臨界點的情況，牠們也能迅速恢復，拋諸腦後。

能擁有這兩隻超棒的狗狗，我滿心感激，更感謝能學到這樣一套讓我們享受出遊、尊重狗狗並且為狗狗和飼主建立奇蹟般美妙關係的訓練技術。

行為調整訓練教狗狗不再怕汽車

碧芙莉．寇特尼
行為調整訓練師，英國寵物犬訓練師協會會員，Good for Dogs!訓練師兼創辦人
英國伍斯特郡
www.goodfordogs.co.uk ／ brilliantfamilydog.com

「梅格」這隻有點年紀的邊境牧羊犬剛到我班上時，牠非常焦慮，跟其他狗狗一起待在小房間裡也讓牠很不自在，所以牠用猛吠狂叫、硬扯牽繩猛撲來發洩不滿。

梅格的主人琳希很有決心，她兩個月前才從某個牧場領養梅格，非常積極地尋求協助。梅格極度恐懼汽車，經常處於心驚膽戰的狀態；據琳希表示，「牠只要走在路上，兩隻耳朵肯定往後轉。牠會無所不用其極貼著路邊、牆邊、籬笆走，一有車子經過牠會馬上定住不動，兩隻後腿一彎、緊挨地面，縮起身子立刻開始恐慌；但下一秒牠又突然往前衝，以時速上百里的速度試圖逃離現場——不管去哪兒都好——完全失去理智。」

行為調整訓練徹底改變了梅格，才上完第一堂課，牠的態度和姿勢就有極戲劇化的進步。我們悉心選擇適合牠的牽繩技巧，沒多久，梅格就能應付突然有車出現的情況了。

琳希也用同一套方式調整梅格對狗狗的恐懼症，前陣子，她發了梅格的近況給我：「我們在蘇格蘭高地，梅格很快就融入我的家庭，和大家相處愉快。我們報名敏捷犬初級班，已經上課兩星期了，牠的行為和表現好得不可思議。

班上有很多很吵的陌生狗狗，其中三隻似乎有激動反應，但梅格簡直是完美小天使。牠乖乖坐著、等輪到牠才起身，也不會回應其他狗狗的挑釁攻擊；雖然上課時牠並未上牽繩，但牠仍百分之百專注於我。梅格徹底脫胎換骨，牠完全不是八個月前走進你在海福特訓練班的那隻狗了。

此外，牠對車子的反應也改善許多，雖然看到車子還是會緊張，不過沒有以前那麼誇張了。現在牠越來越有自信，我在想，跟其他人、狗狗

一起散步對牠是有幫助的。」

下定決心要成功

雪莉．蘇與愛犬邦比
新加坡

三年前，邦比和刺激（小朋友）大概會保持半個足球場的距離，只要聽見小朋友的跑步或腳步聲，牠就嚇到不行，立刻低吼。

三年後，邦比願意讓小朋友接近牠到五至十公尺內的距離。牠會停下來，看看小朋友再看看我，然後繼續往前走，繼續嗅聞。另外，牠也不再害怕小朋友跑來跑去的聲音，也不會像以前那樣緊張低吼。牠會看著跑來跑去的孩子，小孩子也可以在牠身邊玩、尖叫或大聲說話。牠還是會看著他們，然後轉頭繼續東聞西聞，對小朋友不感興趣。

以前出門散步時，邦比只要一瞄到小朋友就會立刻停下來。現在，當牠在路上看到小朋友（譬如在橋上），牠會繼續前進、不會低吼；雖然牠的呼吸會變得比較急促，但只要刺激一離開，牠馬上就能恢復過來。牠甚至還學會跟刺激保持距離——用媽咪當牠的人類屏障！

真的很感謝你和花生，我從沒想過邦比和我也做得到。三年前，當我看到牠傷得有多嚴重時，我哭到停不下來。邦比首次參加ON競賽就拿到第二名，然而在意外發生後連續三年都鎩羽而歸。我非常非常非常想幫助牠，我下定決心一定要成功。其實我自己就是個緊張大師，我還記得

雪莉與邦比

你教我要「記得呼吸」。三年來，我不斷在錯誤中學習，而今天，我覺得我是個比較稱職的飼主了，不僅散步時更有信心，牽繩技巧更是大有進步！邦比一直在教我牠什麼時候準備好了，什麼時候還沒好。

謝謝你和花生教我行為調整訓練。還不認識這套方法以前，我簡直跟無頭蒼蠅沒兩樣；然而在接觸行為調整訓練之後，我看見了可能性和希望——我就像老鷹看見獵物那樣閱讀你的網站！哈哈。去年十一月，你在新加坡舉辦行為調整訓練營，我鼓勵老公去報名；可惜他在訓練營開始的前一天心臟病發，不過他仍給我打氣，要我履行承諾，代他出席並協助安迪。訓練營第一天，我心情沉重地站上訓練場；就在那一刻，我告訴自己：為了我先生，為了邦比，我一定要好好利用這次機會，比以往更認真、盡我所能地學習和吸收。

做為安迪和卡利的助訓員，我不僅參與他們的訓練，自己也學到很多。我看見自己和邦比在散步及其他各方面的進步，我甚至可以在路上隨意跟人聊起行為調整訓練。有一次，有隻狗拼命想湊上來跟邦比打招呼，牠的主人只好死命拉牠的牽繩；然而她拉得越用力，狗狗就越想往前撲。我解釋鬆繩的意義給她聽，她也願意放手試試；結果她立刻目睹自家狗狗的轉變，印象深刻。「哇噢，真的有用欸！以前我都不知道，好像我今天才開始養狗似的。」

轉捩點

裘德．亞薩倫與愛犬灰灰
美國
說明：本例採用1.0版行為調整訓練法。

我的狗狗灰灰會攻擊人，兩年來我們試過各種攻擊行為訓練法，牠還是「堅守本色」。我參加一個狗狗攻擊行為的線上論壇，葛蕾莎跟我們介紹行為調整訓練，不久之後灰灰就在二〇〇九年八月上了牠的第一堂行為調整訓練課。我跟一位朋友開車到一個合作對象（助訓犬）的家。灰灰下了車，看到助訓犬站在街上，頓時害怕到不行，縮起尾巴，想跳回車內。我沒想到牠會怕成這樣，助訓犬離我們還有一段距離，灰灰平常也能接受這種距離，不會害怕。我只好帶著牠在街上走走，等到牠尾巴放鬆，開始對環境感興趣再說。

我看灰灰稍微平靜一些，就開始訓練。我們做了幾種行為調整訓練，再把這幾種綜合在一起：助訓犬朝我們走來、我們朝助訓犬走去、平行行走與擦肩而過。有時也請我的朋友跟助訓犬一起走，不過助訓犬多半還是一個人走。灰灰每次練習都有些進步。

距離是最主要的強化方法，不是我跟灰灰走開跑開，就是助訓犬走開。灰灰有時候會拿到零食，我也常常讚美牠做出好的選擇。牠只要有一點神情輕鬆的跡象，前額沒有皺起，下顎放鬆，眼神柔和，心情放鬆眨眼睛，看著我的眼睛，看著助訓犬走動也不會全身僵硬，朝著助訓犬的方向對空嗅聞或是走過助訓犬身邊卻完全沒有要衝上去的意思，都會得到獎勵。

整個訓練過程讓我高興的是灰灰全心投入，也很喜歡想出正確的應對方法，才有機會跑走，才能讓助訓犬走開或是才能拿到零食什麼的。這個經驗顯然對牠很有幫助。我們在回家的路上到公園散步。突然間有兩個十來歲的青少年從僅僅十公尺遠的地方，直直朝我們跑過來。我想灰灰八成會吠叫衝上前去，打算帶牠迅速迴轉跑走，沒想到灰灰只是看著他們，他們衝過來的速度很快，灰灰冷靜地看著我，表情彷彿在說：「媽，我們跑走好不好？」於是我們就跑走了。我們一個鐘頭以前才做過一回合行為調整訓練，牠就能現學現賣，保持冷靜，我看了好驚訝。

當然，訓練一回合是不夠的，還要繼續下去，不過效果真的相當明顯，灰灰現在比較有自信去對抗以前的諸多恐懼。行為調整訓練是灰灰擺脫攻擊行為的轉捩點。牠現在心情輕鬆多了、快樂多了。言語不足以形容我對行為調整訓練的熱愛，也不足以表達我對葛蕾莎分享良方的感激。

暗中進行的行為調整訓練

黛博拉．坎培爾與愛犬柔柔
行為調整訓練師
英國

柔柔是隻工作牧羊犬，我二〇一一年開始對牠採取行為調整訓練時，牠才十四個月大；那時我剛參加完葛蕾莎在英國訓犬協會辦的第一場說明會暨工作坊，立刻用我學到的技巧帶柔柔出門散步。牠是一隻對人有強烈激動反應、會狂吠猛撲的狗狗，不論在散步時、在我家附近、甚至我家或我家院子裡都一樣。事實上，柔柔也是促使我在二〇一四年取得行為調整訓練師認證的催化劑。

我既然收養了柔柔，就希望能盡量多學一些對牠有益的訓練法，因此買了1.0版行為調整訓練／《按部就班社會化》的書和DVD。當時沒什麼人在做情境訓練，我也找不到助訓犬幫我做訓練，所以我開始在大街上用牽繩牽著柔柔做「暗中進行」又稱「隱藏版」行為調整訓練，同時盡量不超出牠的情緒臨界點——這是保障狗狗福祉的最重要關鍵。我們每個禮拜在大街上做兩到三次短時間訓練，過了一個月左右，牠保持冷靜的能力進步很多，也懂得不去關注那些在牠身邊走來走去，做自己的事情的路人。很快的，即使不用牽繩帶牠散步，牠也同樣有非常明顯的進步。柔柔多半在森林散步，也不會繫上牽繩，森林裡可能會有陌生人跟牠走在同一條路上或者突然出現在牠面前，這些都可能導致柔柔不自在或不舒服。然而在這樣的反覆訓練下，柔柔持續且穩定進步，牠慢慢學會並且知道要怎麼不理會朝牠走來的陌生人。最後，由於柔柔已經知道如何保障自己的安全、保持冷靜，牠還進一步學會要怎麼在牠感覺不舒服的時候，設法讓自己「解脫」、離開現場（即使再有禮貌、社交技能再好的狗狗仍有可能讓牠不舒服）。於是我發現，這表示柔柔已經找回自信和與生俱來的社交能力，也開始會對跟牠說話的人感興趣了。

看著柔柔獨立學習，我實在好高興。我既不需要也不期待柔柔喜歡天底下所有人，也不想亦步亦趨地打理、控制牠每一次與人或狗狗相遇的經驗。行為調整訓練的目標是營造一個能讓狗狗做出合宜行為的好環境，讓牠在自然的社交情境下最初最自然的選擇。

適合日常生活的簡單訓練法

裘納斯．瓦倫西斯
Reksas犬類訓練學校訓練師兼創辦人
立陶宛考納斯市
www.reksas.lt

我是來自立陶宛的犬類訓練師。現在在立陶宛以及其他國家，犬類訓練正快速普及。多數人都希望成為負責的飼主，就算愛犬有嚴重的行為問題，他們還是想找出好的溝通方法。我覺得葛蕾莎的行為調整訓練是最有創意的方法。

我從訓練師工作上發現，行為調整訓練有幾個用途：

- 飼主能學到不使用厭惡刺激的行為調整方法。
- 飼主更了解愛犬的肢體語言。
- 容易執行，可用於日常生活（簡直就像電腦一樣隨插即用）而且易學
- 靈活又非常實用。
- 對健康有益，飼主也要跟狗狗一起動。

能學到行為調整訓練真是太幸運了。

讓流浪犬保有合宜行為的最佳辦法

萊恩・奈爾
藍十字資深動物行為學家
英國牛津郡伯福德
bluecross.org.uk

藍十字非常重視且嚴肅看待動物行為重建，而行為調整訓練2.0是一套非常基本且重要的訓練工具；少了這套工具，我們幾乎不可能順利改造這麼多狗狗。行為調整訓練的做法很實用，幫助我們減輕激動反應犬的壓力、困惑和挫折，讓牠們有能力重新磨練社交技能，真正且有意義地改變牠們的生活！有時候，住在中途之家或收容所也可能讓原本沒有行為問題的狗狗產生問題，所以行為調整訓練是一套能讓牠們保有合宜行為的完美辦法，協助牠們能順利熬過等待期，找到新家。行為調整訓練最美妙之處在於它簡單、快速又有效，任何時刻任何情況皆適用。學習這套訓練法也會讓你更懂得觀察和抓準時機，但最重要的是教你體認：訓練要及時，並且在狗狗一生中都要隨時意識並注意自己的角色。

重要名詞小辭典

（依筆畫排序）

五秒法則（5-Second Rule）

撫摸狗狗時，讓牠有機會選擇何時開始摸或何時停止停的溝通方式。請等待狗狗主動要求接觸（用鼻子蹭你或其他動作）再摸牠，每次不超過五秒鐘，把手移開然後等待，看看狗狗是否要求更多撫摸。若對象是幼犬或不喜被人接觸的狗狗，請再縮短撫摸時間。

介入處理的目標行為（Target Behavior for an Intervention）

行為調整計畫選來改變的某個可觀察行為或動作，這個行為的發生頻率通常會變高或者行為看起來表現得不一樣。譬如與其狗狗出現攻擊行為，我們可能較希望狗狗迂迴繞個弧線接近對方、聞聞對方屁股、轉頭並走開，這便是我們為了「禮貌打招呼」所定義的目標行為。

分辨（Discrimination）

動物學會對特定刺激做出某種反應，不會對其他刺激做出同樣反應的過程，例如狗狗對待兒童與成人的反應可能不同，也就是說狗狗學會不對成人吠叫，卻還是可能對兒童吠叫。狗狗看到兒童與成人會有不同的反應，是因為狗狗認為兒童跟成人是兩種不同的刺激。譬如緝毒犬能辨別人類行李箱裡牠所搜尋的毒品和食物氣味。分辨與概化是相反的。

反制約（Counter-conditioning, CC）

理論上可改變某刺激引發之情緒反應（情緒效價）的過程。舉例來說，狗狗會怕小孩，標準的古典反制約／系統減敏法是安排小孩跟食物配對出現，狗狗每一次看到小孩都能得到零食。若制約條件相反（狗狗先拿到零食，小孩再出現），狗狗就會意外被古典反制約，看到零食就想避開。反制約可以在不考慮行為的情況下完成，但操作制約（授權狗狗以行為影響環境）也可改變情緒效價。若狗狗的經驗是愉快的，那麼情緒效價可能轉負為正，而且動物的行為會讓牠得到想要的結果。行為調整訓練就是一種操作反制約的訓練法。

反應式學習（Respondent Learning）

將兩種刺激配對的過程，讓制約刺激漸漸也會挑起跟非制約刺激或另一種制約刺激相同的生理反應，經由建立關聯讓動物對中性刺激有良好的情緒反應。譬如「延宕制約」：制約刺必定緊跟著另一項刺激出現（響片接著是+零食）。透過這種制約訓練，起初對響片沒有任何反應的狗狗能透過反應式學習對響片出現反應。如果狗狗一聽見響片聲就能立刻享受美味零食，在多次反復後，牠只要聽到響片聲就會開始引發流口水的生物性反應，牠也可能表現人類認為與「開心」有關的其他行為，像是放鬆地搖尾巴等等。反應式學習也稱為「巴夫洛夫制約」或「古典制約」，惟近年來有不少人主張，在討論非人類動物的學習時也要少用「制約」一詞，因為人類學習研究早就不用這個詞了。

反應性消弱（Respondent Extinction）

削弱古典制約關聯性的方法。譬如呈現制約刺激，但沒有非制約刺激。

功能行為評估（Functional Behavior Assessment）

探討行為與環境事件間關係的正式研究，藉

此找出行為的理由、目的或動機。

功能性增強物（Functional Reinforcer）

如果某種行為是為了特定的結果而做，那這個結果就是該行為的功能性增強物。狗狗會做有利可圖的事情，換句話說，狗狗會做最容易得到功能性增強的行為。在進行行為調整訓練時，我們會設計情境，讓我們想要的行為能自然得到功能性增強物（原本這種增強物通常透過激動行為取得）。功能性增強物也可以是人為的（來自訓練者），不過2.0版的訓練重點是創造讓增強物能自然出現或發生的機會。

古典制約（Classical Conditioning）

請參考**反應式學習**。

未達臨界點（Sub-threshold）

狗狗能自行鎮靜情緒，不會恐慌，也不會發動攻擊。如果你問狗狗壓力有多大，狗狗應該會回答「完全沒有」或「一點而已」。

本體感覺（Proprioception）

動物覺察自己身體部位的相對位置以及移動身體花費多少力氣的感知能力，無意識的本體感覺大多由小腦負責調控。

前置準備／安排前因（Antecedent Arrangements）

有時也稱為「環境管理」。前因是在時間順序上早於行為的刺激，訓練者依受訓對象設計合適的環境與體驗，透過情境設定讓目標行為不易發生或讓其他特定行為較易出現。前因可以是遠因（飲食、健康狀況）或近因（與另一隻狗的距離，有無零食獎賞等等）。

有利社交的行為（Prosocial Behaviors）

狗狗跟另一隻狗狗溝通的行為（伸懶腰邀玩、靠近等等），通常會導致另一隻狗狗靠近，開始社交活動（嗅聞、玩耍等等）。有利社交的行為也是一種社交求偶行為。

自然增強物（Naturally Occurring Reinforcer）

做為行為後果的增強物不是直接由訓練者給予的。舉例來說，狗狗轉身離開刺激、嗅聞樹叢，因為牠對樹叢裡的氣味更感興趣——讓樹叢氣味進入狗狗鼻腔或嗅覺範圍就是「嗅聞」行為的自然增強物。如果狗狗一轉身聞樹叢，訓練者就拿出零食或按下某個製造氣味的裝置按鈕，這就不符合自然發生／出現的定義了。不過，假如訓練者只是把一些物件放入區域裡，讓狗狗自行發現，這也可以稱為自然增強物（前提是狗狗與這件物品的互動能增強牠的行為），因為這並非訓練者因應狗狗某項行為而創造出特定事件。關於增強物，可參考增強／強化。

行為分析（Behavior Analysis）

探討行為的科學研究（所謂行為，就是人類或其他動物所做、可測量的事情），它會檢視影響行為的環境因素與生物學因素，這個名詞由史金納首創。

行為調整訓練（Behavior Adjustment Training，BAT）

它包含訓練的哲學與許多技術，教導狗狗以社會接受的方式滿足自己的需求，亦適用於其他物種。

行為調整訓練牽繩技巧（BAT Leash Skills）

一套靈活運用牽繩的技術，目的是讓狗狗獲得充分自由，同時又能維護其安全、不讓牠太靠近刺激。

行動主體性（Agency）

動物以自身行動或作為控制情況的能力，研

究人類的文獻使用「行動主體感」一詞，但有人爭議「行動主體性」或「哺乳動物行動主體性」也適用於人以外的動物（Panksepp, Asma, Curran, Gabriel, and Greif, 2012; Steward, 2009）。

助訓者（Helpers）

安排來協助你進行訓練的人或狗狗。他們與受訓犬的距離、移動方式或任何動作可在控制之下，如此才能讓受訓犬在愉快或低壓情境下體驗刺激。也稱為誘餌或幫手。

「我還要」信號（More Please Signal）

在反制約訓練中，讓狗狗更處於主動的行為。當狗狗發出我還要信號，訓練者可開始反制約；如果狗狗不再發出我還要信號，就必須停止反制約。訓練者應試著在狗狗出現壓力徵兆或不再做出我還要信號之前停止訓練，盡可能讓訓練過程保持在愉悅的狀態。

抉擇點（Choice Point）

動物所處環境促使動物做出某行為回應的情況。行為調整訓練的抉擇點會經過刻意設計，讓狗狗比較可能做出你偏好的行為。

系統減敏（Systematic Desensitization）

逐步接觸刺激，能夠放鬆時才提高刺激的強度，利用系統減敏法治療恐懼症的人會學習自我安撫的放鬆練習。犬類訓練的系統減敏法，通常指的是系統減敏法逐步接觸刺激的層面，也通常會結合古典反制約法（取代自我放鬆技巧）。又稱「漸進接觸治療法」。

身體屏障法（Body Block）

利用身體狗狗後退，遠離某事物，譬如促使未上牽繩的狗狗退開、遠離你家狗狗：你並不會實際碰到狗狗，基本上是走過去隔在兩者之間，再讓狗狗後退開來。但身體屏障法容易引起狗狗反感，少用為妙。

事件標記訊號（**Event Marker**）

一種訊號，指示狗狗已做出你要的行為，也會獲得強化。舉凡響片、口頭稱讚「很好」、把手快速張合的手勢或是耳聾狗狗配戴的震動頸圈，都可以當作標記。你使用事件標記，就等於在「標記」狗狗的行為，事件標記訊號跟零食獎勵的間隔時間通常不會超過兩秒左右。也稱為「標記」或「標記信號」。

制動手（**Braking Hand**）

握住牽繩中段、比較靠近狗狗的那隻手。

刺激（**Trigger**）

引發狗狗做出不喜見行為或異常大反應的事件、人、動物、聲音等因素。如果你家狗狗會對著黑色狗狗汪汪叫，那黑色狗狗就是引發你家狗狗激動反應的刺激。又稱「觸發刺激」。

刺激累積（**Trigger Stacking**）

狗狗接觸多重刺激——有可能是同時接觸或是短時間內連續接觸、但狗狗的激動反應尚未恢復正常——導致壓力不斷累積。舉個例子，狗狗對聲音敏感，又會怕小孩，哪天萬一聽到一聲巨響，又馬上看到小孩，就比較容易咬人；如果是在比較冷靜的時候看到小孩，就比較不會咬人。

阻絕信號（**Cut-off Signals**）

如果兩隻狗狗相遇，做出「阻絕信號」的動作，就表示需要更多空間或是希望降低這場會面的壓力，阻絕信號可以用來避開衝突。

咬人的臨界點（**Bite Threshold**）

促使狗狗準備咬人的最大壓力或刺激程度。

背景事件（**Setting Event**）

源自內在生理環境和外在物理環境的情境線索，可用於預測可能的行為後果。舉個例子，巨響使狗狗不快，偏偏現在開派對，家裡多出好多人和刺耳巨響就是背景事件。這時若有小朋友把手伸向牠的狗碗，即可能導致牠張口咬人，然若處在不同情境之下，牠或許就只會低吼而已。我們可以改變背景事件——譬如在面朝街道的窗戶上貼霧面隔膜——幾乎即能立即改善狗狗的行為。

區別性增強替代行為（Differential reinforcement of an alternative behavior, DRA）

使某行為消弱（不予以增強）、同時增強替代行為的做法。

問題行為（Problem Behavior）

你想降低其發生頻率的行為。現在我們不太用這個詞了，因為我們把目標放在讓學習者做到我們想要的行為。請參考**替代行為**。

情境訓練（Set-up）

是訓練情境，你可以事先安排可預測和／或可控制的刺激，讓狗狗隔著安全距離、在壓力極低或沒有壓力的情況下與刺激互動。行為調整訓練的情境訓練大多會選在大範圍的區域進行，藉此鼓勵狗狗多多探索環境。

授權（Empowerment）

對重大事件有影響力的行為，例如以行為改變環境以符合個體所需。授權的相反是取消授權或剝奪權力，也就是無法或幾乎無法透過行為控制重要事件。

牽繩手（Handle Hand）

握住牽繩把手端的手。

循序漸進的引導（Graduated Prompting）

以最不著痕跡，最不會打擾狗狗的方式，連續敦促狗狗做出好的選擇。如果輕微的敦促無效，就改用較為明顯的引導。

提高標準（Raise Criteria）

提高對於可強化行為的標準。舉例來說，本來狗狗只要先看刺激再看你，你就會給予獎勵，但你也可以提高標準，等狗狗做出比較困難的行為，例如嗅聞地面或整個身體轉向，才給予獎勵。提高標準的訣竅是只要增加一點點難度就好，狗狗還是可以輕易達成新的標準。

普雷馬克法則（Premack Principle）

該法則言明，依據行為的相對發生率（或可能性），它可做為增強物或處罰物。具體來說就是動物如果有機會做更有可能做的行為，這即可強化某行為，亦即如果動物做了平常比較不會做的行為後，就能夠去做特定行為，那平常比較不會做的行為就會受到強化。

替代行為（Replacement Behavior）

某個你能接受的狗狗行為，它與你正企圖減少或消除的的行為帶來差不多相同的功能性增強物。也稱作「目標行為」。

概化（Generalization）

了解兩個事件或是兩種刺激都是能引發相同行為的提示／訊號或者即使情境不同，提示／暗示訊號本身的意義不變。這在所有訓練都是很重要的過程，尤其在處理激動反應的訓練，概化能讓狗狗的行為更容易預測，如果沒有概化訓練，我們認為類似的情形看在狗狗眼裡也許不見得類似。

閘門（Airlock）

出口前面的一道緩衝，也就是說狗狗必須經過兩道或是更多的門或閘門才能出去。

預設行為（Default Behaviors）

狗狗遇到某個環境刺激時通常會出現的一些行為。例如狗狗會在門口跳撲吠叫或是坐在廚房的小地毯上等吃飯。預設行為是狗狗不需有人從旁明確下令，自己就會做出的行為。

磁吸效應（Magnet Effect）

狗狗在某段距離之內一定會受刺激吸引。這個概念與磁場類似，磁鐵跟金屬本來不會相吸，距離夠接近就會迅速相吸。大多數的狗狗就算只想離開，還是會受到「磁吸」，往刺激的方向拉扯或是跑向刺激，還會吠叫低吼。我們要避免磁吸效應。

增強／強化（Reinforcement）

藉由行為後果強化行為本身。所謂「行為後果」即發生在行為之後的事件，會導致行為在未來更有可能出現，故稱為「增強物」。增強分為正強化（增添，例如拿出狗狗想要的東西）以及負強化（減少，例如紓解緊張情緒或社交壓力）。

敵對行為（Agonistic display）

根據維基百科的定義，敵對行為是指「動物覺得受到威脅或是想威脅另一隻動物（通常是相同物種），做出的戰鬥或是捍衛地盤的行為」。換句話說，敵對行為就是很多人（包括我在內）所說的「攻擊」，但嚴格來說這並不正確。狗狗的敵對行為包括吠叫、低吼、嘴唇捲曲、皺鼻露齒、身體前傾、頸背部毛髮豎起、往前衝跳、空咬、開咬之類的負面反應。這些行為不見得都是敵對行為，最好還是觀察整體情形，較能釐清狗狗的意圖。

標記再走開（Mark and Move）

2.0版行為調整訓練技術，可於情況不允許太自由、不適用「跟隨狗狗」法則時使用。牽繩者要明確標記某個行為，帶狗狗離開現場，再予以增強。採取標記再走開時請務必盡量使用干預程度最低的做法，讓狗狗能更關注社交情境和自然發生的增強物。

操作制約象限（Quadrant）

由訓練師發明的速記表，用來理解操作學

習。操作制約理論將學習分為四種象限：正強化、負強化、正處罰以及負處罰。正與負的區別，在於學習是來自增加刺激（正）還是減少刺激（負）。

操作學習（**Operant Learning**）

一種學習方式，人類或非人類動物因為某個行為的環境後果而改變行為。另有「操作制約」一詞，一如人類已不再使用「制約」，對於非人類動物的學習過程，學界也在討論是否該捨棄這個詞彙。

激動反應（**Reactivity**）

學術上稱為「反應過度」，從了解狗狗的人的角度來看，就是「超乎正常程度」的恐懼、攻擊或挫折反應。

作勢拉繩／默劇拉繩（**Mime Pulling**）

一種行為調整訓練的牽繩技巧。牽繩者看似正在拉繩、實則只是雙手輪流握住繩體並朝牽繩者的方向滑動，此時要與狗狗對視、跨出遠離對方的步伐鼓勵牠跟上。

應用行為分析（**Applied Behavior Analysis**）

以行為分析科學為基礎設計系統化方法，予以應用及研究的過程。應用行為分析法旨為改善重要的社交行為，並且研究這些方法是否能有效改變行為，這類分析經常透過功能性評估以找出維持現有行為的行為後果。參見**行為分析**。

環境突變（**Sudden Environmental Contrast, SEC**）

刺激強度出現無預期的嚇人變化，例如一個人在晚宴原本是坐著，後來起身，看到一個原本不在現場的箱子。又稱「突發的環境變化」。

環境管理（Management）

改變狗狗的生活環境，狗狗就沒有機會做出你不喜歡的行為。請參考**前置準備**。

臨界點（Threshold）

不同刺激強度之間的分界線，「劃分出狗狗能面對，能自行鎮靜情緒，不會恐慌也不會攻擊的程度，以及狗狗無法承受，出現恐慌或攻擊的程度」。我把它當作冷靜快樂的狗狗，以及恐慌緊迫的狗狗之間的分界線。

懶骨頭行為調整訓練（Lazy Bones BAT）

運用行為調整訓練的原則，以被動的方式訓練狗狗，特別適合會隔著圍籬發動攻擊或是會捍衛地盤的狗狗。

延伸閱讀

書籍

- 《冷靜，菲多！》Nan Arthur, Chill Out Fido: How to Calm Your Dog
- 《專注就好，不要恐懼》Ali Brown, Focus not Fear: Training Insights from a Reactive Dog Class
- 《狗打架！》Jean Donaldson, Fight! A Practical Guide to the Treatment of Dog-Dog Aggression
- 《「瘋狗」醫生日記》John Fisher, Diary of a 'Dotty Dog' Doctor
- 韓德曼 Barbara Handelman, Canine Behavior: A Photo Illustrated Handbook.
- 《狗狗的壓力、焦慮與攻擊行為》Anders Hallgren, Ph.D., Stress, Anxiety, and Aggression in Dogs
- 《狗狗的內心世界》Alexandra Horowitz, Ph.D., Inside of a Dog: What Dogs See, Smell, and Know
- 柯蘭Alexandra Kurland, The Click that Teaches: A Step-By-Step Guide in Pictures
- 《激動狗》Patricia McConnell, Ph.D., Feisty Fido
- 《無牽繩控制》Leslie McDevitt, Control Unleashed: Creating a Focused and Confident Dog
- Pat Miller, Do Over Dogs: Give Your Dog a Second Chance at a First Class Life
- 布萊爾 Karen Pryor, Don't Shoot the Dog
- 凱西 Kathy Sdao, Plenty in Life is Free: Reflections on Dogs, Training and Finding Grace
- Cheryl Smith, Dog Friendly Gardens; Garden Friendly Dogs
- 《不害犬訓練手冊》Grisha Stewart, Ahimsa Dog Training Manual: A Practical, Force-Free Guide to Problem Solving and Manners
- 《調息：自我療癒的萬能鑰匙》Andrew Weil, Breathing:

The Master Key to Self-Healing (audio book)

DVDs

- 《拋棄訓練》Trish King, Abandonment Training
- 麥克康諾博士　Patricia McConnell, Lassie, Come!
- 《真正可靠的召回》Leslie Nelson, Really Reliable Recall
- 《看我》Kathy Sdao, Improve Your I-Cue
- Grisha Stewart, BAT 2.0 Empowered Animals Series (可參考官網影片)

1、Talk with Me: Simple Steps for 2-Way Understanding Between Dogs and People

2、Walk with Me: Safety, Fun, & Freedom with Leash Training for You and Your Dog

3、Problem Prevention: An Empowered Approach to Life with Dogs

4、Survival Skills: Coping with Dog Reactivity in Real Life

5、BAT 2.0 Set-Ups: How to Orchestrate BAT Set-Ups and Variations with Dogs

6、BAT for Geeks: A Technical Perspective on Behavior Adjustment Training 2.0

引用文字及其他資料來源

以下是我在書裡用過的參考資料，不過並非全部都推薦一讀。請配合內容閱讀，才能掌握我引用這些資料的本意。

- Amat, J., Paul, E., Zarza, C., Watkins, L. R., and Maier, S. F. (2006). Previous experience with behavioral control over stress blocks the behavioral and dorsal raphe nucleus activating effects of later uncontrollable stress: role of the ventral medial prefrontal cortex. *The Journal of Neuroscience*, 26(51), 13264-13272.

- Baratta, M. V., Christianson, J. P., Gomez, D. M., Zarza, C. M., Amat, J., Masini, C. V., Watkins, L.R., and Maier, S. F. (2007). Controllable versus uncontrollable stressors bi-directionally modulate conditioned but not innate fear. *Neuroscience*, 146(4), 1495-1503.

- Barlow, D. H., Agras, W. S., Leitenberg, H., and Wincze, J. P. (1970). An experimental analysis of the effectiveness of “shaping” in reducing maladaptive avoidance behavior: An analogue study. *Behaviour Research and Therapy*, 8(2), 165-173.

- Capaldi, E. D., Viveiros, D. M., and Campbell, D. H. (1983). Food as a contextual cue in counterconditioning experiments: Is there a counterconditioning process? *Animal Learning & Behavior*, 11(2), 213-222.

- Field, A. P. (2006). Is conditioning a useful framework for understanding the development and treatment of phobias? *Clinical Psychology Review*, 26(7), 857-875.

· Friedman, S. G. (2009). What' s wrong with this picture? Effectiveness is not enough. *Journal of Applied Companion Animal Behavior*, 3(1), 41-45. (also available at http:// behaviorworks.org/files/articles/What's%20Wrong%20with%20 this%20Picture. pdf)

· Goetz, A.R. *The Effects of Preventative and Restorative Safety Behaviors on Contamination Fear*. MS thesis University of Wisconsin Milwaukee, 2013. Retrieved from http:// dc.uwm. edu/etd/251/

· Gunther, L. M., Denniston, J. C., and Miller, R. R. (1998). Conducting exposure treatment in multiple contexts can prevent relapse. *Behaviour Research and Therapy*, 36(1), 75-91.

· Hartley, C. A., Gorun, A., Reddan, M. C., Ramirez, F., and Phelps, E. A. (2013). Stressor controllability modulates fear extinction in humans. *Neurobiology of Learning and Memory*.

· Haw, J., and Dickerson, M. (1998). The effects of distraction on desensitization and reprocessing. *Behaviour research and therapy*, 36(7), 765-769.

· Maier, S. F., Amat, J., Baratta, M. V., Paul, E., & Watkins, L. R. (2006). Behavioral control, the medial prefrontal cortex, and resilience. *Dialogues in Clinical Neuroscience*, 8(4), 397.

· Maier, S. F., and Warren, D. A. (1988). Controllability and safety signals exert dissimilar proactive effects on nociception and escape performance. Journal of Experimental Psychology: *Animal Behavior Processes*, 14(1), 18.

· Maier, S. F., and Watkins, L. R. (2010). Role of the medial prefrontal cortex in coping and resilience. *Brain Research*, 1355, 52-60.

· Marks, I. (1975). Behavioral treatments of phobic and obsessive compulsive disorders: A critical appraisal. In M. Hersen, R. M. Eisler, & P. M. Miller (Eds.), *Progress in Behavior Modification*, Vol. 1. New York. Academic Press.

· Mechiel Korte, S., & De Boer, S. F. (2003). A robust animal model of state anxiety: fear-potentiated behaviour in the elevated plus-maze. *European Journal of Pharmacology*, 463(1), 163-175.

· Milosevic, I., and Radomsky, A. S. (2008). Safety behaviour does not necessarily interfere with exposure therapy. *Behaviour Research and Therapy*, 46(10), 1111-1118.

· Mohlman, J., and Zinbarg, R. E. (2001). What kind of

attention is necessary for fear reduction? An empirical test of the emotional processing model. *Behavior Therapy*, 31(1), 113-133.

· Panksepp, J., Asma, S., Curran, G., Gabriel, R., and Greif, T. (2012). The philosophical implications of affective neuroscience. *Journal of Consciousness Studies*, 19(3), 6.

· Parrish, C. L., Radomsky, A. S., and Dugas, M. J. (2008). Anxiety-control strategies: Is there room for neutralization in successful exposure treatment? *Clinical Psychology Review*, 28(8), 1400-1412.

· Premack, D. (2009) Reward and Punishment versus Freedom. Essays. Retrieved from http://www.psych.upenn.edu/~premack/Essays/Entries/2009/5/15_Reward_and_Punishment_versus_Freedom.html

· Rachman, S. (1989). The return of fear: Review and prospect. *Clinical Psychology Review*, 9(2), 147-168.

· Smith, R. G., and Churchill, R. M. (2002). Identification of environmental determinants of behavior disorders through functional analysis of precursor behaviors. *Journal of Applied Behavior Analysis*, 35(2), 125-136.

· Snider, K.S. (2007). "A constructional canine aggression treatment: Using a negative reinforcement shaping procedure with dogs in home and community settings." Retrieved from ProQuest Digital Dissertations. (AAT 1452030)

· Telch, M. J., Valentiner, D. P., Ilai, D., Young, P. R., Powers, M. B., and Smits, J. A. (2004). Fear activation and distraction during the emotional processing of claustrophobic fear. *Journal of Behavior Therapy and Experimental Psychiatry*, 35(3), 219-232.

· Thomas, B. L., Cutler, M., and Novak, C. (2012). A modified counterconditioning procedure prevents the renewal of conditioned fear in rats. *Learning and Motivation*, 43(1), 24-34.

· Trouche, S., Sasaki, J. M., Tu, T., and Reijmers, L. G. (2013). Fear Extinction Causes Target-Specific Remodeling of Perisomatic Inhibitory Synapses. *Neuron*.

· Tryon, W. W. (2005).Possible mechanisms for why desensitization and exposure therapy work. *Clinical Psychology Review*, 25(1), 67-95. Chicago.

· Wolpe, J. (1961). The systematic desensitization treatment of neurosis. *Journal of Nervous Mental Disorders*, 132, 189–203.

· Yang, L., Wellman, L. L., Ambrozewicz, M. A., and Sanford, L. D. (2011). Effects of stressor predictability and controllability on sleep, temperature, and fear behavior in mice. *Sleep*, 34(6), 759.

網站

- 葛蕾莎線上資源庫，包括行為調整訓練、訓練裝備及其他寵物犬訓練和行為相關資訊：http://GrishaStewart.com
- Canine Noise Phobia Series by Victoria Stilwell: https://positively.com/dog-wellness/dog-enrichment/music-for-dogs/canine-noise-phobia-series/
- Dog Decoder mobile app with Lili Chin illustrations: http://www.dogdecoder.com/
- Ian Dunbar on "Retreat & Treat." http://www.dogstardaily.com/training/retreatamp-treat
- Sprinkles information by Sally Hopkins http://www.dog-games.co.uk/sprinkles.htm
- Shirley Chong on "Loose Lead Walking." http://www.shirleychong.com/keepers/LLW
- Unlabel Me Campaign by Susan Friedman http://www.behaviorworks.org/htm/downloads_art.html
- Washington State Animal Codes. http://www.animal-lawyer.com/html/wa_state_animal_codes.html
- Virginia Broitman on "Two-Reward System." http://www.cappdt.ca/public/ jpage/1/p/Article2RewardSystem/content.do

關於作者

葛蕾莎・史都華（Grisha Stewart）

認證寵物犬訓練師，國際研討會講者，專長為授權訓練與處理寵物犬激動反應問題。出過兩本書、多份影音教材，同時在美國阿拉斯加經營線上寵物犬訓練學校。西雅圖的「不害犬訓練協會」也是葛蕾莎創立的，該協會獲得許多獎項，亦榮登「西華盛頓最佳機構」榜單。「不害」源自佛教戒律，意即對待眾生萬物要「非暴力、不加以傷害」，這點反映在葛蕾莎強調「授權」的訓練宗旨，不僅對動物是如此，待人也一樣。

葛蕾莎擁有英國布林莫爾學院數學碩士學位，並於加州安提亞克大學心理研究所受訓，專攻動物行為。葛蕾莎的第一份工作是在大學教授理論數學，對她幫助極大，因為她在數學教學領域獲得的解決問題、批判思考和教學技巧無一不應用於往後的寵物犬訓練和行為諮商事務。

葛蕾莎著迷於寵物犬訓練，也熱衷改良訓犬及犬行為重建方面的技巧。她在問題行為方面的專業及興趣、還有她必須為自己狗狗的社交恐懼找到有效的行為重建技術，促使她研發「行為調整訓練」這套方法。若您想查詢行為調整訓練的研討會時間表、學習更多相關知識或購買影音教材、安排線上錄影諮詢、註冊線上課程或加入行為調整訓練線上論壇，歡迎造訪GrishaStewart.com。葛蕾莎熱愛健行，對攀岩極有興趣但技術平平，提倡以人道方式訓練及關懷動物。

能夠用口令提示狗狗做出特定行為，這點非常重要。

但樂活也很重要！

致謝

我要感謝許多人協助我創造行為調整訓練，寫就這本書。第一個要大力感激的是花生與布布，謝謝牠們讓我明白狗狗惡狠狠的外表下蘊藏著豐富的智慧，也謝謝牠們耐心等待我慢慢摸索近在眼前的道理。

此外，我還要感謝以下諸位：

感謝我先生約翰，謝謝你體諒我偶爾必須帶著花生去阿拉斯加的野地露營和寫作。

感謝在幕前幕後全力支持我、棒得不可思議的行為調整訓練團隊：Ellen Naumann、Kristin Burke、Joey Iversen、Carly Loyer、Jo Laurens、Lisa Walker、Viviane Arouzoumanian和Jennie Murphy。沒有你們幫忙，我不可能完成這本書。

謝謝Jill Olkoski在我開發1.0版時對我的信任，讓我訓練你的狗狗（牠是美國版的封面明星喔），協助我建立行為調整訓練系統並給予我無價的幫助，讓我專注於最基本的事物。

謝謝才華洋溢的Lili Chin，感謝你友善、有效率的態度以及為本書繪製的可愛插圖。

謝謝《無牽繩控制》作者Leslie McDevitt、Karen Pryor和所有使用功能性增強概念與技術高超的響片訓練師，感謝各為啟發我建立行為調整訓練系統。

謝謝TTouch認證暨從業公會的Lori Stevens在我研發1.0版初期，無私地和我討論、提供想法。

感謝Tawzer Dog中心Alta Tawzer不可思議的信任及支持，讓行為調整訓練從無到有，我永遠忘不了這份恩情。

謝謝Kathy Sdao和Joey Iversen對訓練花生及整個訓練概念的智慧與洞見，現在我們可以對彼此說「美好時光永留存」了。

感謝Susan Friedman為我們的狗狗社群提供各種科學資訊，包括告訴學員「授權」的重要性。我還要特別謝謝Susan鼓勵我堅強振作，保持信心，專注於準備好且有心學習的對象與學員們。

感謝世界各地的認證行為調整訓練師，謝謝你們投入時間和精力學習整套行為調整訓練技術，示範技巧。你們的努力讓世界更美好了！

在我巡迴全球各地、舉辦研討會及講座期間，我學到也得到許多經驗，這些全都是行為調整訓練2.0的珍貴養分。謝謝你們慷慨、熱情地招待，也謝謝世界各地一同分享行為調整訓練經驗的學員，你們讓更多人選擇並學習行為調整訓練。

感謝曾經參與1.0版、來自全球各地，加入功能性獎勵雅虎群組的訓練師與愛狗人士（包括Sarah Owings、Jude Azaren、Donna Savoie、Irith Bloom、Dani Weinberg、David Smelzer、Barrie Lynn、Susan Mitchell、Danielle Theule、Rachel Bowman、Dennis Fehling 等等），謝謝他們寶貴的意見，以及願意將行為調整訓練帶進他們愛犬的生命。目前在線上討論行為調整訓練的人粗估有一萬人了（單單臉書就有四十六個社團），只怕我無法逐一列名感謝，不過還是要特別感謝Liz Wyant和Chelsea Johnson（臉書）以及Jude Azaren（雅虎）的三位版主。謝謝你們！

謝謝諸位助訓犬和助訓員，謝謝你們幫助每一隻行為調整受訓犬學習和改變。

謝謝本書的校對志工Susan Friedman、Jo Laurens, Carly Loyer、Bree Mize、Kristen Thomas和Matt White。本書的任何錯誤一概由我負責。

謝謝那些撰文分享行為調整訓練實戰經驗的熱心朋友，你們的故事讓大家看見選擇的力量。

最後要謝謝Dogwise出版本書，特別感謝Charlene Woodward聯繫我出版第一本行為調整訓練專書。謝謝Larry Woodward、Lindsay Peternell、Jon Luke和Nate Woodward協助我成就這本書，成就一切。

Behavior Adjustment Training 2.0: New Practical Techniques for Fear, Frustration, and Aggression in Dogs

English edition published by Dogwise Publishing, Wenatchee, Washington, USA.

狗狗行為調整訓練全書2.0版

不亂吠、不亂咬、不暴衝，教出聽話又快樂的毛小孩

作　　者　葛蕾莎·史都華（Grisha Stewart）
譯　　者　龐元媛、黎湛平
名詞校訂　黃薇菁 Vicki
責任主編　李季鴻
協力編輯　李珮華、林欣瑋
校　　對　李季鴻、林欣瑋
版面構成　張曉君
封面設計　張曉君
行 銷 部　張瑞芳、段人涵
版 權 部　李季鴻、梁嘉真
總 編 輯　謝宜英
出 版 者　貓頭鷹出版

發 行 人　涂玉雲
發　　行　英屬蓋曼群島商家庭傳媒股份有限公司城邦分公司
　　　　　104台北市中山區民生東路二段141號11樓
劃撥帳號　19863813｜戶名　書虫股份有限公司
城邦讀書花園　www.cite.com.tw
購書服務信箱　service@readingclub.com.tw
購書服務專線　02-25007718～9（週一至週五09:30-12:30；13:30-18:00）
24小時傳真專線　02-25001990～1
香港發行所　城邦（香港）出版集團｜電話：852-2877-8606｜傳真：852-2578-9337
馬新發行所　城邦（馬新）出版集團｜電話：603-9056-3833｜傳真：603-9057-6622
印 製 廠　中原造像股份有限公司
初　　版　2013月8月｜二版　2023 年 5月
定　　價　新台幣540元｜港幣180元（紙本書）／新台幣378元（電子書）
ISBN　978-986-262-628-3（紙本）／978-986-262-625-2（電子書EPUB）

讀者意見信箱　owl@cph.com.tw
投稿信箱　owl.book@gmail.com
貓頭鷹臉書　facebook.com/owlpublishing/
大量採購，請洽專線：(02)2500-1919

國家圖書館出版品預行編目（CIP）資料

狗狗行為調整訓練全書2.0版：不亂吠、不亂咬、不暴衝，教出聽話又快樂的毛小孩/葛蕾莎.史都華（Grisha Stewart）著；龐元媛，黎湛平譯. -- 二版. -- 臺北市：貓頭鷹出版：英屬蓋曼群島商家庭傳媒股份有限公司城邦分公司發行, 2023.05
400面；16.8 x 23公分
譯自：Behavior adjustment training 2.0 : new practical techniques for fear, frustration, and aggression in dogs
ISBN 978-986-262-628-3（平裝）
1.CST: 犬 2.CST: 寵物飼養 3.CST: 犬訓練
437.354　　112002663